"十三五"国家重点出版物出版规划项目
现代机械工程系列精品教材

机械制造工艺学

杜正春　杨建国　潘　拯　编著

机械工业出版社

本书内容深入浅出，循序渐进，突出了基本理论，以及以精密加工、特种加工和智能制造为代表的其他现代制造工艺，力求反映现代机械制造工艺的新发展。全书共10章，系统地介绍了机械加工工艺的基本概念，机床夹具设计基础，机械加工精度，机械加工表面质量，机械加工工艺规程，工艺尺寸链，精密、超精密及微细加工工艺，特种加工工艺，其他先进制造工艺、先进制造生产模式。

本书既可作为高等工科院校机械类专业本科高年级学生及工程硕士的教材或者参考书，又可供从事机械制造业的工程技术人员参考。

图书在版编目（CIP）数据

机械制造工艺学/杜正春，杨建国，潘拯编著. —北京：机械工业出版社，2019.3

"十三五"国家重点出版物出版规划项目　现代机械工程系列精品教材

ISBN 978-7-111-62209-3

Ⅰ.①机… Ⅱ.①杜… ②杨… ③潘… Ⅲ.①机械制造工艺-高等学校-教材 Ⅳ.①TH16

中国版本图书馆 CIP 数据核字（2019）第 044323 号

机械工业出版社（北京市百万庄大街 22 号　邮政编码 100037）
策划编辑：蔡开颖　责任编辑：蔡开颖　张亚捷　王小东
责任校对：佟瑞鑫　封面设计：张　静
责任印制：孙　炜
保定市中画美凯印刷有限公司印刷
2019 年 9 月第 1 版第 1 次印刷
184mm×260mm・12.5 印张・307 千字
标准书号：ISBN 978-7-111-62209-3
定价：34.80 元

电话服务	网络服务
客服电话：010-88361066	机 工 官 网：www.cmpbook.com
010-88379833	机 工 官 博：weibo.com/cmp1952
010-68326294	金 书 网：www.golden-book.com
封底无防伪标均为盗版	机工教育服务网：www.cmpedu.com

前言

近年来,机械制造朝着自动化、精密化、集成化、敏捷化、智能化、虚拟化、绿色无污染化趋势发展,而机械制造工艺作为保证机械制造发展的重要基础性技术,是保障机械产品质量、增加产量和品种、降低生产成本、缩短生产周期、提高机械产品的使用寿命以及可靠性的有效途径。提高机械加工工艺水平,完善机械加工工艺方法,进而提高产品的竞争力,提高产品的质量,从而达到理想的效益,是当代科学技术不断发展和社会不断进步的内在要求,也是提高我国竞争力的重要体现。

特别是近年来,由于机械产品的品质要求不断提高,大量新材料和新技术得到运用,促使传统的制造工艺得到很大的进步和发展,许多新的工艺方法不断出现。计算机技术在机械制造工业中的应用不断扩大,机械制造正向着柔性、智能、集成和高度自动化的方向发展。因此,从事机械制造工业的工程技术人员必须掌握机械制造工艺的基本原理,不断学习机械制造的新工艺、新技术,以适应新技术革命的需要。

本书是编者课程组结合在上海交通大学多年的教学实践经验,参考兄弟院校近年来出版的教材,并参阅了大量最新文献编写而成的,继承经典,同时与时俱进。全书共10章,全面阐述了机械制造工艺的系统知识,并围绕机械加工工艺的基本概念、机床夹具设计基础,机械加工精度,机械加工表面质量,机械加工工艺规程,工艺尺寸链,精密、超精密及微细加工工艺,特种加工工艺,其他先进制造工艺,先进制造生产模式进行展开。由于制造工艺内容比较复杂,近年来以激光加工、智能制造为代表的现代制造工艺发展也非常迅速,因此本书对该方面也在理论上和体系上进行了一定的完善和提高。

本书既可作为机械类专业本科高年级学生及工程硕士的教材或者参考书,又可供从事机械制造业的工程技术人员参考。

本书在编写过程中,力求深入浅出,循序渐进,并紧密围绕生产实际,以增强理论知识和实际生产的结合。通过课程的学习和相关教学环节的配合,读者可掌握机械制造工艺的基本知识、基本理论和生产实践知识,提高分析和解决有关制造工艺问题的能力,了解现代机械制造工艺的新发展,从而满足专业培养目标的需要。

本书第1章、第2章、第7章由杨建国编写,第3章、第4章、第9章、第10章由杜正春编写,第5章、第6章、第8章由潘拯编写,由杜正春负责统稿。全书由东南大学张志胜教授主审。同时博士生葛广言、侯洪福等人对于本书的图表、文字编辑、校核审读也做了大量工作，在此一并表示衷心感谢！

　　由于编者水平有限，书中难免会有错误和不足之处，恳请广大读者批评指正，以求不断完善，共同提高。

编　者

目 录

前言
第 1 章　机械加工工艺的基本概念 …………………………………………………………… 1
　1.1　生产过程 ……………………………………………………………………………… 1
　1.2　工艺过程 ……………………………………………………………………………… 4
　1.3　生产纲领和生产类型 ………………………………………………………………… 6
　1.4　基准的概念 …………………………………………………………………………… 8
　习题与思考题 ……………………………………………………………………………… 9
第 2 章　机床夹具设计基础 …………………………………………………………………… 10
　2.1　概述 …………………………………………………………………………………… 10
　2.2　定位原理 ……………………………………………………………………………… 11
　2.3　定位方式 ……………………………………………………………………………… 14
　2.4　定位误差 ……………………………………………………………………………… 22
　2.5　工件的夹紧 …………………………………………………………………………… 27
　2.6　夹具应用实例与设计 ………………………………………………………………… 36
　习题与思考题 ……………………………………………………………………………… 41
第 3 章　机械加工精度 ………………………………………………………………………… 45
　3.1　概述 …………………………………………………………………………………… 45
　3.2　工艺系统的制造误差和磨损 ………………………………………………………… 49
　3.3　工艺系统受力变形 …………………………………………………………………… 54
　3.4　工艺系统的热变形 …………………………………………………………………… 61
　3.5　加工过程中的其他原始误差 ………………………………………………………… 68
　3.6　加工误差的统计分析法 ……………………………………………………………… 72
　习题与思考题 ……………………………………………………………………………… 79
第 4 章　机械加工表面质量 …………………………………………………………………… 80
　4.1　概述 …………………………………………………………………………………… 80
　4.2　表面粗糙度 …………………………………………………………………………… 83
　4.3　加工表面物理力学性能的变化 ……………………………………………………… 87

4.4　机械加工中的振动 …… 91
习题与思考题 …… 100

第5章　机械加工工艺规程 …… 101
5.1　概述 …… 101
5.2　结构工艺性 …… 107
5.3　定位基准的选择 …… 114
5.4　工艺路线的拟订 …… 117
5.5　加工余量和工序尺寸 …… 122
5.6　工艺过程的技术经济分析 …… 124
习题与思考题 …… 129

第6章　工艺尺寸链 …… 131
6.1　概述 …… 131
6.2　尺寸链计算的基本公式 …… 135
6.3　工艺过程尺寸链 …… 138
习题与思考题 …… 145

第7章　精密、超精密及微细加工工艺 …… 146
7.1　概述 …… 146
7.2　精密、超精密加工工艺 …… 148
7.3　微细加工工艺 …… 155
习题与思考题 …… 158

第8章　特种加工工艺 …… 159
8.1　概述 …… 159
8.2　电火花加工 …… 160
8.3　电解加工 …… 163
8.4　超声波加工 …… 164
8.5　激光加工 …… 166
习题与思考题 …… 168

第9章　其他先进制造工艺 …… 169
9.1　超高速加工技术 …… 169
9.2　快速原型制造技术 …… 172
9.3　虚拟成形与加工技术 …… 175
习题与思考题 …… 180

第10章　先进制造生产模式 …… 181
10.1　敏捷制造 …… 181
10.2　精益生产 …… 184
10.3　并行工程 …… 185
10.4　智能制造 …… 188
10.5　绿色制造 …… 190
习题与思考题 …… 192

参考文献 …… 193

第 1 章

机械加工工艺的基本概念

1.1 生产过程

1.1.1 生产过程

生产过程是指产品由原材料到成品之间的各个相互联系的劳动过程的总和。它包括：原材料的运输和保管，生产的准备工作，毛坯的制造，零件的机械加工，改变材料性质的材料改性与处理，部件和产品的装配、检验、涂装和包装等。

根据机械产品复杂程度的不同，其生产可以由一个车间或一个工厂完成，也可以由多个车间或多个工厂联合完成。

这里的原材料和成品是两个相对概念。一个工厂或车间生产的成品，往往又是其他工厂或车间的原材料或半成品。例如铸造和锻造车间的成品（铸件和锻件），就是机械加工车间的"毛坯"；机械加工车间的成品，又是装配车间的"原材料"。这种生产上的分工，可以使生产趋于专业化、标准化、通用化、系列化，便于组织管理，利于保证质量，提高生产率和降低成本。

1.1.2 生产系统

在现代制造业中，机械产品的生产过程是一个系统工程。一个典型的机械制造企业可以看成是由不同大小规模、不同复杂程度的三个层次的系统组成，即机械加工工艺系统、机械制造系统和生产系统。

1. 机械加工工艺系统

机械加工工艺系统由金属切削机床、刀具、夹具和工件四个要素组成，它们彼此关联、互相影响，如车床加工系统、铣床加工系统、磨床加工系统等。

机械加工工艺系统的整体目的是在特定的生产条件下，适应环境的要求，在保证机械加工工序质量和产量的前提下，采用合理的工艺过程，降低该工序的加工成本。因此，必须从组成机械加工工艺系统的机床、刀具、夹具和工件这四个要素的"整体"出发，分析和研究各种有关问题，才可能实现该系统的工艺最佳化方案。

要实现系统最佳化（图 1-1），除了要考虑坯料由上工序输入本工序并经过存储、机械加工和检测，然后作为本工序加工完成的零件输出给下一工序（这一物质流动的流程称为"物质流"）之外，还必须充分重视并合理编制包括工艺文件、数控程序和数控模型等控制物质系统工作的信息的流程（称为"信息流"）。

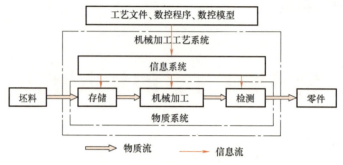

图 1-1　机械加工工艺系统图

对于一个机械制造厂来说，除机械加工外，还有铸造、锻压、焊接、热处理和装配等工艺。各种工艺都可以形成各自的工艺系统。

2. 机械制造系统

若进一步以整个机械加工车间为更高一级的制造系统来考虑问题，则该系统的整体目的就是使该车间能最有效地全面完成全部零件的机械加工任务。图 1-2 所示为机械制造系统图。

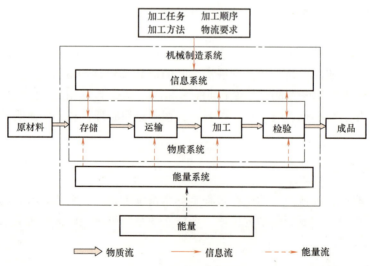

图 1-2　机械制造系统图

机械加工中，将毛坯、刀具、夹具、量具和辅助材料作为"原材料"输入机械制造系统，经过存储、运输、加工、检验等环节，最后作为机械加工后的成品输出，形成物质流。至于由加工任务、加工顺序、加工方法、物流要求等确定的计划、调度、管理等则属于"信息"的范畴而形成信息流。此外，机械制造系统中能量的消耗及其流程则被称为"能量流"。

3. 生产系统

如果以整个机械制造厂为整体，为了最有效地经营，获得更高的经济效益，就不仅要把原材料、毛坯制造、机械加工、热处理、装配、涂装、试车、包装、运输和保管等属于"物质"范畴的因素作为要素来考虑，还必须把技术情报、经营管理、劳动力调配、资源和能源利用、环境保护、市场动态、经济政策、社会问题和国际因素等信息作为影响系统效果更重要的要素来考虑。

由此可知，生产系统是包括制造系统的更高一级的系统。而制造系统则是生产系统的子系统中比较重要的部分之一。

图 1-3 所示为整个工厂的生产系统图。图中上部"厂部决策"表示工厂决策人员根据生产任务、经济政策、资源和能源情况、环境保护条例、市场动态，并参考数据库中的有关信息情报资料，制订工厂总的生产纲领。然后，计划管理部门根据生产纲领、市场销售情况、技术部门和数据库提供的有关信息情报确定各种产品的产量，制订全厂的生产计划。接着，各部门（机械加工、热加工和装配等）的技术人员根据各产品的产量，运用各自的知识和才能，并参考数据库中的有关技术情报资料，做好各项生产技术准备工作（产品设计、新产品开发和工艺准备等）。

最后，各个生产车间（制造系统）对原材料进行加工、装配、涂装、包装直至输出产

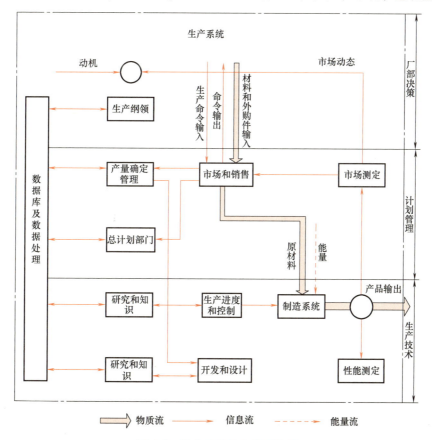

图 1-3 整个工厂的生产系统图

品投入市场满足用户需要。这就是一个机械制造厂生产系统的总流程。

必须全面理解机械制造等各个子系统在整个生产系统中的地位，而且要建立"局部"服从"整体"的观点，才能实现整个生产系统的最佳化。

1.2 工艺过程

1.2.1 工艺过程和工艺规程

在生产过程中，按一定顺序逐渐改变生产对象的形状（铸造、锻造等）、尺寸（机械加工）、位置（装配）和性质（热处理）使其成为预期产品的主要过程称为工艺过程。

按照生产对象的特性，所有工艺过程可分为三组：

1）不削减（或增添）材料的工艺过程，其原材料（毛坯）的容量等于成品零件的容量。可归属于这种工艺过程的有不以切屑形式或任何其他形式去除材料（不计算毛边、氧化皮、浇口等形式的废料）的加工工艺，即冷变形和热变形（冲压、自由锻、弯曲、镦粗、轧制、挤压、拉伸等）、各种铸造和热处理。

2）削除材料的工艺过程，其原材料（毛坯）的容量大于成品零件的容量。制造这类零件时，需要剔除一部分毛坯材料，包括切削加工和磨削、电解加工、光束和电子束加工、等离子加工等。

3）增添材料的工艺过程，其原材料（毛坯）的容量小于成品零件的容量，加工时在毛坯或预先已加工过的零件上补充一定数量的材料（或配套材料）。这包括电镀层和油漆涂层，以及在零件表面用等离子喷涂材料（如耐磨材料），涂覆多层热防护层等。更广泛意思上的增材制造也属于这一类工艺过程。

因此，传统上，工艺过程又可具体地分为铸造、锻造、冲压、焊接、机械加工、热处理、电镀、装配等工艺过程。

其中用机械加工的方法逐步改变毛坯的形状、尺寸和表面完整性，使其成为合格零件的过程，称为机械加工工艺过程。本课程的内容主要是研究机械加工工艺过程中的一系列问题。

在机械加工工艺过程中，零件依次通过的全部加工过程称为工艺路线，工艺路线是制订工艺过程和进行车间分工的重要依据。

可以采用不同的工艺过程来达到工件最后的加工要求，技术人员根据工件产量、设备条件和工人技术情况等，确定采用的工艺过程，并将有关内容写成工艺文件，这种文件就称工艺规程。

制订工艺规程的传统方法是技术人员根据自己的知识和经验，参考有关技术资料来确定。随着电子计算机技术广泛地引入机械制造领域，目前越来越多地研究和采用计算机辅助工艺规划设计，它使工艺规程制订工作实现了最佳化、系统化和现代化。

1.2.2 机械加工工艺过程的组成

机械加工工艺过程是由一个或者若干个顺序排列的工序组成，而工序又细分为工步或走刀。

1. 工序、工步和走刀

工序：一个（或一组）工人，在一个工作地点（或一台机床上），对同一个（或同时几个）工件所连续完成的那一部分工艺过程。工序是工艺过程的基本单元。划分工序的主要依据是工作地点（或机床）是否变动和加工是否连续，其中有一个不满足即为另一个工序。

工步：在加工表面不变、加工工具不变、切削用量中的切削速度和进给量不变的情况下，所连续完成的那一部分工序。

走刀：在一个工步中，有时材料层要分几次去除，则每进行一次切削称为一次走刀。

如图1-4所示的阶梯轴，若各表面都需要进行机械加工，则根据其产量和生产车间的不同，应采用不同的方案来加工。属于单件、小批生产时，可用表1-1方案加工；若属于大批、大量生产，则应改用表1-2方案加工。

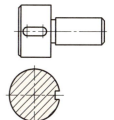

图1-4　阶梯轴

在表1-1中，工序1和2由于加工表面和刀具依次改变，所以这两个工序都包括四个工步。工序3中铣键槽工步往往需要多次走刀来完成；而去毛刺工作则由铣工在铣键槽工步后用手工连续完成，所以是同一工序中的另一工步。

表1-1　单件、小批生产的工艺过程

工序	内容	设备
1	车端面,钻中心孔,调头车另一端面,钻中心孔	车床
2	车大外圆及倒角,调头车小外圆及倒角	车床
3	铣键槽 去毛刺	铣床

表1-2　大批、大量生产的工艺过程

工序	内容	设备
1	铣两端面 钻中心孔	专用机床
2	车大外圆及倒角	车床
3	车小外圆及倒角	车床
4	铣键槽	键槽铣床
5	去毛刺	钳工台

在表1-2中，大批、大量生产时，为提高效率，两端面和中心孔往往在专用机床上作为一个工序来完成。大、小外圆及其倒角则用定距对刀法分别在两个工序中完成（即将一批工件先全部车完大外圆，在同一台车床重新对刀后再车小外圆，由于大、小外圆加工不是连续的，也属于两个工序）。此外，去毛刺应考虑由钳工专门完成，以免占用铣床工时。

为了提高生产率，有时采用几把刀具或一把复合刀具同时加工一个或几个表面算作一个工步，称为复合工步。如图1-5所示，用一把车刀、一把钻头同时加工，就是一个复合工步。

此外，为了简化工序内容的叙述，对于工件在一次安装下连续进行的若干相同工步（仅被加工表面在工件上占据的位置不同），也视为一个工步。如图1-6所示，用一把钻头连续钻削4个直径相同的孔，计为一个工步。

2. 安装和工位

安装：在一个加工工序中，工件在机床或夹具中每定位和夹紧一次，称为一次安装。表1-1中的工序

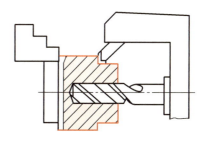

图1-5　多刀加工的复合工步

1和工序2由于存在工件调头安装,因此都是二次安装。

工位:为了完成一定的工序内容,一次装夹工件后,工件与夹具(或机床)的可动部分一起相对刀具或机床的固定部分所占据的某一个位置,称为工位。

采用多工位夹具、回转工作台或在多轴机床上加工时,工件在机床上一次安装后,就要经过多工位加工。采用多工位加工可减少工件的安装次数,从而缩短了工时,提高了效率。图1-7所示为利用回转工作台,在一次安装中顺次完成装卸工件、钻孔、扩孔和铰孔多工位加工实例。

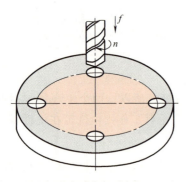

图1-6 相同表面加工的复合工步

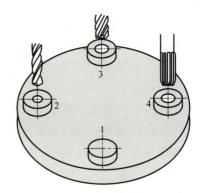

图1-7 多工位加工

1—装卸工件 2—钻孔
3—扩孔 4—铰孔

1.3 生产纲领和生产类型

1.3.1 生产纲领

生产纲领:企业根据市场需求和自身的生产能力拟定的在计划期内应当生产的产品产量和进度计划。

生产纲领中应计入备品和废品的数量。产品的生产纲领确定后,就可根据各零件在产品中的数量、供维修用的备品,以及在整个加工过程中允许的总废品率来确定零件的生产纲领。

机械产品中某零件的年生产纲领 N 可按下式计算

$$N = Qn(1+\alpha)(1+\beta)$$

式中 Q——产品的年产量(台/年);

  n——每台产品中该零件的数量(件/台);

  α——零件的备品率(%);

  β——零件的废品率(%)。

在成批生产中,在零件年生产纲领确定后,就要根据车间具体情况按一定期限分批投产,每批投产的零件数量称为生产批量。

1.3.2 生产类型

根据产品的大小、特征、生产纲领、批量及其投入生产的连续性,可分为三种不同的生产类型:

1. 单件、小批生产

单件或小批生产指每一产品只做一个或数个。一个工作地要进行多品种和多工序的作业。重型机器、大型船舶的制造和新产品的试制属于这种生产类型。

2. 成批生产

成批生产指产品周期地成批投入生产。一个工作地顺序分批地完成不同工件的某些工序。通用机床(一般的车、铣、刨、钻、磨床)的制造往往属于这种生产类型。

3. 大批、大量生产

大批或大量生产指产品连续不断地生产出来。每一个工作地用重复的工序制造产品(大量生产),或以同样方式按期分批更换产品(大批生产)。汽车、拖拉机、轴承、缝纫机、自行车等的制造属于这种生产类型。

生产类型取决于生产纲领,但也和产品的大小和复杂程度有关。生产类型与生产纲领的关系见表1-3。为了获得最佳的经济效益,对于不同的生产类型,其生产组织、生产管理、毛坯选择、设备工装、加工方法和工人的技术等级要求均有不同的工艺特征,见表1-4。

表 1-3 生产类型与生产纲领(年产量)的关系

生产类型	重型机械	中型机械	小型机械
单件生产	<5	<20	<100
小批生产	5~100	20~200	100~500
中批生产	—	200~500	500~5000
大批生产	—	500~5000	5000~50000
大量生产	—	>5000	>50000

表 1-4 各种生产类型工艺过程的特点

特点	单件生产	成批生产	大批量生产
零件互换性	配对制造,无互换性,广泛用钳工修配	普遍具有互换性,保留某些试配	全部互换,某些高精度配合件采用分组选择装配、配磨或配研
毛坯制造与加工余量	木模手工造型或自由锻,毛坯精度低,加工余量大	部分用金属型或模锻,毛坯精度及加工余量中等	广泛采用金属型机器造型、模锻或其他高效方法,毛坯精度高,加工余量小
机床设备及布置	通用设备,按机群式布置	通用机床及部分高效专用机床,按零件类别分工段排列	广泛采用高效专用机床及自动机床,按流水线排列或采用自动线
夹具	多用通用夹具,极少采用专用夹具,由划线试切法保证尺寸	专用夹具,部分靠划线保证尺寸	广泛采用高效夹具,靠夹具及定程法保证尺寸
刀具与量具	采用通用刀具及万能量具	较多采用专用刀具及量具	广泛采用高效专用刀具及量具

(续)

特点	单件生产	成批生产	大批量生产
工人技术要求	熟练	中等熟练	对操作工人要求一般,对调整工人技术要求高
工艺规程	只编制简单的工艺过程卡片	有较详细的工艺规程,对关键零件有详细的工序卡片	详细编制工艺规程及各种工艺文件
生产率	低	中	高
成本	高	中	低
发展趋势	采用数控机床、加工中心、柔性制造单元加工	采用成组技术,由数控机床或柔性制造系统等进行加工	在计算机控制的自动化制造系统中加工,并实现在线故障诊断、自动报警和加工误差自动补偿

1.4 基准的概念

任何一个零件总是由若干个表面组成,各表面之间有一定的尺寸和相互位置要求。因此,在零件设计、加工、测量或装配过程中,也必须以某个或某几个表面为依据进行标注、加工、测量或装配。零件表面之间的这种相互依赖关系,就引出了基准的概念。

基准就是零件(或部件)上用来确定其他点、线、面所依据的那些点、线、面。基准按其作用的不同可分为设计基准和工艺基准两大类。

1. 设计基准

零件图上用以确定其他点、线、面的基准称为设计基准。如图1-8所示主轴箱箱体,尺寸 $x_{Ⅳ}$ 和 $y_{Ⅳ}$ 说明 D、E 面是主轴孔Ⅳ的设计基准,尺寸 R_2 和 R_3 说明孔Ⅳ和孔Ⅲ的中心线是孔Ⅱ的设计基准。可见设计基准是零件图上尺寸标注的起始点。一般来说,基准关系是可逆的。

2. 工艺基准

工艺基准是在加工和装配过程中使用的基准,它包括:

工序基准——在工序图上用来确定本工序加工表面加工后的尺寸、形状和位置的基准。

定位基准——加工时使工件在机床或夹具上定位所采用的基准,如阶梯轴的中心孔、箱体零件的底平面和内壁等。如图1-9所示齿轮加工时采用其内孔和一个端面作为定位基准。

测量基准——检验时用来确定被测量零件在测量工具上位置的表面。例如主轴支承在V形块上检验径向圆跳动时,支承轴颈表面就是测量基准。

装配基准——装配时用来确定零件或部件在机器上的相对位置的表面。例如图1-8中主轴箱箱体的底面 D 和导向面 E,主轴的支承轴颈等都是它们各自的装配基准。

一般情况下,设计基准是在零件图上给定的,工艺基准是工艺人员根据具体的工艺过程选择确定的。

关于基准的概念,尚需阐明下面两点:

1) 作为基准的点、线、面,在工件上不一定存在,如孔中心线,槽的对称平面等。必须由某些具体表面来体现,这些表面称为基面,如内孔的中心线是通过内孔表面体现的,内孔中心线是基准,内孔表面是基面。有时为了叙述方便,可以将基准和基面统称为基准。

2)以上各例都是长度尺寸关系的基准问题。对于相互位置要求,如平行度、垂直度等,具有同样的基准关系。

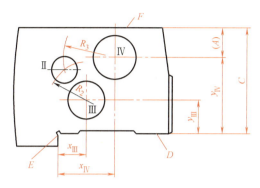

图 1-8 主轴箱箱体的设计基准

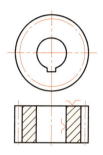

图 1-9 齿轮加工时的定位基准

习题与思考题

1-1 简述生产过程与工艺过程的区别。

1-2 简述工艺过程的组成及其在生产中发挥的作用。

1-3 什么是工序、安装、工位、工步和走刀?

1-4 某机床厂年产 CA6140 车床 3000 台,已知机床主轴的备品率为 12%,机械加工废品率为 3%,试计算机床主轴的年生产纲领。

1-5 什么是基准?基准分为哪几类?简述各类基准的含义及其相互间的关系。

1-6 基准可以是点、线和面,工艺基准中是否也可以是点、线和面?

1-7 设计基准、定位基准、测量基准、装配基准的定义是什么?有何相互关系?

第 2 章

机床夹具设计基础

2.1 概述

2.1.1 工件的安装和夹具

为了在工件的某一部位上加工出符合规定技术要求的表面,必须在机械加工前将工件安装在机床上或夹具中。

安装是将工件在机床上或夹具中定位并夹紧。"定位"是指确定工件在机床或夹具中占据正确位置的过程。当工件定位后,由于在加工中受到切削力、重力等的作用,还应采用一定的机构,将工件"夹紧",使它先前确定的位置保持不变。因此,定位和夹紧是两个不同的概念。

机床夹具就是用来安装工件的机床附加装置。所谓机床夹具是在切削加工中,用以准确快捷地确定工件和刀具以及机床之间的相对加工位置,并将工件可靠夹紧的工艺装备。

在机械加工中,刀具、量具、夹具及辅具,总称为工艺装备。夹具在工艺装备中占有重要地位,只有正确地将工件装夹在机床夹具上,才能便利有效地加工出符合图样要求的合格零件。此外,夹具还可以扩大机床的工艺范围,如在车床上使用镗夹具,就可以替代镗床进行镗孔。因此,设计和制造合理的夹具对保证加工质量,提高劳动生产率具有十分重要的意义。

2.1.2 夹具的组成

为了具体了解夹具的各部分组成,举一个简单的钻夹具(钻模)来说明。

如图 2-1 所示,5 为工件,以内孔和左端面安装在夹具的柱销 2 的外圆及突肩上,用来确定它的位置。1 为钻套,钻头通过钻套的引导得到正确的位置并在工件上钻孔。为使工件在加工过程中不移动,用螺母 4 和开口垫圈 3 把工件压紧在夹具上。6 为夹具体。

这虽然是一个简单的钻夹具,但基本上具备了组成夹具的各个部分:

(1) 定位元件 确定工件在夹具中占有正确位置的元件(如图 2-1 中的柱销 2)。

(2) 夹紧元件 用来夹紧工件,保证工件定位后的正确位置不变的元件(如图 2-1 中的螺母 4 及开口垫圈 3)。

(3) 引导元件　确定夹具与机床或刀具的相对位置的元件（如图 2-1 中的钻套 1）。

(4) 夹具体　它是夹具的基础件，将上述各元件连成一个整体。

一般夹具均由这四部分组成，根据需要，夹具上还可能有其他组成部分。例如被加工零件需要分度时，就要有分度机构；用机械传动的夹具，就要有机械传动部件等。

2.1.3　夹具的分类

机床夹具一般可按以下方式进行分类。

1. 按夹具的应用范围分类

(1) 通用夹具　通用夹具是指已经标准化的，可用于加工同一类型、不同尺寸工件的夹具。如自定心卡盘或单动卡盘、回转工作台、万能分度头、电磁吸盘等。通常这类夹具作为机床附件，由专门工厂制造供应，广泛应用于单件、小批量生产中。

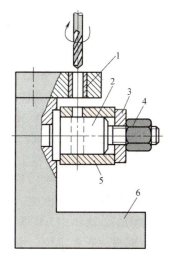

图 2-1　夹具的组成部分
1—钻套　2—柱销　3—开口垫圈
4—螺母　5—工件　6—夹具体

(2) 专用夹具　专用夹具是指专为某一工件的某道工序而设计制造的夹具。当产品变换或工序内容更动后，往往就无法再使用。因此，专用夹具适用于产品固定、工艺相对稳定、批量又大的加工过程。

(3) 可调夹具　可调夹具是指当加工完一种工件后，经过调整或更换个别元件，即可加工另外一种工件的夹具。主要用于加工形状相似、尺寸相近的工件。所以这类夹具及其相应的部件，可按加工对象和工艺要求的范围，预先制造备存起来，等需用时略加补充加工或添置一些零件即可使用。例如滑柱式钻模、带各种钳口的机用虎钳等，多用于中小批生产。

(4) 组合夹具　在夹具零部件标准化的基础上，根据积木化原理，针对不同的工件对象和加工要求，拼装组合而成的夹具。其特点是灵活多变、通用性强、制造周期短、元件可反复使用，特别适用于单件、小批生产或新产品试制。

(5) 随行夹具　随行夹具是一种在自动生产线上使用的夹具，与工件成为一体沿着生产线从一个工位移至下一个工位，进行不同工序的加工。

2. 按使用的机床分类

按所使用的机床不同，夹具可分为车床夹具、铣床夹具、钻床夹具、镗床夹具、磨床夹具、齿轮加工机床夹具等。

3. 按夹紧动力源分类

根据夹具所采用的夹紧动力源不同，夹具可分为手动夹具、气动夹具、液压夹具、气液夹具、电动夹具、磁力夹具、真空夹具等。

2.2　定位原理

2.2.1　六点定位原则

工件定位的目的是使工件在机床上（或夹具中）占有正确位置，也就是使它相对于刀具切削刃有正确的相对位置。

如图 2-2 所示，任一刚体在空间都有六个自由度，即沿直角坐标系 x、y、z 三轴方向的移动自由度（$\vec{x}$、$\vec{y}$、$\vec{z}$）和绕此三轴的转动自由度（$\vec{\hat{x}}$、$\vec{\hat{y}}$、$\vec{\hat{z}}$）。假定工件也是一个刚体，要使它在机床上（或夹具中）完全定位，就必须限制它在空间的这六个自由度。

如图 2-3 所示，用六个固定点（实际上是相当于支承点的定位元件）与工件接触，每个固定点限制工件的一个自由度，便可以将六个自由度完全限制了。这样，工件既不能移动又不能转动，即在空间得到正确定位。由此可见，要使工件完全定位，就必须限制其在空间的六个自由度，这即是工件的"六点定位原则"。

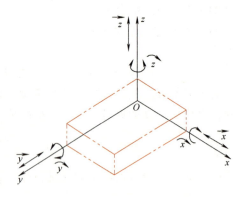

图 2-2　工件在空间的自由度

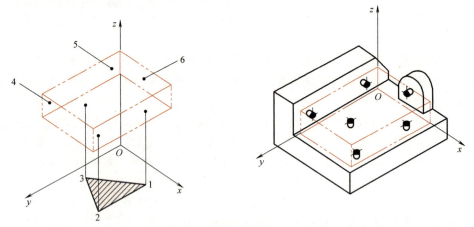

图 2-3　工件在空间的六点定位

若工件脱离定位支承点而失去了定位，这是工件还没有夹紧的缘故。因此，定位是使工件占有一个正确的位置，夹紧才使它不能移动和转动，把工件保持在一个正确的位置，所以定位与夹紧是两个概念，决不能混淆。

2.2.2　完全定位和不完全定位

六个支承点在空间怎样分布才能使工件正确定位？这就需要根据工件结构和夹具使用的定位元件来具体分析。

对于上述长方体工件来说（图 2-3），三个支承点在 xOy 平面上，使工件不能沿 z 轴移动和绕 x、y 轴转动，限制了三个自由度（$\vec{z}$、$\vec{\hat{x}}$、$\vec{\hat{y}}$）。两个支承点在 yOz 平面上，使工件不能沿 x 轴移动和绕 z 轴转动，限制了两个自由度（$\vec{x}$、$\vec{\hat{z}}$）。一个支承点在 xOz 平面上，限制了沿 y 轴移动的一个自由度（$\vec{y}$）。因而，这样分布的六个支承点，限制了全部六个不重复的自由度，故称工件的"完全定位"。

是否所有的工件在夹具中都必须完全定位呢？那不一定。究竟应该限制哪几个自由度，需根据零件的具体加工要求来定。在哪一个方向上有尺寸要求，就必须限制与此尺寸方向有关的自由度，否则就得不到该工序所要求的加工尺寸。

例如图 2-4a 中，工件上铣键槽，在沿 x、y、z 三个轴的移动和转动方向上都有尺寸要求，所以加工时必须将全部六个自由度限制，即要"完全定位"。图 2-4b 中，则为工件上铣通槽，在 y 轴方向无尺寸要求，故只要限制五个自由度就够了（即不限制沿 y 轴的移动自由度 $\vec{y}$，对于工件的加工精度并无影响）。所以，这时允许少于六点的定位，称为"不完全定位"。

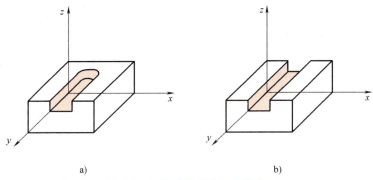

图 2-4 工件应限制自由度的确定

总之，在机械加工中，一般为了简化夹具的定位元件结构，只要对影响本工序加工尺寸的自由度加以限制即可。

2.2.3 欠定位和过定位

在加工中，如果工件的定位支承点少于所应限制的自由度数，必然会出现某些应该限制的自由度没有被限制，就会导致加工时达不到要求的加工精度，这种工件定位点不足的情况，称为"欠定位"。很明显，欠定位在实际生产中是不允许的。

反之，如果工件上某个自由度被限制了两次以上，就会出现重复定位的现象，这就称为"过定位"。过定位的结果，将使工件定位不确定，在夹紧后会使工件或定位元件产生变形。

例如图 2-5a 所示为连杆加工大孔时的过定位情况。支承板 1 限制 $\vec{z}$、$\hat{x}$、$\hat{y}$ 三个自由

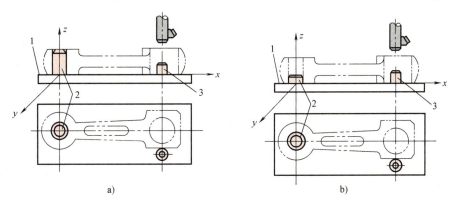

图 2-5 连杆的定位方案

a）过定位　b）完全定位

1—支承板　2—长圆柱销　3—止销

度，长圆柱销 2 限制 $\vec{x}$、$\vec{y}$、$\widehat{x}$、$\widehat{y}$ 四个自由度，止销 3 限制 $\widehat{z}$ 一个自由度，其中 $\widehat{x}$、$\widehat{y}$ 被长销和支承板两个定位元件重复限制，便产生了过定位。因为工件的端面和小端孔不可能绝对垂直，长圆柱销 2 也不可能与支承板 1 绝对垂直，因此在夹紧工件时定位元件就可能引起变形，或者使工件的端面与支承板的定位面不能完全接触。这样必然影响加工精度。例如将长圆柱销 2 改成短销就合理了，如图 2-5b 所示。

通过上例可知，产生过定位的原因主要是工件各定位基准面之间存在的位置误差，或夹具上各定位元件之间的位置不绝对准确等因素造成的。在一般情况下应尽量避免过定位。但在生产实践中，特别是在精加工工序中，也还可以看到过定位的应用。

图 2-6 所示的齿轮加工定位方案显然也是过定位，但是因为齿轮孔与端面、定位心轴与支承凸台有很高的垂直度，过定位不会引起工件或夹具的变形。而该方案的优点是定位后系统刚度好，可以减少切削时的振动，对精加工是有利的。

因而，在夹具设计中，当遇特殊情况有必要采用过定位方案时，必须提高工件的定位表面之间以及夹

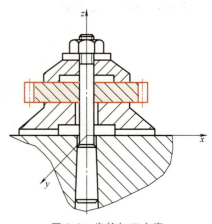

图 2-6　齿轮加工方案

具的定位元件表面之间的几何精度，使重复限制自由度的支承点对工件安装后不发生干涉；或者采取相应措施，消除工件（或夹具）因过定位而引起的不良后果而仍能保证加工要求。

2.3　定位方式

工件的定位表面有各种形式，如平面、外圆、内孔、成形面等。对于这些表面可以采用不同的方法来实现定位。即根据被加工零件的工序要求，除合理分布定位支承点外，还要正确考虑定位方法和选用恰当的定位元件。

下面分析各种典型表面的定位方法和定位元件。

2.3.1　工件以平面定位

工件以平面定位时，所用的定位元件（即支承件），可分为"基本支承"和"辅助支承"两类。前者用来限制工件的自由度，即是真正具有独立定位作用的定位元件；而后者则是用来加强工件的支承刚性，它不起限制工件自由度的作用。

1. 基本支承

基本支承有固定支承、可调支承、自位支承三种形式；它们的结构尺寸，一般已有国家标准，可在有关夹具设计手册中查到，这里主要介绍它们的结构特点。

（1）固定支承　这种支承装上夹具后，一般不再拆卸或调节。它分为支承钉和支承板两种。

1）支承钉。多用作工件平面定位的三点支承或侧面支承，其结构形式有平头、圆头、网纹顶面三种，如图 2-7a～c 所示。

平头支承钉常用于定位平面较光滑的工件。圆头支承钉与定位平面为点接触，可保证接

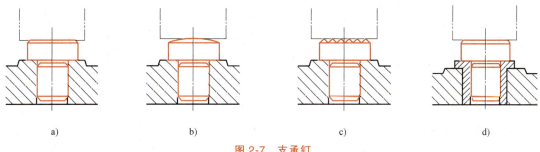

图 2-7 支承钉

触点位置的相对稳定，但它易磨损，且使定位面产生压陷，给工件夹紧后带来较大的安装误差，装配时也不易使几个支承圆头保持在同一平面上，故圆头支承钉仅用于未经机械加工的平面定位。网纹顶面支承钉的突出优点是与定位面间的摩擦力较大，可阻碍工件移动，加强定位的稳定性，但槽中易积屑，常用在粗糙表面的侧面定位。

支承钉尾部与基体孔的配合种类，多选为 H7/r6（或 H7/n6）。若支承钉需经常更换，可如图 2-7d 所示加中间套筒，而套筒内孔与支承钉尾部配合选用 H7/js6。

对于组成主要支承的三点大平面，支承钉的布置应尽可能面积大些；对于侧面两点的导向支承，应尽可能有较长的距离，这样定位较为可靠。至于通常在工件止推面上布置的一个支承钉，一般应放在工件上最窄小、与切削力方向相对应的表面上，这样可承受加工过程中的切削力和冲击。

2）支承板。支承板多用于工件上已加工平面的定位。一般说来，支承钉用于较小平面，支承板用于较大平面，有时也可用一块支承板代替两个支承钉。但当工件平面较窄，很难用支承钉布置成合适的支承三角形而造成定位不稳时，则可用支承板定位。

例如图 2-8a 中，当工件刚度不足，夹紧力和切削力又不能恰好作用在支承点上时，也适宜用支承板定位。再如图 2-8b 所示的薄板上钻孔也是一例，因此时若用支承钉定位会使工件变形。

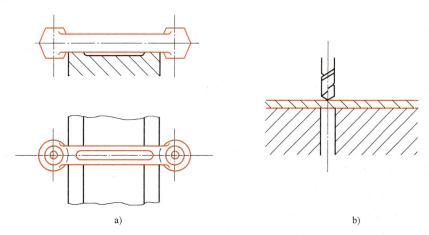

图 2-8 不宜用三个支承钉定位的情况

支承板的结构形式如图 2-9 所示。A 型结构简单，制造方便，但埋头螺钉处清理切屑比较困难；B 型支承板做了一些改进，可克服这一问题。与支承钉一样，为保持几块支承板在同一平面上,在装配后应将顶部再统磨一下。有时为了使支承板装配牢固,也可以加定位销。

作为支承的定位表面应耐磨,以保证夹具的定位精度。对于 $D \leq 12\mathrm{mm}$ 的支承钉和小型支承板,一般用 T7A 钢,淬火硬度 60~64HRC;对于 $D > 12\mathrm{mm}$ 的支承钉及较大型的支承板,一般用 20 钢渗碳淬火,硬度为 60~64HRC,渗碳深度为 0.8~1.2mm。

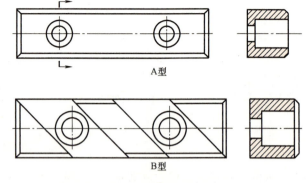

图 2-9 支承板的结构形式

(2) 可调支承　主要用于工件上未经机械加工的定位面。当工件毛坯尺寸有较大变化时,每更换一批毛坯,就要调节一次。图 2-10a 所示为可调支承的基本形式,它由螺钉及螺母组成。支承高度调节以后,要注意锁紧。此外,为使一个夹具适用于几道工序或几种类似的工件,需要将支承钉的位置做一定调整时,也能用可调支承,如图 2-10b 所示。

(3) 自位支承　"自位支承"又称"浮动支承"。实质上它是与工件接触的几个工作点能随工件定位面形状自行浮动的支承,常见的有双接触点(图 2-11a、b)及三接触点(图 2-11c)两种。当压下其中一个接触点,则其他点上升,直至全部点与工件定位表面接触为止。故每一个自位支承,一般只相当于一个定位点,即限制一个自由度。但由于增加了与工件接触点的数目,可减少工件的变形,其缺点是支承的稳定

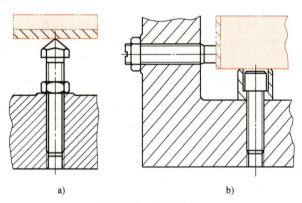

图 2-10 可调支承

性较差,必要时应予锁紧。通常自位支承用在刚度不足的毛坯平面或不连续表面的定位中,此时虽然增加了接触点,却可避免发生过定位。

设计自位支承时,应注意有充分的摆动余地。例如螺钉与孔、销与孔之间应有较大的间隙。

2. 辅助支承

当工件按六点定位原则进行定位并夹紧后,若工件刚度很差,在切削力和夹紧力影响下,常会发生变形或振动。因此,在基本支承外,要另加辅助支承。

例如,图 2-12 所示为一阶梯形零件,当用平面 1 定位、铣待加工工件上平面 2 时,则必须在工件右部底面增加可调节辅助支承 3,以提高其安装刚度和稳定性。但是应注意:加上的辅助支承不应限制工件的自由度,或破坏工件原来已经限制的自由度。因此,使用辅助支承时,其高度必须按原先三支承钉已确定的定位表面位置来调节;而且对每个工件加工前均要调节一次。为此,当每一个工件加工完毕后,一定要将所有辅助支承退回到和新装上去的工件保证不接触的位置。

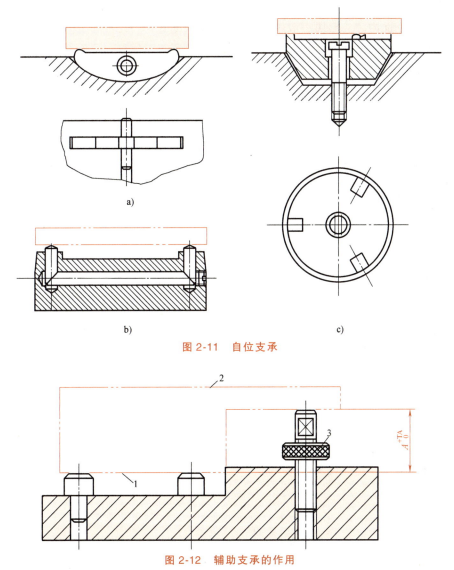

图 2-11 自位支承

图 2-12 辅助支承的作用
1—平面　2—待加工工件上平面　3—辅助支承

2.3.2 工件以外圆定位

工件以外圆定位时，一般有三种方法：V 形块、定位套筒及剖分套筒、自动定心机构（如自定心卡盘、弹簧夹头等）。这里主要介绍前两种方式。

1. V 形块

如图 2-13 所示，两支承面的夹角通常做成 90°，个别也做成 60° 或 120° 的。V 形块上定位时，工件的垂直轴线对称于 V 形块的两支承面，而水平轴心线位置，随 V 形块夹角及工件直径的误差而发生变化。它不仅用于完整的外圆面定位，还常应用在不完整的外圆面而要求对中性好的定位。

V 形块装在夹具体上时，除用螺钉紧固外，还要加装定位销，防止移动。V 形块的支承面和底面均应磨光。当用几个V形块对一个光轴定位时应在装配后一起精磨各支承面,以保证其处于相同平面内。V形块一般用20钢,渗碳深度0.8~1.2mm,淬硬60~64HRC;大型的可用铸铁,而在支承面上镶以淬硬耐磨的钢板。

V形块结构已标准化,其毛坯图上(图2-14),应注明尺寸C、H、h。C用于划线及粗加工,H用于检验时放入检验棒,以测定V形块的精度。H按工件直径D及C、h、α确定。

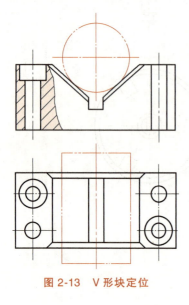

图2-13 V形块定位

图2-14 V形块的尺寸关系

$$H = \overline{OE} + h$$

而

$$\overline{OE} = \overline{OB} - \overline{EB}$$

$$\overline{OB} = \frac{D}{2\sin\frac{\alpha}{2}}, \quad \overline{EB} = \frac{C}{2\tan\frac{\alpha}{2}}$$

故

$$H = \frac{D}{2\sin\frac{\alpha}{2}} - \frac{C}{2\tan\frac{\alpha}{2}} + h$$

当$\alpha = 90°$时,$H = h + 0.707D - 0.5C$

$\alpha = 120°$时,$H = h + 0.578D - 0.289C$

2. 定位套筒及剖分套筒

圆孔定位件通常做成定位套筒形式,它装在夹具体上,用以支承外圆表面,起定位作用(图2-15)。

这种定位方法,元件结构简单,但定心精度不高,当工件外圆与定位圆孔配合较松时,还易使工件倾斜。通常由于工件的定位圆孔与其端面加工时为一刀落,故利用套筒内孔及端面一起定位,可减少工件倾斜。若工件端面较大,定位孔应做得短些,否则会产生过定位,因此该端面,已成为限制三个自由度的主要定位基准了。

定位套筒材料,常用青铜或中碳钢淬火35HRC左右;也可用20钢渗碳0.8~1.2mm,淬硬60~64HRC,或用T10A钢淬硬60~64HRC。定位套筒与夹具体的配合要求,对小尺寸

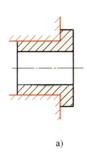 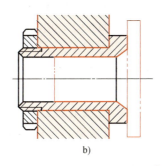 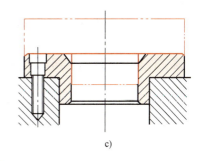

图 2-15 定位套筒

的用 H7/r6，H7/s6；大尺寸的用 H7/k6，H7/js6，装入后再用螺钉或螺母紧固。

剖分套筒为半圆孔定位件，主要用于大型轴类零件的精密轴颈定位，以便于工件安装。如图 2-16 所示，将同一圆周表面的定位件分成两半，下半孔放在夹具体上，上半孔装在可卸式或铰链式的盖上。下半孔起定位作用，上半孔仅起夹紧作用。为便于磨损后更换，两半孔通常制成衬瓦形式，而不直接做在夹具体上。

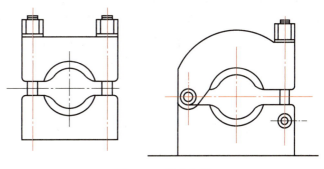

图 2-16 剖分套筒

2.3.3 工件以内孔定位

工件以内孔定位时，常用的有定位销、定位心轴、自动定心机构（如自定心卡盘、弹簧心轴等）。这里主要介绍定位销和定位心轴。

1. 定位销

图 2-17 所示为常用的定位销结构。图 2-17a 所示用于 $D<10\text{mm}$；图 2-17b 所示用于 $D>10\text{mm}$；图 2-17c 所示用于 $D>16\text{mm}$，均为固定式，可直接选 H7/r6 过盈配合压入夹具体。图 2-17d 所示为可换式，以便大量生产中因定位销磨损而及时更换，故在夹具体中压有衬套，定位销以 H7/js6 或 H7/h6 装在衬套内，并用螺母拉紧，其配合精度略差些。图 2-17b 所示定位销带有台肩，可使工件端面定位而避免夹具体磨损。

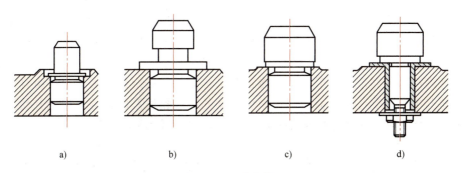

图 2-17 定位销

定位销大部分做成大倒角，便于工件套入。其材料在 $D \leq 16$mm 时，用 T7A 钢淬硬 53~58HRC；$D>16$mm 用 20 钢，渗碳 0.8~1.2mm，淬硬 53~58HRC。

2. 刚性心轴

根据工件形状和用途不同，刚性心轴的结构形式很多。图 2-18 所示为常见的三种普通刚性心轴。

图 2-18a 所示为带小锥度（1/10000~1/5000）的心轴，将工件轻轻打入，依靠锥面将工件对中并由孔的弹性变形产生摩擦。它定心精度较高，可达 0.005~0.01mm。常用在车削或磨削中，外圆要求同轴度高的盘类零件。

图 2-18b 所示心轴呈圆柱形，用在成批生产时可克服锥度心轴轴向位置不固定的缺点。与工件孔定位部分按 r6、s6 配合制造，用压力机在左侧加限位套装卸。心轴上的槽 1 是便于车削工件端面，2 为导向部分，其直径要保证工件能用手自由套入心轴。使用图 2-18a、b 两种心轴，工件定位孔精度都应不低于 H7，切削力均不宜太大。

一般情况下则用图 2-18c 所示心轴，其外圆柱的定位部分按 h6、g6、f7 制造，和工件孔有间隙，因而装卸方便，再用螺母在端面压紧。心轴两端均有带保护锥的中心孔，定位表面的表面粗糙度应小于 $Ra0.4\mu m$。

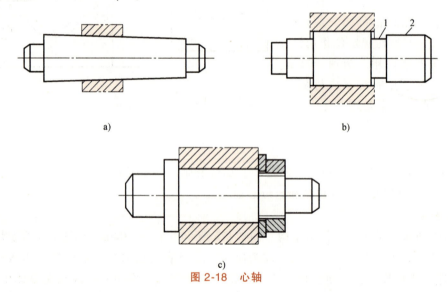

图 2-18 心轴

2.3.4 工件以组合表面定位

以上所述的定位方法，全指工件以单一表面定位。实际上，零件往往是以几个表面同时定位的。例如用两个平行孔、两个平行阶梯表面、阶梯轴的两个外圆等，以上称为"工件以组合表面定位"。这时，由于几个定位表面间的相互位置，总是具有一定的误差，若将所有的支承元件都做成固定的，工件将不能正确定位甚至无法定位。因而，在组合表面定位时，必须将其中的一个（或几个）支承做成浮动的，或者虽是固定的，但能补偿其定位面间的误差。下面对常见的几种组合表面定位方法及所用元件加以说明。

1. 以轴线平行的两孔定位

工件以两孔定位的方式，在生产中普遍用于各种板状、壳体、杠杆等零件，如机床主轴箱、发动机缸体都用此法定位加工。

如图 2-19 所示工件用两孔及平面定位。若以两个圆柱销作为定位件，常会产生过定位现象，即当左销套上工件孔后，右销很难同时套上而产生定位干涉。通常将右边定位销在两销连心线的垂直方向削去两边，做成表 2-1 中所示的削边销（削边销宽度 b 常按工件孔的公称尺寸 D_2 选定），这样就可在此连心线方向上获得间隙补偿；能使工件两孔与两销顺利安装且使定位较准确。即此时的削边销，只限制工件的一个转动自由度，解决了过定位而产生的干涉问题。

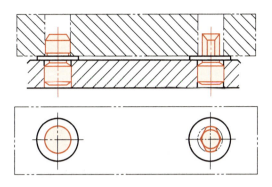

图 2-19　工件以两孔及平面定位

表 2-1　削边销的尺寸　　　　　　　　　　（单位：mm）

D_2	3~6	>6~8	>8~20	>20~25	>25~32	>32~40	>40~50
b	2	3	4	5	7	7	8
B	$D_2-0.5$	D_2-1	D_2-2	D_2-3	D_2-4	D_2-5	

2. 以轴线平行的两外圆定位

如图 2-20 所示，若工件在垂直平面定位后，再将工件左端外圆用圆孔或 V 形块定位时，则工件右端外圆所用的 V 形块，一定要做成浮动结构，这时只起限制一个自由度的作用，否则就会过定位。

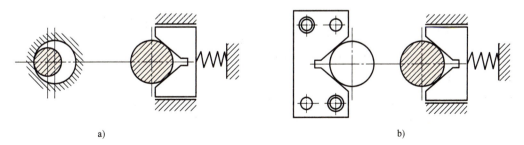

图 2-20　工件以两外圆定位

3. 以一个孔和一个平行于孔中心线的平面定位

如图 2-21a、b 所示两个零件均需以大孔及底面定位，加工两个小孔。可以有两种定位方案，视其加工尺寸要求而定。根据基准重合原则，如图 2-21a 所示零件应选用图 2-21c 所示方案，即平面用支承板定位，孔用削边销定位，且削边方向应平行于定位平面，以补偿孔中心线与底面间距离的尺寸误差。再如图 2-21b 所示零件则宜采用图 2-21d 所示的方案，即孔用圆销定位，而平面下方则加入楔形块可使定位平面升降，以补偿工件孔与平面间的尺寸误差。

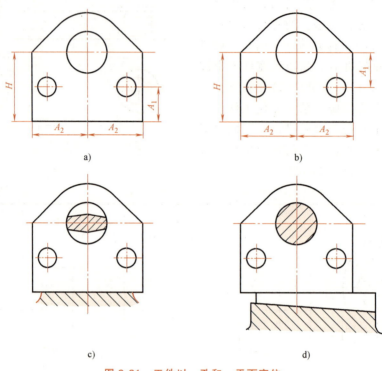

图 2-21　工件以一孔和一平面定位

2.4　定位误差

2.4.1　定位误差的产生

在应用夹具安装工件进行定位法加工时，往往有些误差因素是由定位引起的。假定夹具的制造及其在机床上安装与调整，都达到了要求的精度，并忽略工件夹紧变形的影响，当遇到工件的定位基准与设计基准不重合，及工件的定位基准与定位元件的工作表面之间存在间隙时，仍会导致工件的设计基准在安装过程中产生一定的位置变化。这种工件上被加工表面的设计基准相对于定位元件工作表面在加工尺寸方向上的最大变动量，称为"定位误差"。

如图 2-22a 所示工件，底面 3 与侧面 4 已加工好，需加工平面 1、2，均用底面及侧面定位。

在工序一加工平面 2 时，由于定位基准与设计基准重合均为底面 3，其图样的设计尺寸 $H\pm\Delta H$，与加工时刀具调整控制尺寸 $C=H\pm\Delta H$（对一批工件说，可看作为常量不变）两者一致，则定位误差 $\varepsilon_H=0$。

在工序二加工平面 1 时，图样要求的设计尺寸为 $A\pm\Delta A$，而加工时刀具调整尺寸 $C\neq A\pm\Delta A$。因此在这种情况下，即使不考虑本工序的加工误差，由于这种定位方法已有可能使加工尺寸 A 发生变化（在工序一留下的误差 $\pm\Delta H$ 范围内波动），因而也就产生了定位误差 ε_A。定位误差大小的确定方法：

1) 画出被加工零件定位时的两个极限尺寸的位置。

2) 从图形中的几何关系，找出零件图上被加工尺寸方向上之设计基准的最大变动量（最大值与最小值之差）。因此，工序二尺寸 A 的定位误差 ε_A 为

$$\varepsilon_A = (H+\Delta H) - (H-\Delta H) = 2\Delta H$$

上述的误差，是由于定位基准和设计基准不重合引起的，可称这类定位误差为"基准不符误差"。

当然，从提高定位精度出发，设计夹具时尽量使定位基准与加工表面的设计基准重合。图 2-22d 所示就是改进工序二的定位方法，使基准重合 $\varepsilon_A = 0$。这样，定位精度虽然提高了，但夹具结构复杂，工件安装不便，并使工件加工时的稳定性、可靠性也差了，有可能产生更大的误差。所以设计夹具不能单从定位精度出发，而应从多方面考虑。生产中只要在满足工艺要求的前提下，如果能降低工序成本，基准不重合的定位方案，也允许选用。

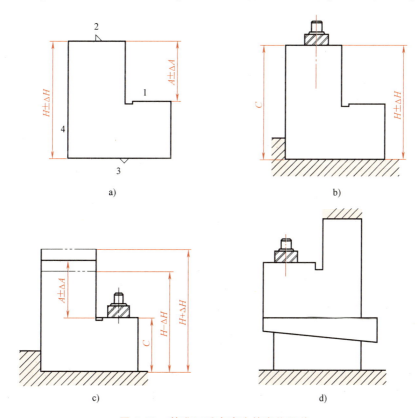

图 2-22 基准不重合产生的定位误差

a）工件 b）工序一 c）工序二 d）工序二改进

此外，由于夹具定位元件和工件定位基准本身有制造误差，也可能使工件被加工表面的设计基准，在加工尺寸方向上产生变动而形成定位误差。

例如图 2-23a 所示，如果心轴水平放置，工件以内孔中心 O 为定位基准，套在心轴中心 O_1 上，要求加工上平面 $H\pm\Delta H$。在理想状态时，孔中心线与轴线重合，则设计基准与定位

基准一致，故定位误差为零。实际上，定位心轴和工件内孔都有制造误差；为便于工件套到心轴上，还应留有最小间隙，故孔和轴中心线必然不重合（图 2-23b），也会使工件的定位基准位置产生变动而下移。所以，通常称这另一类定位误差为"基准位移误差"。其大小分析如下：

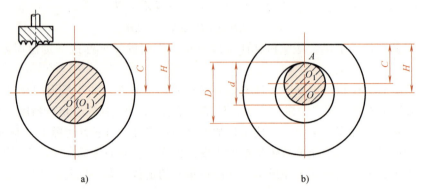

图 2-23 基准位移产生的误差

设孔径为 $D_0^{\Delta_S D}$，公差为 $T_D = \Delta_S D$。

轴径为 $d_{-\Delta_X d}^{-\Delta_S d}$，公差为 $T_d = |-\Delta_S d + \Delta_X d|$。

当孔、轴公称尺寸相等（$D=d$）时，最小间隙为

$$\Delta = D_{\min} - d_{\max} = D - (d - \Delta_S d) = \Delta_S d$$

当心轴如图 2-23b 所示水平放置时，工件内孔始终与心轴上素线 A 单边接触。当内孔和心轴尺寸为 $D_{\max}$ 及 $d_{\min}$ 时，设计基准 O 在最下面（设计基准变动最大值）

$$\overline{OO_1}_{\max} = \overline{OA} - \overline{O_1A} = \frac{D_{\max}}{2} - \frac{d_{\min}}{2} = \frac{D + \Delta_S D}{2} - \frac{d - \Delta_X d}{2} = \frac{\Delta_S D}{2} + \frac{\Delta_X D}{2}$$

同理，当内孔和心轴尺寸为 $D_{\min}$ 及 $d_{\max}$ 时，设计基准 O 在最上面（设计基准变动最小值）

$$\overline{OO_1}_{\min} = \frac{D_{\min}}{2} - \frac{d_{\max}}{2} = \frac{D}{2} - \frac{D - \Delta_S d}{2} = \frac{\Delta_S d}{2}$$

所以 H 的定位误差即为设计基准 O 在 H 尺寸方向上的最大变动量，应为

$$\varepsilon_H = \overline{OO_1}_{\max} - \overline{OO_1}_{\min} = \left(\frac{\Delta_S D}{2} + \frac{\Delta_X d}{2}\right) - \left(\frac{\Delta_S d}{2}\right) = \frac{\Delta_S D}{2} + \frac{-\Delta_S d + \Delta_X d}{2} = \frac{T_D}{2} + \frac{T_d}{2}$$

这时的基准位移造成的定位误差为内孔公差和心轴公差之和的一半，且与间隙 Δ 无关。若心轴垂直放置，就可能心轴与工件内孔任意边接触，则应考虑加工尺寸方向的两个极限位置及间隙 Δ，故定位误差为：$\varepsilon_H = T_D + T_d + \Delta$。

由此可见，工件定位基准和夹具定位元件本身的制造误差，也是直接影响定位精度的。在设计夹具时，除应尽量满足基准重合原则外，还应根据加工零件的精度要求，合理规定定位元件的制造精度和限制加工零件上与定位基准有关的公差值。

2.4.2 定位误差的计算

如前面所述，定位误差等于在工件加工尺寸方向上设计基准的最大变动量。具体的计算

方法，通过以下常见实例加以说明。

工件用 V 形块定位时的定位误差计算：

图 2-24 所示三批直径为 $d_{-\Delta_X d}^{\ 0}$ 的轴，在 V 形块上定位铣平面。加工表面的设计尺寸，有三种不同的标注方法：

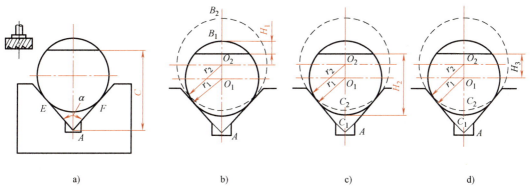

图 2-24 用 V 形块定位的定位误差

1) 要求保证上素线到加工面尺寸 H_1，即设计基准为 B。
2) 要求保证下素线到加工面尺寸 H_2，即设计基准为 C。
3) 要求保证轴线到加工面尺寸 H_3，即设计基准为 O。

这时工件的定位基准均为外圆上的半圆面。但由于 V 形块定位中，当工件尺寸有误差时，接触点 E、F 位置会变化，所以加工前可参考不变的 A 点（即外圆与 V 形块两工作表面的交点）来作为分析计算依据。

因此，对尺寸 H_1、H_2、H_3 都有因基准不重合和定位基准本身制造误差而造成的定位误差。现对三种情况分别计算如下：

（1）尺寸 H_1 的定位误差 当工件从最小直径（$d_1 = d - \Delta_X d$）到最大直径（$d_2 = d$）位置变化，这时设计基准的最大变动量为 $\overline{B_1 B_2}$

$$\varepsilon_{H_1} = \overline{B_1 B_2} = \overline{AB_2} - \overline{AB_1} = (\overline{AO_2} + \overline{O_2 B_2}) - (\overline{AO_1} + \overline{O_1 B_1})$$

$$= \left(\frac{d_2}{2\sin\frac{\alpha}{2}} + \frac{d_2}{2} \right) - \left(\frac{d_1}{2\sin\frac{\alpha}{2}} + \frac{d_1}{2} \right)$$

$$= \frac{d_2 - d_1}{2} \left(\frac{1}{\sin\frac{\alpha}{2}} + 1 \right)$$

$$= \frac{\Delta_X d}{2} \left(\frac{1}{\sin\frac{\alpha}{2}} + 1 \right)$$

$$= \frac{T_d}{2} \left(\frac{1}{\sin\frac{\alpha}{2}} + 1 \right)$$

(2) 尺寸 H_2 的定位误差 这时设计基准的最大变动量为 $\overline{C_1C_2}$

$$\varepsilon_{H_2} = \overline{C_1C_2} = \overline{AC_2} - \overline{AC_1} = (\overline{AO_2} - \overline{O_2C_2}) - (\overline{AO_1} - \overline{O_1C_1})$$

$$= \frac{\Delta_X d}{2}\left(\frac{1}{\sin\frac{\alpha}{2}} - 1\right)$$

$$= \frac{T_d}{2}\left(\frac{1}{\sin\frac{\alpha}{2}} - 1\right)$$

(3) 尺寸 H_3 的定位误差 这时设计基准的最大变动量为 $\overline{O_1O_2}$

$$\varepsilon_{H_3} = \overline{O_1O_2} = \overline{AO_2} - \overline{AO_1}$$

$$= \frac{d_2}{2\sin\frac{\alpha}{2}} - \frac{d_1}{2\sin\frac{\alpha}{2}}$$

$$= \frac{\Delta_X d}{2}\left(\frac{1}{\sin\frac{\alpha}{2}}\right)$$

$$= \frac{T_d}{2}\left(\frac{1}{\sin\frac{\alpha}{2}}\right)$$

通过以上计算，可得出如下结论：

1) $\varepsilon_H \propto T_d$。即定位误差随毛坯误差增大而增大。

2) ε_H 与V形块夹角 α 有关，见表2-2。即定位误差随 α 增大而减小，但定位稳定性却变差，故一般用 $\alpha = 90°$。

3) ε_H 与加工尺寸标注方法有关。

以图2-24所示为例，$\varepsilon_{H_1} > \varepsilon_{H_3} > \varepsilon_{H_2}$。

表2-2 V形块定位时的定位误差

加工尺寸	定位误差 (ε_H)			
	$\alpha = 60°$	$\alpha = 90°$	$\alpha = 120°$	$\alpha = 180°$
H_1	$1.5T_d$	$1.207T_d$	$1.078T_d$	T_d
H_2	$0.5T_d$	$0.207T_d$	$0.078T_d$	0
H_3	T_d	$0.707T_d$	$0.578T_d$	$0.5T_d$

还要说明一点，按这种极限尺寸计算的定位误差，与实际情况不完全符合，且通常是偏大的，因为在一批零件加工中获得极限尺寸的概率很小。

2.4.3 保证规定加工精度实现的条件

工件利用夹具加工时，影响加工精度的误差因素除定位误差 ε_H 外，还有如下误差：

(1) 夹具的有关制造误差（$\varepsilon_{制造}$） 这个误差主要包括夹具制造时的两项误差：确定刀具位置的元件和引导刀具的元件与定位元件的位置误差；定位元件与夹具安装到机床上的安

装基面间的位置误差。

（2）夹具安装误差（$\varepsilon_{安装}$）　夹具在机床上的定位误差。

（3）加工误差（$\varepsilon_{加工}$）　指工件在切削过程中所产生的误差。例如机床的工作精度，刀具的磨损和跳动，刀具相对工件加工位置的调整误差及工艺系统在加工过程中的弹性变形、热变形等。

为了保证工件的加工精度，必须使上述所有误差因素对工件加工的综合影响，控制在工件所允许的公差（$T_{工件}$）范围之内，即

$$\varepsilon = \varepsilon_H + \varepsilon_{制造} + \varepsilon_{安装} + \varepsilon_{加工} \leqslant T_{工件}$$

此不等式即为保证规定加工精度实现的条件，也称为用夹具安装加工时的误差计算不等式。

为使 $T_{工件}$ 做到合理地分配给以上机械加工中产生误差的各个环节，通常在夹具设计时，夹具上定位元件之间，定位元件与引导元件之间，以及其他相关尺寸和相互位置的公差，一般取工件上相应公差的 1/5～1/2，最常用的是 1/3～1/2。因粗加工的 $T_{工件}$ 大，夹具上相应公差取小的比例。

2.5　工件的夹紧

2.5.1　工件夹紧的基本要求

工件在定位后，因加工中还要受切削力、惯性力及工件自重等影响，将使工件产生位移或振动，破坏工件已有的正确定位，故必须用夹紧机构，将工件固定在定位元件上。在设计夹具时，确定夹紧方法一般与定位问题应同时考虑。夹紧方案通常需满足以下"稳、牢、快"的要求：

（1）夹得稳　夹紧时不能破坏工件稳定的正确定位；夹紧机构的动作应平稳，有足够的刚度和强度。

（2）夹得牢　夹紧力要合适，过小易使工件移动或振动，过大也会使工件变形或损伤，影响加工精度。此外，夹紧机构要有自锁作用，即原始作用力去除后，工件仍能保持夹紧状态而不松开。

（3）夹得快　夹紧机构应尽量简单、紧凑、操作时安全省力、迅速方便，以减轻工人劳动强度，缩短辅助时间，提高生产率。

为了达到以上要求，正确设计夹紧机构，首先必须合理确定夹紧力的三要素：大小、方向和作用点（数量和位置）。

1. 夹紧力方向的确定

尽管生产中工件的安装方式多种多样，但夹紧力方向的选择，可归纳成下列几条原则：

（1）夹紧力作用方向应不破坏工件定位的准确性。通常夹紧力应朝向主要定位基准，保证工件与定位元件可靠接触。

如图 2-25 所示直角支座镗孔，要求孔与 A 面垂直，故应以 A 面为主要定位基准，且夹紧力方向与其垂直，则较易保证质量。反之，若压向 B 面，如果工件 A、B 两面有垂直度误

差，就会使镗出孔不垂直 A 面而可能报废（实际上就是增加了一项 A 面对 B 面的垂直度误差，该项误差即为基准不重合误差）。

(2) 夹紧力方向应使工件变形尽可能小　由于工件不同方向上的刚度是不等的；不同的受力表面也因其接触面积大小而变形各异。尤其在压夹薄壁零件时，更需密切注意这种情况，如图 2-26 所示套筒，用自定心卡盘夹紧外圆，显然要比用特制螺母从轴向夹紧时产生的工件变形要大。

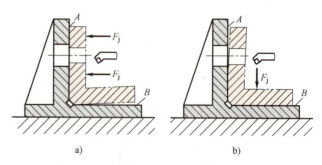

图 2-25　夹紧力方向对镗孔垂直度的影响

(3) 夹紧力方向应使所需夹紧力尽可能小　减小夹紧力就可减轻工人劳动强度，提高劳动效率，同时可使机构轻便、紧凑，工件变形小。为此，夹紧力 F_j 的方向最好与切削力 F、工件重力 W 的方向重合，这时所需夹紧力最小。图 2-27a 所示为钻床上钻孔的情况，较为理想。如图 2-27b 所示，则 F、W 均与 F_j 反向（这种情况可在钻削工件定位面上的孔时遇到），此夹紧力 F_j 需比图 2-27a 所示情况大得多，加工时还易使夹紧机构松动而产生振动现象。

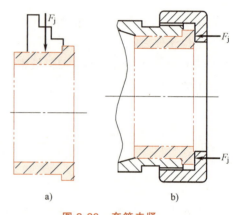

图 2-26　套筒夹紧
a) 不合理　b) 合理

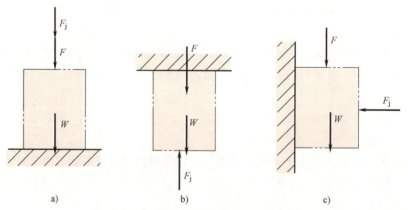

图 2-27　夹紧力方向与夹紧力大小的关系

图 2-27c 所示为 F、W 都与 F_j 方向垂直，为避免工件加工移位，应使夹紧后产生的摩擦力 $F_j\mu > F + W$（μ 为工件与夹具定位面间的摩擦因数）。故这时所需夹紧力最大，即 $F_j > \dfrac{F+W}{\mu}$。

由以上分析可知夹紧力大小与夹紧方向直接有关。在考虑夹紧方向时，只要满足夹紧条件，夹紧力越小越好。

2. 夹紧力作用点的选择

它对工件夹紧的稳定和变形有重要影响，要注意以下原则：

（1）夹紧力应落在支承元件上或几个支承元件所形成的支承面内　如图2-28a所示，夹紧力加在支承面范围之外，会使工件倾斜或移动，而图2-28b所示则是合理的。

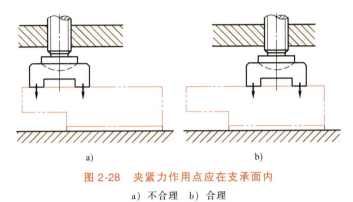

图2-28　夹紧力作用点应在支承面内
a）不合理　b）合理

（2）夹紧力应落在工件刚度较好的部位上　这对刚度较差的工件尤其重要，如图2-29所示，将作用点由中间的单点改成两旁的两点夹紧，变形大大改善，且夹紧也较可靠。

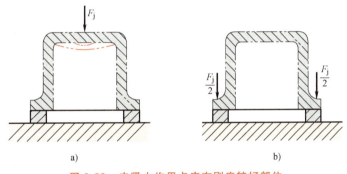

图2-29　夹紧力作用点应在刚度较好部位
a）不合理　b）合理

（3）夹紧力应尽量靠近加工面　这可使切削力对此夹紧点的力矩减小，从而减少工件的振动。如图2-30a所示，若压板直径过小，对滚齿时的防振不利。图2-30b中的工件形状特殊，加工面离夹紧力F_{j1}作用点甚远，这时需增添辅助支承，并附加夹紧力F_{j2}以提高工件夹紧后的刚度。

3. 夹紧力大小的估算

为保证工件定位的稳定及选择合适的夹紧机构，就一定要知道所需夹紧力的大小。在手动夹紧时，可凭人力控制一般不需算出确切数值，必要时才对螺钉压板的尺寸做强度和刚度校核。

当设计机动（如气动、液压、电气等）夹紧装置时，则应计算夹紧力大小，以便决定动力部件的尺寸（如气缸、活塞的直径等）。

计算夹紧力时，通常将夹具和工件看作一个刚性系统，以简化计算。根据工件在切削

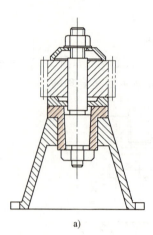 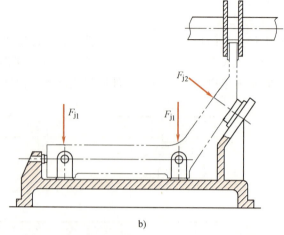

图 2-30 夹紧力应靠近加工表面

力、夹紧力（大工件应考虑重力、运动速度较大的还应考虑惯性力）作用下处于静力平衡，列出平衡方程式，即可算出理论夹紧力，再乘以安全系数 K，作为所需的实际夹紧力。K 值在粗加工时取 2.5~3，精加工时取 1.5~2。

下面举例说明。如图 2-31 所示钻孔时，受有切削力矩 M_t 和轴向力 F_x。M_t 将使工件产生回转，F_x 帮助工件压向支承表面，若工件较轻，则自重可不计。

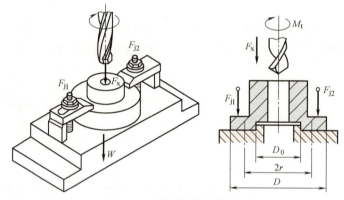

图 2-31 钻孔时的夹紧力

令工件夹紧时与定位表面处的摩擦因数为 μ，摩擦力臂为 r，则可列出方程式

$$M_t - (F_{j1} + F_{j2} + F_x)\mu r = 0$$

设两块压板的夹紧力相等，则每块压板的夹紧力为（若忽略压板对工件的摩擦力矩）

$$F_{j,th} = \frac{1}{2}\left(\frac{M_t}{\mu r} - F_x\right)$$

$$F_{j,ac} = \frac{1}{2}\left(\frac{M_t}{\mu r} - F_x\right)K$$

式中　$F_{j,th}$——理想夹紧力；
　　　$F_{j,ac}$——实际加紧力；
　　　K——安全系数。

由上可知，夹紧力三要素的确定，实际是一个综合性问题。只有全面考虑工件的结构特点、工艺方法、定位元件的结构和布置等多种因素，才能最后确定并具体设计出较为理想的夹紧机构。

2.5.2 典型夹紧机构

在机械夹紧中，常见的有斜楔、偏心、螺旋等机构，都是利用机械摩擦的斜楔自锁原理。现从最基本的形式分析。

1. 斜楔夹紧

图 2-32a 所示为斜楔夹紧的钻夹具。以外力 F 将斜楔推入工件和夹具之间后，在斜楔两侧面便受到以下各力：工件对它的反作用力 F_Q 和由此引起的摩擦力 F_{f1}，夹具体对它的反作用力 F_R 和由此引起的摩擦力 F_{f2}。其中，$F_Q + F_{f1} = F_{Q1}$，$F_R + F_{f2} = F_{R1}$ 此两合力对法向的倾斜角度分别为摩擦角 φ_1 和 φ_2（图 2-32b）。若将合力 F_{R1} 分解为水平力 F_{Rx} 和垂直力 F_Q，根据静力平衡原理，楔块所有水平方向分力的合力为零。

所以
$$F_{f1} + F_{Rx} = F$$

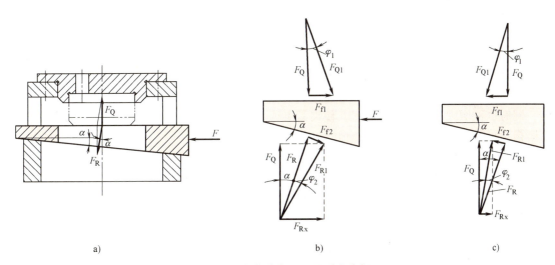

图 2-32 斜楔夹紧原理及受力分析

因为 $F_{f1} = F_Q \tan\varphi_1$，$F_{Rx} = F_Q \tan(\alpha - \varphi_2)$

代入上式后，可得斜楔所产生的夹紧力

$$F_Q = \frac{F}{\tan\varphi_1 + \tan(\alpha - \varphi_2)}$$

若工件夹紧后 F 力消失，斜楔应能自锁（图 2-32c）。这时它受到合力 F_{R1} 和 F_{Q1} 作用，其中 F_{R1} 的水平分力 F_{Rx} 有使斜楔松开趋势。如果摩擦力 $F_{f1} \geq F_{Rx}$，就能阻止其松开而自锁，也即要求

$$F_Q \tan\varphi_1 \geq F_Q \tan(\alpha - \varphi_2)$$

因为两处的摩擦角很小，所以 $\tan\varphi_1 \approx \varphi_1$，$\tan(\alpha - \varphi_2) \approx \alpha - \varphi_2$。

故 $\varphi_1 \geq \alpha - \varphi_2$，或写成斜楔夹紧的自锁条件：$\alpha \leq \varphi_1 + \varphi_2$。

一般钢与铁的摩擦因数 μ 为 0.1～0.15，则 $\varphi_1 = \varphi_2 \approx 5° \sim 7°$，故 $\alpha \leq 10°$。通常为了可靠，取 $\alpha = 5° \sim 7°$。

斜楔夹紧的特点：

1) 斜楔结构简单，有增力作用。一般扩力比 $i_p = F_Q/F \approx 3$，α 越小增力作用越大。

2) 斜楔夹紧行程小，且受斜楔升角 α 影响。增大 α 可加大行程，但自锁性能变差。

3) 夹紧和松开要敲击大、小端，操作不方便。手动操作的简单斜楔夹紧很少应用，而在常见的夹紧装置中（图2-33）改变夹紧力方向和作为增力机构时则应用较多。为解决增力、行程之间的矛盾，斜楔还可采用双升角形式，大升角用于夹紧前的快速行程，小升角则满足增力和自锁条件。

斜楔一般用 20 钢渗碳，淬硬 58～62HRC。批量不大时也可用 45 钢，淬硬 42～46HRC。

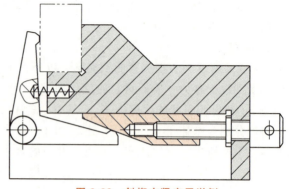

图 2-33　斜楔夹紧应用举例

2. 螺旋夹紧

由于螺旋夹紧结构简单、夹紧可靠，所以在夹具中得到广泛的应用。简单的螺旋夹紧机构采用螺杆直接压紧工件。如图2-34a所示，在夹具体上装有螺母2，螺杆1在2中转动而起夹紧作用。压块4可防止在夹紧时带动工件转动；并避免1的头部直接与工件接触而造成压痕，同时也可增大夹紧力作用面积，使夹紧更为可靠。螺母2采用可换式，其目的是在内螺纹磨损后可及时更换。螺钉3用以防止2的松动。

分析夹紧力时，可把螺旋看作是一个绕在圆柱上的斜面，展开后就相当斜楔了。其受力情况如图 2-34b 所示。当用手柄转动螺杆时，在外力矩 $M = FL$ 作用下，应同螺杆下端（或压块）与工件间的摩擦反作用力矩 M_1、螺杆中径螺旋面上的反作用力矩 M_2 保持平衡，即 $M = M_1 + M_2$。

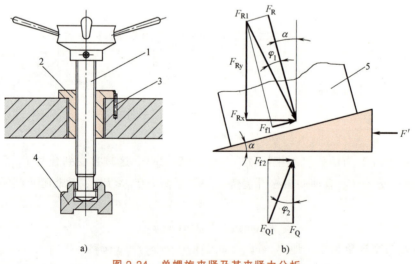

图 2-34　单螺旋夹紧及其夹紧力分析

1—螺杆　2、5—螺母　3—螺钉　4—压块

因为 $M_1 = F_{f1} r' = F_Q \tan\varphi_1 r'$

$M_2 = F_{Rx} r_m = F_Q \tan(\alpha + \varphi_2) r_m$

代入化简后,得单螺旋夹紧力

$$F_Q = \frac{FL}{r'\tan\varphi_1 + r_m\tan(\alpha+\varphi_2)}$$

式中　F——原始作用力;

L——手柄长度;

r'——螺杆下端(或压块)与工件接触处的当量摩擦半径;

r_m——螺旋作用平均中径之半(作用平均中径为 d_m);

α——螺旋升角($\alpha = \arctan\dfrac{t}{2\pi r_m}$,$t$ 为螺距);

φ_1——螺杆下端(或压块)与工件接触处的摩擦角;

φ_2——螺旋配合面的摩擦角(常取 8°30′)。

通常用标准的夹紧螺钉,α 甚小。当螺钉直径 8～52mm 时,$\alpha = 3°10′\sim 1°50′$,远较摩擦角为小,故保证能自锁。当标准手柄长 $L \approx 14d_m$ 时,取 $\alpha = 2°30′$,$\tan\varphi_1 = \tan\varphi_2 = 0.15$,可求得扩力比 $i_p = F_Q/F = 80$,远比斜楔夹紧大得多。表 2-3 为单螺旋的夹紧力,选用时可作参考。

实际生产中螺旋压板的组合夹紧,在手动操作时用得比单螺旋夹紧更为普遍。图 2-35 所示为较典型的三种,图 2-35a 所示的扩力比最低;图 2-35c 所示的扩力比为 2,操作省力,但结构受工件形状限制;图 2-35b 所示的扩力比为 1。故设计这类夹具时,要注意合理布置杠杆比例,寻求最省力、最方便的方案。

表 2-3　单螺旋的夹紧力

螺钉大径 d/mm	扳手施加的力 F/N	扳手长度 L/mm	产生的夹紧力 F_Q/N
4	10	120	500
5	15	160	750
6	20	190	1000
8	20	1000	2000
10	30	1200	3000
12	50	1300	4500
16	80	1900	8000
20	120	2400	12000

3. 偏心夹紧

螺旋夹紧的主要缺点是装卸工件的辅助时间太长,而偏心夹紧是一种快速的夹紧机构。常用的有圆偏心(偏心轮)和曲线偏心两种,可做成平面凸轮或端面凸轮的形状。因圆偏心结构简单、制造方便、较曲线偏心应用广泛。

如图 2-36a 所示的偏心轮,其轴心与圆盘中心有偏心距 e。转动手柄后,其外圆逐渐接近并最终夹紧工件,P 为偏心距 e 处于水平位置时夹紧后的接触点。

圆偏心也可看作一斜楔(图 2-36b)。将偏心轮廓线展开,$\overline{mk}$ 半圆作底边,高为 $\overline{kn} = 2e$,$\overline{mPn}$ 为斜边,因此圆偏心实质是一曲线斜楔。曲线上任意点的斜率即为该点的斜楔升角 α_x,α_x 显然是变化的,可以如下算出

取任意 $\triangle OCX$ 看,其中 $\dfrac{\sin\alpha_x}{e} = \dfrac{\sin(180°-\psi)}{D/2}$,即 $\alpha_x = \arcsin\left(\dfrac{2e}{D}\sin\psi\right)$。

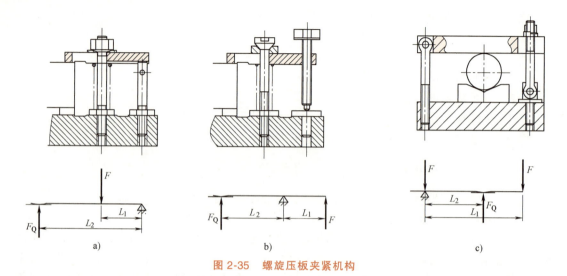

图 2-35 螺旋压板夹紧机构

式中，转角 ψ 的变化范围为 $0°\sim180°$。当 $\psi=0°$ 时，m 点升角最小（$\alpha_m=0°$）；当逐渐增大到 $\psi=90°$ 时，$\alpha_p=\arcsin 2e/D$ 达最大值。转角再增大到 $\psi=180°$ 时，$\alpha_n=0°$ 又为最小值。从图 2-36b 中还可看出：中点附近的曲线接近直线，斜楔的升角变化最小。从斜楔夹紧中已知：α 越小，夹紧力越大，但在同样行程下夹紧所需圆偏心的转角也大。为使偏心轮的夹紧力稳定，故常取 P 点左右 $30°$（或 $45°$）作为偏心轮的工作表面。

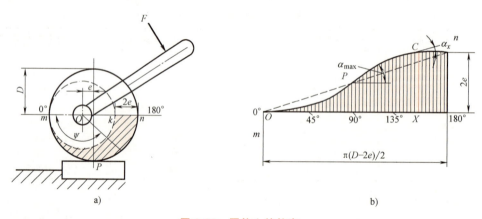

图 2-36 圆偏心的轮廓

在设计圆偏心时，主要考虑以下三个问题：
1) 自锁条件。
2) 保证足够的夹紧力。
3) 保证足够的夹紧距离（指偏心轮工作部分与工件间接触点的最大垂直位移）。

为装卸工件方便，常使偏心轮结构只保留工作表面部分，而将其余部分去掉。偏心轮的材料，多用 20 钢或 20Cr 制造，表面渗碳淬硬 55~60HRC。工作表面磨光，非工作表面发蓝处理。

4. 多件夹紧

加工时采取多件夹紧，可以大大提高生产率，尤其在小件加工时应用更为广泛。按夹紧力的方向及作用情况，多件夹紧可分为两种：

（1）连续式夹紧　由一个力的来源，以同样大小的夹紧力，依次连续朝同一方向由一个工件传递到其他工件。

图2-37所示为铣轴承盖用的连续式夹紧。旋紧螺钉3后，即产生同向多个夹紧力，进而将所有工件同时夹紧。最左端是定位元件4，最右端是夹紧元件5，中间是些特殊压板2，可绕轴1转动，起到定位和夹紧的作用。

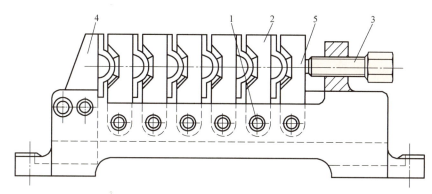

图2-37　连续式夹紧

1—轴　2—压板　3—螺钉　4—定位元件　5—夹紧元件

使用这类夹具可看出：沿夹紧方向，每个工件与定位—夹紧元件接触处的误差，必定要传到另一工件上。如此累积，使最后一个工件沿此方向的定位精度非常低。因此，连续式夹紧只用于被加工表面与夹紧方向平行（即工件加工尺寸的方向与夹紧方向相垂直）的时候。因此时的定位误差，并不影响工件的加工精度。

（2）平行式夹紧　总的原始力按几个平行的相同方向，分布在不同的多个夹紧位置上如图2-38所示，工件安装在V形块上，旋紧螺母1，通过一特殊压板2，使四个工件同时夹紧。

在设计此类夹具时，应注意每个夹紧表面到定位面的工件尺寸不可能绝对相等，所以要求全部工件都能同时被夹紧，则每个工件必须有一个单独的夹紧元件自由地与其接触。换言之，在平行式夹紧中，各夹紧元件间应能相互浮动或自由调节位置，方可达到各工件同时被夹紧的目的，且夹紧力也分布均匀。

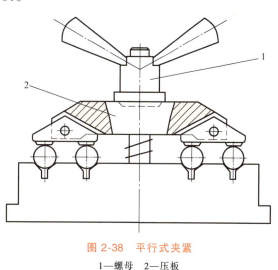

图2-38　平行式夹紧

1—螺母　2—压板

2.5.3　动力夹紧装置

以上介绍的手动夹紧机构，使用时比较费时费力，为了改善劳动条件和提高生产率，目前在大批量生产中均用气动、液压、电磁、真空等动力装置，来代替手动夹紧。

1. 气动夹紧

气动夹紧是使用压缩空气为动力的一种夹紧传动装置。多由工厂内压缩空气站集中供气，其压力在 0.7~0.9MPa。经管路损失后，进入夹具的压力常稳定在 0.4~0.6MPa，以保证加工时所需的夹紧力。

2. 液压夹紧

液压夹紧用高压油产生动力，工作原理及结构与气动夹紧相似。其共同的优点是：操作简单省力、动作迅速，使辅助时间大为减少。而液压夹紧另有一些优点是：

1) 油压可达 6MPa 以上，比气压高十余倍，故液压缸比气缸尺寸小得多。因传动力大，通常不需增力机构，可使夹具简单紧凑。

2) 油液不可压缩，故夹紧刚性大，工作平稳，夹紧可靠。

3) 噪声小，劳动条件好。

液压夹紧特别适宜于强力切削及加工大型工件时的多处夹紧。当机床没有液压系统时，需设置专用的夹紧液压系统，这必将使夹具成本提高。若工厂有压缩空气站集中供气，则可采用气—液压组合夹紧，以避免设置专用液压系统，而仍能发挥液压夹紧的优点。

3. 气—液压组合夹紧

气—液压组合夹紧的能量来源为压缩空气。由于夹紧压力高，工作缸可做得很小，安装在夹具中灵活方便，压缩空气比只用气动夹紧节约，又不需专门高压供油系统，所以应用广泛。

4. 真空夹紧

真空夹紧是利用封闭腔内真空的吸力来夹紧工件，实质上是利用大气压力来夹紧工件。真空夹紧特别适用于夹紧由铝、铜及其合金、塑料等非导磁材料制成的薄板形工件，或刚度较差的大型薄壳零件（如飞机上的整体壁板等）。

5. 电磁夹紧

电磁夹紧一般都是作为机床附件的通用夹具，如平面磨床上的电磁吸盘等。由于电磁夹紧力不大，所以只用于切削力较小的场合，如在磨削中用得较多。

2.6 夹具应用实例与设计

2.6.1 车床夹具

车床夹具使用时，通常将它安装在车床主轴端上并带动工件回转而进行加工。车床上除了使用顶尖、自定心卡盘、单动卡盘、花盘等通用夹具外，常按工件的加工需要，设计一些专用心轴和其他专用夹具。

图 2-39 所示为加工轴承孔的角铁式车床夹具。工件以一面两孔在夹具的一面两销（圆柱销 2、削边销 1）上定位。因轴承孔与定位面平行，于是定位面必须与车床主轴平行，故夹具体 4 必然做成角铁的形式，其左端与止口、端面与过渡盘 3 相连，再通过过渡盘 3 将整个夹具连接在车床主轴端上。

工件 9 定位后用两副螺钉压板 8 将其夹紧。导向套 6 用以精镗轴承孔时作为镗杆单支承前导套。7 是平衡块，根据需要配重，以消除夹具在回转时的不平衡现象。定程基面 5 用于

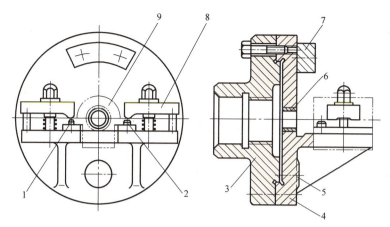

图 2-39 车床夹具

1—削边销　2—圆柱销　3—过渡盘　4—夹具体　5—定程基面
6—导向套　7—平衡块　8—压板　9—工件

调整纵拖板行程挡块的位置，以确定刀具轴向行程，防止刀具与导向套 6 相碰。

车床夹具的设计特点：

1）因为整个车床夹具是随机床主轴一起回转的，所以要求它结构紧凑、轮廓尺寸尽可能小，重量轻，而且其重心尽可能靠近回转轴线，以减少惯性力和回转力矩。

2）应有平衡措施，消除回转不平衡产生的振动现象。平衡块 7 的位置最好能调节。

3）与主轴端连接部分有较准确的圆柱孔（或圆锥孔），其结构形式及尺寸规格随具体使用的车床而异。

4）为使车床夹具使用安全，尽可能避免带有尖角或凸出部分，必要时回转部分外面要加罩壳。工件的夹紧装置也要可靠，防止松动飞出。

2.6.2　钻床夹具

钻床夹具简称"钻模"，是用在钻床上借钻模导套来保证钻头与工件之间相互位置精度的夹具。

图 2-40 所示为一个简单的钻床夹具，用于在套筒形工件上钻一径向小孔，在这之前其内孔及两端面均已加工。安装时工件以其内孔套在柱销 5 上，并以其左端面紧靠在柱销 5 的台肩 4 上，实现了定位。

为使工件在加工过程中不动，在工件定位后，插上开口垫圈 6，拧紧螺母 7 把工件压紧在夹具上，工件即被夹紧，从而完成全部的装夹工作。

1 为钻套，钻头在钻套孔的引导下得到正确的位置而在工件上钻孔。可见，所钻小孔位置的正确性由钻套与定位柱销之间的位置关系保证，安装简便。整个夹具通过夹具体 3 安放在钻床工作台上。

钻套是钻床夹具所特有的零件。钻套用来引导钻

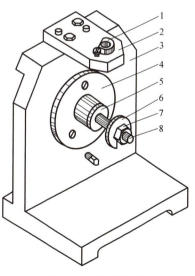

图 2-40　钻床夹具

1—钻套　2—钻模板　3—夹具体　4—台肩
5—柱销　6—开口垫圈　7—螺母　8—螺杆

头、铰刀等孔加工刀具,加强刀具刚度并保证所加工的孔和工件其他表面准确的相对位置。用钻套比不用钻套可以平均减少孔径误差50%。设计钻套时,应注意以下几点:

1. 钻套的结构与形状

钻套的结构与形状主要根据被加工孔的要求和工艺,以及它在工件上的位置来决定。常用的钻套已标准化,其形式如图2-41所示,可分为固定、可换、快换三类。

(1) 固定钻套(图2-41a) 钻套外圆直接以过盈配合(H7/n6)压入钻模板或夹具体的孔中。这种钻套结构简单,使用中不需更换,比较经济,钻孔的位置精度也较高。其缺点是磨损后不易更换,因此主要用于中小批量生产或用来加工孔距较小及孔的位置精度要求较高的孔。

(2) 可换钻套(图2-41b) 用于大批、大量生产中,可克服固定钻套磨损后无法更换的缺点。为避免钻套更换时夹具的损伤,在夹具与钻套之间可加一中间衬套。可换钻套与中间衬套内孔采用间隙配合F7/m6(或F7/k6);中间衬套外径与夹具孔配合仍为H7/n6。为防止夹紧过程中,钻套发生转动或轴向外移,可换钻套装入后需用螺钉夹紧固定。

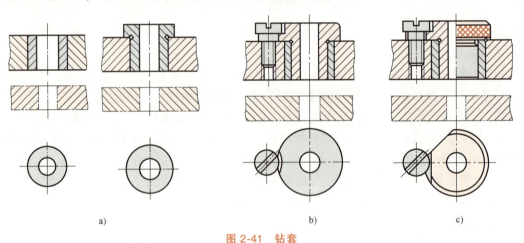

图 2-41 钻套

(3) 快换钻套(图2-41c) 用在工件孔需要几把刀具(如钻头、扩孔钻、铰刀)顺序加工工艺中,可以快换。快换钻套的头部制造有缺口,更换时不必拧下螺钉,只要将钻套转过一个角度即可快速取出。缺口的位置应考虑钻头的回转方向。快换钻套与夹具之间也有中间衬套。配合情况与可换钻套基本相同。

2. 钻套和衬套的材料

当被加工孔直径小于25mm时,用T10A钢淬硬58~62HRC;被加工孔直径大于25mm时,用20钢表面渗碳0.8~1.2mm,淬硬55~60HRC。

3. 钻套孔的尺寸和公差的选择

1) 钻套孔直径的公称尺寸,一般应等于被引导刀具的上极限尺寸。

2) 因被引导的刀具通常均为定尺寸的标准化刀具,所以钻套引导孔与刀具间应按基轴制选定。

3) 为防止刀具使用时发生卡住或咬死,应考虑切削刃与引导孔间留有配合间隙。其大小随刀具种类和加工精度合理选取钻套孔的公差。通常钻孔、扩孔取F7;粗铰取G7,精铰取G6。

4) 当采用标准铰刀加工 H7（或 H9）孔时，则不必按刀具上极限尺寸计算。可直接按被加工孔的公称尺寸选取 F7（或 E7）作钻套孔的公称尺寸与公差，以改善导向精度。

5) 由于标准钻头的上极限尺寸都是被加工孔的公称尺寸，故用标准钻头时的钻套孔，就只需按加工孔的公称尺寸取公差为 F7 即可。

2.6.3 铣床夹具

铣床夹具主要用于加工平面、沟槽、花键、齿轮及成形表面等，应用比较广泛。在铣削过程中通常是夹具随工作台一起做进给运动。

图 2-42 所示为铣轴端槽的夹具。工件如图中双点画线所示，在定位支承板 3 和 V 形块 5 上定位。转动偏心轮，用工件右侧的活动 V 形块将其夹紧。对刀块 6 用以确定夹具相对于刀具的正确位置（图 2-43）。两只定向键 2 的下半部与铣床工作台的 T 形槽相配（图 2-44），用以确定夹具在铣床工作台上的安装位置，保证夹具的纵长方向与工作台的纵向进给方向一致。夹具两端的开口 U 形槽用以放置 T 形槽螺钉，拧紧其上的螺母，即可将夹具紧固在工作台上。

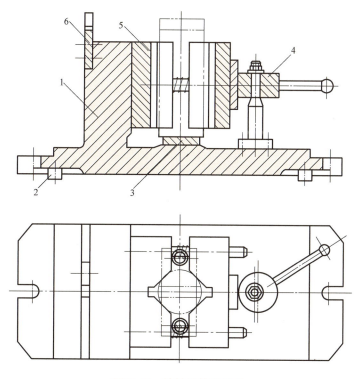

图 2-42 铣轴端槽的夹具

1—夹具体 2—定向键 3—定位支承板 4—偏心轮 5—V 形块 6—对刀块

为确定铣床夹具相对于刀具的准确位置，常使用对刀块。对刀块通常固定在夹具体上，其形式随加工表面的不同而不同。图 2-43 列出了一些对刀装置的形式。图 2-43a 所示是平板形对刀块，可在一个方向上对刀；图 2-43b 所示是直角形对刀块，可在相互垂直的两个方向上对刀；图 2-43c 所示是 V 形对刀块，用两片平塞尺来调整成形铣刀的位置，以铣削工件的

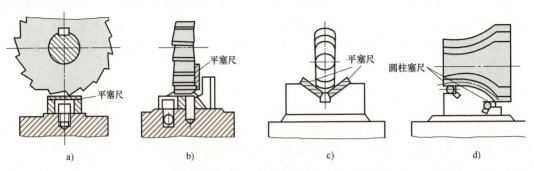

图 2-43 对刀装置

对称圆弧面；图 2-43d 所示是一种特殊形状的对刀块，利用两根圆柱塞尺来调整成形铣刀的位置，用以加工成形曲面。

当夹具在机床工作台上的位置固定后，就可移动工作台（或刀架），使铣刀接近对刀块。然后，在刀齿与对刀块之间，塞进规定厚度的塞尺以确定刀具的最终位置。若让铣刀直接与对刀块接触，则易碰伤切削刃和对刀块，而且接触的松紧程度不易感觉，影响对刀精度。

对刀块和塞尺一般均用 T7A 钢制造，淬硬 55~60HRC，并经发蓝处理。对刀块表面在夹具上的位置尺寸，通常均以定位元件的定位表面为基准来标注。在确定其公差时，应考虑塞尺的厚度公差、工件的定位误差、刀具在耐用度时间内的磨损量、工艺系统的变形、工件允许的加工误差等因素。最后，还要通过试切来修正对刀块或塞尺的尺寸。

铣削常是多刀多刃的断续切削，粗铣时更是切削用量大、切削力大，而且切削力的方向和大小也是变化的，因而加工时极易产生振动。所以设计铣床夹具时应特别注意工件定位的稳定性和夹紧的可靠性，要求夹紧力足够和自锁性良好，切忌夹紧机构因振动而松夹。此外，为了增加刚度减小变形，一些承受切削力的元件，特别是夹具体往往做得特别粗壮。图 2-44 所示为定向键。

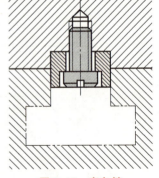

图 2-44 定向键

2.6.4 夹具设计方法和步骤

1. 明确夹具设计任务

首先必须认真阅读被加工零件的图样和有关工艺文件，了解前几道工序和本工序的加工要求，弄清夹具设计的具体任务。

2. 选择定位方法和定位元件

根据本工序的尺寸、几何精度要求，确定工件定位时需要限制的自由度，选择定位误差小、能保证本工序要求的技术条件的定位方案。

3. 选择夹紧机构

根据工件定位方案，考虑夹紧力的作用点及方向，确定夹紧方式。注意增强工件刚度，减少切削过程中的振动，并且工件夹紧变形要小。

4. 绘制夹具总装草图

先用红线或双点画线把工件的轮廓绘在图纸上，并将工件看作透明体，用 1∶1 的比例（只有不太合适，才用 1∶2 或 2∶1 等比例）。在绘图前，应对图面进行整体安排，一般不少于两个视图，然后根据工件的位置，依次绘出定位元件、引导元件（如钻、镗夹具中的导向套，刨、铣夹具中的对刀块等）、夹紧机构，最后才绘出夹具体。对于铣床夹具来说，应使夹具体在机床工作台上有相对的正确位置，所以在夹具体下面，还应加上定向键。

当然，在绘制夹具总装草图时，还要注意各元件便于加工、装配和调整，以及排屑、安全等问题，并多参考类似的夹具结构，广泛征求操作工人的意见。

5. 绘制夹具总装图

1）应尽量采用标准件。例如定位元件、夹紧元件、引导元件等，均可查阅国家标准，或查阅生产部门、工厂企业为适合本行业产品加工特点的企业标准。

2）在夹具总装图上，应标注下列五类尺寸。

① 夹具的轮廓尺寸。即夹具的长、宽、高尺寸。对于升降式夹具要注明最高和最低尺寸；对于回转式夹具要注出回转半径或直径。这样可表明夹具的轮廓大小和运动范围，以便于检查夹具与机床、刀具的相对位置有无干涉现象，以及夹具在机床上安装的可行性。

② 夹具上定位元件与工件间的联系尺寸。

③ 夹具与刀具的联系尺寸。它用来确定夹具上引导元件的位置。对刨、铣夹具而言，若设有对刀块，这就是指对刀元件与定位元件间的位置尺寸；对钻、镗夹具来说，便是指刀具导向套与定位元件间的位置尺寸，各导向套之间的位置尺寸以及导向套与刀具上导向部分的配合尺寸。

④ 夹具与机床的联系尺寸。目的是表示出夹具如何与机床有关部件进行连接，从而确定夹具在机床上的正确位置。对于车床、圆磨床夹具，主要指夹具与机床主轴端的连接尺寸；对于刨、铣夹具，是指夹具上的定位键与机床工作台上的 T 形槽的配合尺寸。标注尺寸时，还常以夹具上的定位元件作为相互位置尺寸的基准。

⑤ 夹具各组成元件之间的相互位置精度要求。这些精度要求主要是为了保证夹具装配后能满足规定的技术条件。

总之，夹具上元件间的相互位置（如同轴度、垂直度、平行度等）和其他相关尺寸（如孔间距等）的公差，一般取工件上相应公差的 1/5～1/2，最常用的是 1/3～1/2。其一般原则是：

1）工件加工精度要求高，其公差值较小，则夹具公差值可取大些，以免夹具制造困难。

2）工件的生产批量大，为使夹具使用寿命长些，其公差值可取小些。

3）工厂在制造夹具方面技术水平较高，夹具公差值可取小些。

习题与思考题

2-1　试分析下列各定位方案中，各定位元件分别限制了哪些自由度。

1) 车削外圆，相对夹持长件（图 2-45a）；
2) 车削外圆，两顶夹持工件（图 2-45b）；
3) 铣削工件顶面（图 2-45c）。

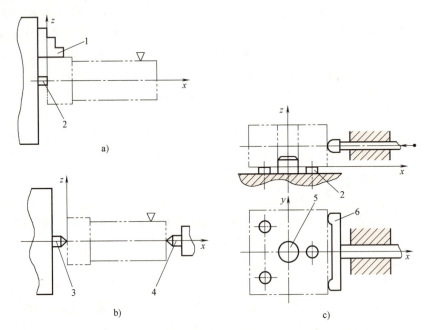

图 2-45　题 2-1 图

1—自定心卡盘　2—支承钉　3—顶尖　4—尾尖　5—定位销　6—支承板

2-2　采用调整法大批量生产图 2-46 所示零件的指定工序时，试合理选定其定位基准，并确定采用何种定位元件，此元件限制零件的哪几个自由度？

1) 在车床上加工孔 $\phi 20$mm。
2) 在立式组合钻床上加工盘形零件的 $2\times\phi 15$mm 孔。

2-3　如图 2-47 所示齿轮坯，内孔 D 和外圆 d 已加工合格，现在插床上用调整法加工内键槽，要求保证尺寸 H。试分析采用图示定位方法能否满足加工要求（要求定位误差不大于键槽尺寸公差的 1/3）。若不能满足，应如何改进？（忽略外圆与内孔的同轴度误差）

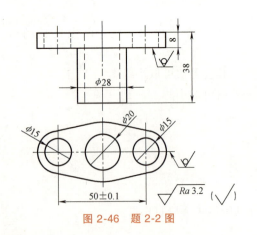

图 2-46　题 2-2 图

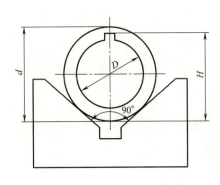

图 2-47　题 2-3 图

2-4 何谓定位误差？试切法有无定位误差？

2-5 如图 2-48 所示，在外圆磨床上加工，当 $n_1 = 2n_2$，若只考虑主轴误差的影响，试分析在图中给定的两种情况下，磨削后工件外圆应是什么形状？为什么？

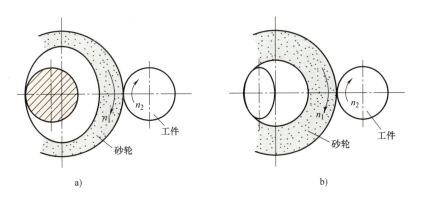

图 2-48　题 2-5 图

2-6 试分析图 2-49 所示各定位情况下尺寸 A 的定位误差。

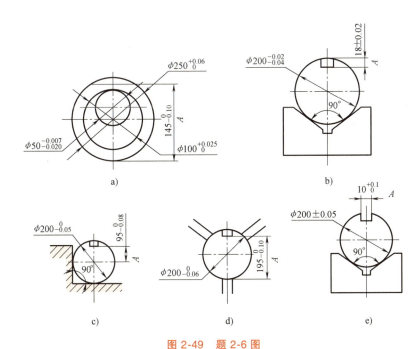

图 2-49　题 2-6 图

a）心轴定位　b）、e）V 形块定位　c）组合平面定位　d）自定心卡盘定位

2-7 如图 2-50 所示定位方案，求钻 ϕ 孔时 L_1、L_2 的定位误差。

2-8 夹紧力确定的三要素是什么？夹紧力方向和作用点选择分别有哪些原则？

2-9 如图 2-51 所示装夹工件切削外圆时，已知工件材料为 45 钢，直径为 $d = 69$mm（装夹部分与车削部分直径相同），图中 $\alpha = 90°$，加工时切削用量为 $a_p = 2$mm，$f = 0.5$mm/r。摩擦因数取 $\mu = 0.2$，安全系数取 $K = 1.8$。试计算夹紧螺栓所需要的力矩。

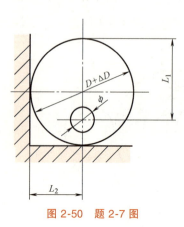 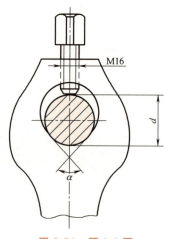

图 2-50　题 2-7 图　　　　图 2-51　题 2-9 图

第 3 章

机械加工精度

3.1 概述

机械制造工艺的三个评价指标是加工质量、生产率和经济性。它们三者相互联系、相互制约,而加工质量始终是最根本的问题,它直接影响机械产品的工作性能和使用寿命。

机械零件的加工质量包括机械加工精度和机械加工表面质量两方面的内容,前者指机械零件加工后的宏观尺寸、形状和位置精度(几何精度),后者主要指零件加工后表面的微观几何形状精度和物理力学性质。本章主要研究机械加工精度。

3.1.1 加工精度和加工误差

在机械加工过程中,由于各种因素的影响,会使刀具和工件间正确的相对位置产生偏移,因而加工出的零件不可能与理想的要求完全符合。把零件加工后实际几何参数与理想几何参数的相符合程度称为加工精度。

反之,零件加工后实际几何参数与理想零件几何参数的不符合程度,则称为加工误差。习惯上是以公差值的大小或公差等级表示对零件的机械加工精度要求。在生产实践中,都是通过控制加工误差来保证加工精度的。

零件的几何参数包括尺寸、几何形状和相对位置三个方面,因此加工精度的具体内容包括尺寸精度、形状精度、位置精度。

1. 尺寸精度

尺寸精度指加工后零件表面与其基准之间的实际尺寸与理想尺寸之间的符合程度。理想尺寸是指零件图样上所标注的有关尺寸的平均值。

在机械加工中,获得尺寸精度的方法主要有试切法、调整法、定尺寸刀具法和自动控制法。

2. 形状精度

形状精度指加工后零件表面本身的实际形状与理想零件表面形状之间的符合程度。理想零件表面形状是指绝对准确的表面形状,如平面、圆柱面、球面、螺旋面等。通常用直线度、平面度、圆度、圆柱度等作为评定形状精度的项目。

在机械加工中，获得形状精度的方法主要有轨迹法、成形法和展成法。

3. 位置精度

位置精度指加工后零件表面与其基准之间的实际相互位置与理想相互位置的符合程度。理想相互位置是指绝对准确的表面间的位置。通常用平行度、垂直度、同轴度、对称度、位置度等作为评定位置精度的项目。

在机械加工中，位置精度主要通过装夹得到保证。

以上三者之间是有联系的。通常，形状公差应限制在位置公差之内，而位置公差又要限制在尺寸公差之内。当尺寸精度要求高时，相应的位置精度、形状精度也要求高。但形状精度要求高时，相应的位置精度和尺寸精度不一定要求高，这要根据零件的功能要求来决定。

3.1.2 机械加工的经济精度

机械加工经济精度的概念非常重要。各种加工方法的经济精度是确定机械加工工艺路线时，选择经济上合理的工艺方案的主要依据。

在机械加工过程中，影响加工精度的因素很多。同种加工方法，随着加工条件的改变，所能达到的加工精度也不一致。不论采用降低切削用量来提高加工精度或盲目地增加切削用量来提高加工效率，如果不属于某种加工方法的经济精度范围，都是不可取的。

各种加工方法的加工误差和加工成本之间的关系，通常如图 3-1 所示呈负指数函数曲线形状。当加工误差为 Δ_2 时，再提高一点加工精度（即减少加工误差），则成本将大幅度上升；而加工误差达 Δ_3 后，即使加工误差大幅度增加，成本也降低得很少。因此，这种加工方法虽然能达到加工误差为 $\Delta_1 \sim \Delta_2$ 和 $\Delta_3 \sim \Delta_4$ 的加工精度范围，但也不宜采用。而只有在加工误差相当于 $\Delta_2 \sim \Delta_3$ 的加工精度范围，才属于这种加工方法的经济精度范围。因此，将相当于 Δ_2 和 Δ_3 的平均数的误差值 Δ_0 所对应的精度作为这种加工方法的平均经济精度。

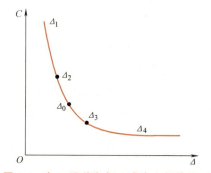

图 3-1 加工误差和加工成本之间的关系

经济精度的概念是有局限性的，它只用于判定某种加工方法在其经济精度范围内是可供选择的方法。需要注意，某些加工方法还受到工件材料和加工尺寸的限制而不宜采用（例如采用刀具加工的车、铣、刨、钻等金属切削加工方法一般不能加工已淬硬的钢材，铰孔不宜加工大孔，镗孔不宜加工小孔等）。但是，在某些情况下，还是经常会碰到所要求获得的某一加工精度属于数种加工方法均能达到的经济精度范围内。如果这时零件产量较大或该工序成本较高，就值得对可供选择的加工方法进行定量的经济分析。

必须指出，经济精度数据不是一成不变的。随着机床、刀具、夹具和传感器技术的不断发展，特别是近年来电子计算机技术、激光技术、数字控制和数字显示技术大量引入机械加工领域，使某些机械加工方法的加工精度和生产率不断提高，加工成本不断降低。另一方面，新的加工方法也在不断出现，这些因素都会促成传统的经济精度数据的改变。

3.1.3 加工误差的来源——原始误差

零件的机械加工是在由机床、夹具、刀具和工件组成的工艺系统中进行的。零件的加工精度主要取决于工件和切削刃在切削成形运动过程中相互位置的正确程度。而工件和刀具安装在机床和夹具上，并受机床和夹具的约束。因此，在切削加工过程中，工艺系统的各个环节之间如果偏离了正确的相对位置，都有可能造成工件的加工误差。凡是引起工艺系统的各个环节之间偏离正确相对位置的因素都称为原始误差。下面通过工件的一个工序的加工过程，对工艺系统各种原始误差进行概括的分析。

图 3-2 所示为活塞销孔精镗工序及其原始误差。在加工之前，必须将夹具和刀具安装在机床上，并对机床、夹具和刀具进行调整，使它们之间保持正确的相对位置。这时就会产生一定的调整误差。

在工件安装过程中，由于定位基准不是设计基准，从而产生了定位误差，在夹紧力作用下还会产生一定的夹紧误差。

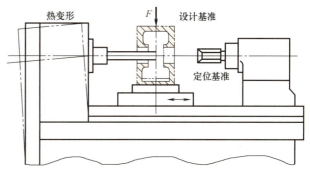

图 3-2 活塞销孔精镗工序及其原始误差

在加工时，工件和刀具由机床带动做切削成形运动和进给运动。因此，机床、刀具和夹具的制造误差和磨损，以及加工过程中的切削力、惯性力、切削热和机床传动系统摩擦损耗转化的热量等引起的工艺系统的受力变形和热变形，都将使工件与切削刃间的相对位置和成形运动出现误差而影响加工精度。因此，这些都是影响极大的原始误差。

在加工过程中还必须对工件进行测量，由于测量方法和量具本身的误差而产生了测量误差。

此外，工件在毛坯制造、切削加工和热处理时，由于力和热的作用会产生残余应力，将引起工件变形而产生加工误差。有时，采用了近似的加工方法，就会带来加工原理误差。

综上所述，加工过程中可能出现的原始误差，所示如下：

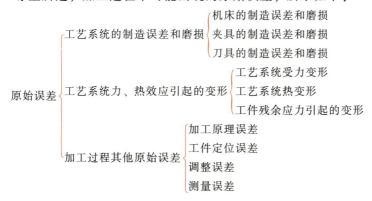

3.1.4 原始误差与加工误差的关系

切削加工过程中，各种误差因素的影响，使机床、刀具和工件间的正确几何关系遭到破坏，就会产生加工误差。各种原始误差的大小和方向各不相同，而加工误差则必须在工序尺寸方向度量。因此，不同的原始误差对加工精度有不同的影响。下面以车外圆为例，说明原始误差与加工误差的关系。

如图 3-3 所示，车削时工件的回转中心是点 O，刀尖正确位置在点 A，设某一瞬间由于各种原始误差的影响，使刀尖位移到点 A'，$\overline{AA'}$ 即为原始误差 δ，它与 OA 间的夹角为 φ，由此导致工件加工后的半径由 $R_0 = \overline{OA}$ 变为 $R = \overline{OA'}$，故半径的加工误差 ΔR 为

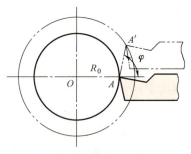

图 3-3 原始误差与加工误差的关系

$$\Delta R = \overline{OA'} - \overline{OA} = \sqrt{R_0^2 + \delta^2 + 2R_0\delta\cos\varphi} - R_0 \approx \delta\cos\varphi + \frac{\delta^2\sin^2\varphi}{2(R_0 + \delta\cos\varphi)}$$

可以看出：当原始误差的方向恰为加工表面法线方向时（$\varphi = 0°$），引起的加工误差最大（$\Delta R_{\varphi = 0°} = \delta$）；当原始误差的方向恰为加工表面的切线方向时（$\varphi = 90°$），引起的加工误差最小 $\left(\Delta R_{\varphi = 90°} = \dfrac{\delta^2}{2R_0}\right)$，一般可以忽略不计。

为了便于分析原始误差对加工精度的影响程度，把对加工精度影响最大的方向（即通过切削刃的加工表面的法向）称为误差的敏感方向，而对加工精度影响最小的方向（即通过切削刃的加工表面的切向）则称为误差的不敏感方向。

3.1.5 研究加工精度的方法

一般情况下，零件的加工精度越高则加工成本也相对越高，生产率则相对越低。另一方面，在保证满足零件使用要求的条件下，零件也允许有一定程度的误差。

因此，设计人员应该根据零件的使用要求，合理地规定零件的加工精度；工艺人员则应根据设计要求、生产条件等采取适当的工艺手段，以保证加工误差不超过允许范围，并在此前提下尽量提高生产率和降低成本。

研究加工精度的目的，就是要弄清各种因素对加工精度影响的规律，掌握控制加工误差的方法，以获得预期的加工精度，需要时能找出进一步提高加工精度的途径。

研究加工精度常用的方法有单因素分析法和统计分析法两种。

1. 单因素分析法

单因素分析法即研究某一确定因素对加工精度的影响。为简单起见，研究时一般不考虑其他因素的作用。通过分析计算，或测试、试验，得出该因素与加工误差间的关系。

2. 统计分析法

统计分析法是以生产中一批工件的实测结果为基础，运用数理统计方法进行数据处理，以控制工艺过程的正常进行。当发生质量问题时，可以从中判断误差的性质，找出误差出现的规律，以指导解决有关的加工精度问题。统计分析法只用于批量生产。

在实际生产中，这两种方法常常结合起来应用。通常先用统计分析法寻找误差的出现规律，初步判断产生加工误差的可能原因，然后运用单因素分析法进行分析、试验，以便迅速有效地找出影响加工精度的主要原因。本章将分别对它们进行介绍。

3.2 工艺系统的制造误差和磨损

3.2.1 机床误差

引起机床误差的原因是制造误差、磨损和安装误差。机床误差的项目很多，这里着重分析对工件加工精度影响较大的主轴回转误差、导轨误差和传动链误差。

1. 主轴回转误差

机床主轴是决定工件或刀具位置并传递主运动的重要部件，它的回转精度将直接影响工件的加工精度。

(1) 主轴几何偏心　主轴产生几何偏心的原因，主要是主轴的制造误差。例如锥孔或定心外圆与支承轴颈有同轴度误差，定心轴肩支承面与支承轴颈有垂直度误差。当主轴支承在滚动轴承中时，滚动轴承内孔与内圈滚道的同轴度误差也是主轴几何偏心的重要原因。

主轴几何偏心对工件加工精度的影响，因不同的机床而异。对车床主轴，由于主轴几何偏心不会引起切削刃切削运动成形面产生误差，因此加工出的工件表面不会产生圆度误差和端面的平面度误差，但它与装夹表面有相互位置误差（同轴度误差和端面的垂直度误差）。对铣床主轴，主轴的几何偏心会使切削刃切削运动成形面呈不太理想的平面，因此加工出的工件表面有平面度、直线度误差。对钻、镗床主轴，则会使加工出的孔径扩大（或缩小）。

(2) 主轴回转轴线的误差运动　主轴运转时，其回转轴线的空间位置应该固定不变（即回转轴线没有任何运动）。主轴部件在加工、装配过程中的各种误差和回转时的动力因素，使主轴回转轴线产生了相应的误差运动，因此回转轴线也就不断地改变其空间位置。主轴回转时，其瞬时回转轴线相对于理想回转轴线的偏移在误差敏感方向的最大变动值就是主轴的回转误差。理想回转轴线虽然客观存在，但却无法确定其位置，通常以平均回转轴线（即主轴各瞬时回转轴线的平均位置）来代替。

主轴回转轴线的误差运动可分解为三种基本形式：

1) 轴向漂移（轴向窜动）。轴向漂移是瞬时回转轴线沿平均回转轴线方向的漂移运动。它主要影响所加工工件的端面形状精度而不影响圆柱面的形状精度；在加工螺纹时则影响螺距精度。

2) 径向漂移（径向圆跳动）。径向漂移是瞬时回转轴线始终平行于平均回转轴线，但沿径向有漂移运动。因此在不同横截面内，轴心的误差运动轨迹都是相同的。径向漂移运动主要影响所加工工件圆柱面的形状精度，而不影响其端面的形状精度。

3) 角向漂移（角度摆动）。角向漂移是瞬时回转轴线与平均回转轴线成一倾斜角，但其交点位置固定不变的漂移运动。因此在不同横截面内，轴心的误差运动轨迹是相似的。角向漂移运动主要影响所加工工件圆柱面的形状精度，同时对端面的形状精度也有影响。

实际上，主轴工作时其回转轴线的漂移运动总是上述三种漂移运动的合成，故由此引起的加工误差很复杂，既有圆度误差、圆柱度误差，还有平面度误差。

(3) 影响主轴回转精度的主要因素　造成主轴回转误差的原因主要有轴承误差、轴承游隙、与轴承配合零件（如轴颈、箱体支承孔、轴肩、轴承盖等）的误差，以及主轴系统工作时的受力变形和热变形等。

对于不同类型的机床，影响主轴回转精度的因素各不相同。以轴承误差为例，当主轴采用滑动轴承时，轴承误差主要是指支承轴颈和轴承孔的圆度误差和波纹度。对于工作时误差敏感方向固定不变的机床（工件回转类机床，如车床等），由于切削力方向不变，主轴回转时作用在支承上的作用力方向也不变，因此轴颈将以其圆周上的不同点与轴承孔上的同一点接触。此时，主轴的支承轴颈的圆度误差对回转误差影响较大，如图3-4a所示。

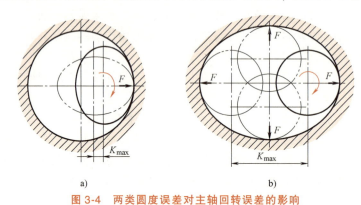

图3-4 两类圆度误差对主轴回转误差的影响

a）支承轴颈圆度误差 b）轴承孔圆度误差

对于工作时误差敏感方向随主轴回转而变化的机床（刀具回转类机床，如镗床等），切削力随主轴回转而不断改变方向，因此轴颈将以其圆周上的一个固定点与轴承孔圆周上的不同点接触。此时，主轴支承轴颈的圆度误差对主轴回转精度的影响较小，而轴承孔的圆度误差对主轴回转精度的影响较大，如图3-4b所示。

（4）提高主轴回转精度的措施　为了减小主轴回转误差，可以提高主轴部件的制造精度。首先应提高轴承的回转精度，如选用高精度的滚动轴承或静压轴承；其次是提高箱体支承孔、主轴轴颈和与轴承相配合零件有关表面的加工精度。此外，对滚动轴承适当预紧以消除游隙，甚至产生微量过盈，也可以提高主轴的回转精度。

另外，还可以采取的措施是使主轴的回转误差不反映到加工工件上。直接保证工件在加工过程中的回转精度而不依赖于机床主轴，是提高工件圆度的简单而有效的方法。典型的例子是在外圆磨床上磨轴类零件，工件支承在两个固定顶尖上，主轴只起传动作用，工件的回转精度取决于顶尖和中心孔的形状误差和同轴度误差，提高顶尖和中心孔的精度要比提高主轴部件的精度容易且经济得多。

再如在镗床上加工箱体类零件上的孔时，如图3-5所示，采用具有前、后导向套的镗床夹具，刀杆与主轴浮动连接（如万向联轴器），所以刀杆的回转精度与机床主轴回转精度无关，仅由刀杆和导套的配合质量决定。

2. 导轨误差

机床导轨是机床各主要部件相对位置和运动的基准，它的精度直接影响溜板（或称为动导轨）的运动精度，因此直接影响反映刀具与工件相对位置正确性的机床"三维精度"。所谓"三维精度"是指机床在三维直角

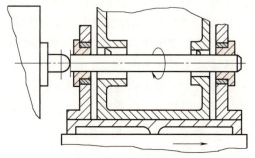

图3-5 用镗床夹具镗孔

坐标系中，x、y、z 三个坐标的全部有效工作行程范围内，空间任意两点间的误差不超过一定数值。

当溜板在某一方向的导轨上（相当于某一实际坐标轴）移动时，由于该导轨的直线度、扭曲度（即两导轨面的平行度）等误差，以及沿该坐标轴的位移检测元件（如感应同步器、光栅、磁尺等）的误差，使移动部件产生了 6 个自由度的运动误差——沿三个坐标轴的移动误差（一项定位误差）和绕这 3 个坐标轴的转角误差，如图 3-6 所示。

因此，移动部件做三维位移时会产生 3×6 = 18 项误差。再加上实际 3 个坐标轴两两之间的 3 个相互垂直度误差，共有 18+3 = 21 项误差。因此，机床的"三维误差"是这 21 项误差相互做空间矢量迭加的结果。

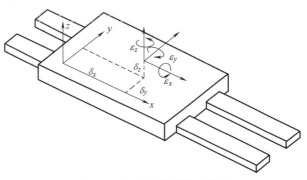

图 3-6 沿 x 轴导轨的六项误差

在一般的加工条件下，分析导轨误差对加工精度的影响时，主要考虑由导轨误差引起的刀具与工件在误差敏感方向的相对位移。下面分别以车床和镗床上的加工为例进行分析。

在车床上车外圆或镗孔时，其误差的敏感方向是 y 轴方向（切削深度方向），因此影响工件加工精度的主要是：导轨在水平面内的直线度误差（图 3-7 中的 Δ_1）引起溜板在水平面内的位移、导轨扭曲度引起的溜板倾斜度，以及溜板移动与主轴轴线在水平面内的平行度误差。而导轨在垂直面内的直线度误差（图 3-7 中的 Δ_2，是误差不敏感方向）对加工精度的影响很小，可以忽略不计。在车床上车端面时，影响车端面平面度误差的，主要是溜板上横导轨的误差。

在镗床上镗孔时，如果工作台进给，那么导轨不直或扭曲，都会引起所加工孔的轴线不直。由于其误差敏感方向是随主轴回转而变化的，故导轨在水平面及垂直面内的直线度误差均直接影响加工精度。当导轨与主轴回转轴线不平行时，理论上会使加工出的孔呈椭圆形，由于实际上该圆度误差总是很小的，故一般可以忽略。如果以镗杆进给的方式进行镗孔，那么导轨不直、扭曲或与镗杆轴线不平行等误差，都会引起所加工孔与其基准的相互位置误差，而不会产生孔的圆度误差。

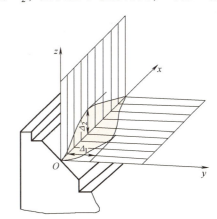

图 3-7 卧式车床导轨的直线度误差

事实上，机床安装不良引起的导轨误差，往往远大于制造误差。某些重型龙门刨床，由于基础不良，因自重引起基础下沉而造成导轨严重弯曲变形可达 2~3mm。因此，机床安装时要有良好的基础，并应严格进行测量和校正，而且在使用期间还应定期复校和调整。

导轨磨损是造成导轨误差的另一重要原因。由于使用程度不同、受力不等，机床在使用一段时期后，不仅导轨全长上各段的磨损量不等，在同一横截面上各导轨面的磨损量也不等，就会引起导轨扭曲，以及溜板移动在水平面和垂直面的直线度误差。通常在导轨材料和结构上采取相应措施来提高导轨的耐磨性，如使用耐磨铸铁导轨、镶钢导轨、耐磨塑料导轨、静压导轨及滚动导轨等。

3. 传动链误差

在螺纹加工或用展成法加工齿轮、蜗轮时，必须保证工件与刀具间有严格的运动关系。

例如加工螺纹时：$\omega = \dfrac{P_m}{P}\omega_m$；滚齿时：$\omega = \dfrac{z_d}{z}\omega_d$。

式中 P_m、ω_m——丝杠的螺距和角速度；

P、ω——工件的螺距和角速度；

z_d、ω_d——滚刀的头数和角速度；

z——工件齿数。

因此，刀具与工件间必须采用内联传动链才能保证传动精度。对于机械传动机床，传动链一般由齿轮副、蜗杆副、丝杠副等组成。所谓传动链误差，就是指内联传动链始末两端传动元件间的相对运动误差，一般可用末端元件一转中的最大转角误差来衡量。

传动链误差主要是由于内联传动链中各传动元件如齿轮、蜗轮蜗杆、丝杠螺母等的制造误差（主要是影响运动精度的误差）、装配误差（主要是装配偏心）和磨损等引起的。各传动元件的转角误差是以一定的传动比传递到末端元件的，因此第 j 个传动元件的转角误差 $\Delta\varphi_j$ 仍传递到末端元件（即第 n 个传动元件），由它引起末端元件的转角误差 $\Delta\varphi_{jn}$，有

$$\Delta\varphi_{jn} = \dfrac{\omega_n}{\omega_j}\Delta\varphi_j = k_j\Delta\varphi_j$$

式中 k_j——转角误差的传递系数，$k_j = \dfrac{\omega_n}{\omega_j}$。

整个传动链的总转角误差是各传动元件所引起末端元件转角误差的迭加。

为减少机床传动链误差，一般可采取下列措施：

1) 尽可能缩短传动链（减少传动元件数量）。

2) 合理规定各传动元件的制造精度和装配精度。根据转角误差的传递规律，$k_j = \dfrac{\omega_n}{\omega_j}$ 越大时，亦即传动链中速度越低的传动元件，其制造精度和装配精度应越高。

3) 合理规定传动链中各传动副的传动比，尽可能提高中间传动元件的转速，以减少中间传动元件误差对末端元件的影响。因此在降速传动链中，越接近末端的传动副，其降速比应越大（在升速传动链中，则最大的升速应放在输入端）。一般滚齿机的分度蜗轮齿数较多，车床丝杠的螺距均较大，也都是基于这个原因。

4) 采用误差补偿的方法。误差补偿的实质是在原传动链中人为地加入一个误差，其大小与传动链原来的误差相等而方向相反，从而使两者相互抵消。

3.2.2 刀具的制造误差

工件加工表面的形成方法一般有三种：成形刀具法、展成法和刀尖轨迹法。不同的加工

方法，采用的刀具也不同，刀具误差对加工误差的影响，根据刀具的种类不同而异。

采用成形刀具（如成形车刀、成形铣刀等）加工时，刀具切削刃在切削基面上的投影就是加工表面的母线形状，因此切削刃的形状误差以及刃磨、安装、调整不正确，都会直接影响加工表面的形状精度。

采用展成法（如齿轮滚刀、花键滚刀、插齿刀等）加工时，刀具与工件要做具有严格运动关系的啮合运动，加工表面是切削刃在相对啮合运动中的包络面。切削刃的形状必须是加工表面的共轭曲线。因此，切削刃的形状误差以及刃磨、安装、调整不正确，同样都会影响加工表面的形状精度。

采用刀尖轨迹法加工时，加工表面是刀尖与工件相对运动轨迹的包络面。其所使用的刀具为定尺寸刀具或一般的单刃刀具。使用定尺寸刀具（如钻头、铰刀、丝锥、板牙、键槽铣刀、圆拉刀等）时，刀具的尺寸误差将直接影响加工表面的尺寸精度。一些多刃的孔加工刀具，如安装不正确（几何偏心等）或两侧切削刃的刃磨不对称，都会使加工表面尺寸扩大。

使用一般的单刃刀具（如普通车刀、镗刀、刨刀、面铣刀等）时，加工表面的形状主要由机床运动的精度来保证，加工表面的尺寸主要由调整决定，刀具的制造精度对加工精度无直接影响，但其刀具寿命较低，在一次调整中就有显著的磨损。因此，在加工较大表面（一次走刀需较长时间）时，刀具的尺寸磨损会严重影响工件的形状精度，用调整法加工一批工件时，刀具的尺寸磨损对这批工件的尺寸精度有很大的影响。

上面所称刀具的尺寸磨损是指切削刃在加工表面的法线方向（也即误差的敏感方向）上的磨损量 μ（图 3-8），它直接反映出刀具磨损对加工精度的影响。

刀具尺寸磨损的过程可分三个阶段：初期磨损、正常磨损和急剧磨损。

在急剧磨损阶段，刀具已不能正常工作。因此，在达到急剧磨损阶段前就必须重新刃磨刀具。

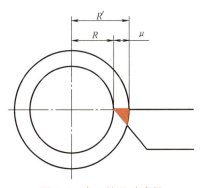

图 3-8 车刀的尺寸磨损

采用成形刀具、展成法加工刀具或定尺寸刀具时，刀具寿命一般均较高（钻头的寿命虽低，但只是横刃和主刃容易磨损，影响工件尺寸精度的修光刃带却不易磨损），在一次调整中的尺寸磨损很小。因此，刀具的磨损可视为制造、刃磨误差的组成部分，它在一次调整中尺寸磨损对加工精度的影响，则可以忽略。

3.2.3 夹具的制造误差

夹具误差主要是指：

1) 由于定位元件、刀具导向装置、对刀装置、分度机构及夹具体等零件和组件的制造误差，引起定位元件工作面间、导向元件间、定位工作面与对刀面或导向元件工作面间，以及定位工作面与夹具在机床上的定位面间等的尺寸误差和相互位置误差。

2) 夹具在使用过程中，上述有关工作表面的磨损。

夹具误差将直接影响加工表面的位置精度或尺寸精度。例如各定位支承板或支承钉的等高性误差将直接影响加工表面的位置精度；各钻模套间的尺寸误差和平行度（或垂直度）误差将直接影响所加工孔系的尺寸精度和位置精度；镗模导向套的形状误差也直接影响所加工孔的形状精度等。

如图 3-9 所示的钻床夹具中，钻套轴线 f 与夹具定位平面 c 间的平行度误差，影响工件孔轴线 a 与底面 B 的平行度；夹具定位平面 c 与夹具体底面 d 的垂直度误差，影响工件孔轴线 a 与底面 B 间的尺寸精度和平行度。

为了减少夹具误差对加工精度的影响，设计夹具时应严格控制上述有关表面的尺寸公差和几何公差。（参见第 2 章）

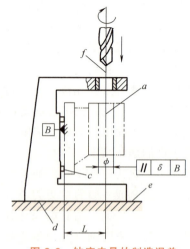

图 3-9　钻床夹具的制造误差

3.3　工艺系统受力变形

机械加工中，工艺系统在切削力、夹紧力、传动力、重力、惯性力等力作用下，会发生变形，破坏了切削刃与工件间已调整好的相互位置的正确性，从而产生加工误差。例如，在顶尖间车削细长的轴（不用中心架）时，工件在切削力作用下弯曲变形，加工后会产生鼓形的圆柱度误差，如图 3-10a 所示。又如在内圆磨床上用横向切入磨法磨孔时，由于内圆磨头主轴弯曲变形，磨出的孔会有带锥度的圆柱度误差，如图 3-10b 所示。

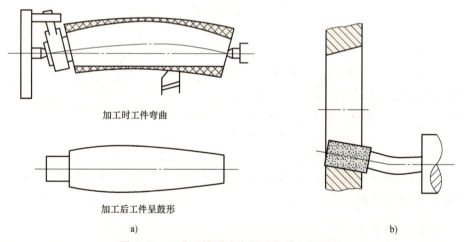

加工时工件弯曲

加工后工件呈鼓形

a)　　　　　　　　　　　　　b)

图 3-10　工艺系统受力变形引起的加工误差

3.3.1　工艺系统的刚度

弹性系统在载荷作用下产生的变形量大小，取决于载荷大小、载荷性质和弹性系统的刚度大小。使弹性系统产生单位变形所需沿变形方向的静载荷大小，称为该系统的静刚度。简言之，弹性系统的静刚度等于变形方向的外力与变形的比值，即

$$k = \frac{F}{y}$$

式中　k——静刚度（N/mm）；
　　　y——静变形量（mm）；
　　　F——沿变形方向的静载荷大小（N）。

弹性系统受交变载荷作用时，会发生振动，其变形（振幅）大小不仅与激振载荷大小（激振力幅值）有关，还与激振频率等有关。某个激振频率下产生单位振幅所需的激振力幅值称为系统在该频率时的动刚度。

切削加工过程中的振动问题，大多是振幅很小的微幅振动。故动刚度主要影响工件的微观几何形状（即表面粗糙度）和波纹度。关于动刚度的问题，将在第四章加工表面质量中讨论。这里只研究工艺系统的静刚度及其对加工精度的影响。为简便起见，下面把静刚度简称为刚度。

在切削加工中，影响加工精度的是切削刃与工件在误差敏感方向的相对位移。因此，工艺系统的刚度定义为：工件和刀具的法向切削分力 F_y 与在总切削力作用下，工艺系统在该方向上的相对位移 y_{xt} 的比值，即

$$k_{xt} = \frac{F_y}{y_{xt}}$$

工艺系统是由机床、夹具、刀具及工件等组成的。一般都把夹具视为机床附加装置，与机床一起用实验方法测得，因此工艺系统的变形可用实验方法测得，即

$$y_{xt} = y_j + y_d + y_g$$

按照工艺系统刚度的定义：$y_j = \frac{F_y}{k_j}$、$y_d = \frac{F_y}{k_d}$、$y_g = \frac{F_y}{k_g}$

所以
$$\frac{1}{y_{xt}} = \frac{1}{y_j} + \frac{1}{y_d} + \frac{1}{y_g}$$

为方便起见，把刚度的倒数称为柔度，用 W 表示，因此

$$W_{xt} = W_j + W_d + W_g$$

式中　y_{xt}、k_{xt}、W_{xt}——工艺系统的变形、刚度和柔度；
　　　y_j、k_j、W_j——机床的变形、刚度和柔度；
　　　y_d、k_d、W_d——刀具的变形、刚度和柔度；
　　　y_g、k_g、W_g——工件的变形、刚度和柔度。

因此，已知工艺系统各个组成部分的刚度，即可求出系统刚度。在采用上述公式计算系统刚度时，应针对具体情况进行具体分析。例如车外圆时，车刀本身在切削力作用下的变形对加工误差的影响很小，可以略去不计；再如镗孔时，镗杆的受力变形严重地影响加工精度，而工件（如箱体零件）的刚度一般较大，其受力变形小，可忽略不计。

3.3.2　工艺系统受力变形对加工精度的影响

假定在一次走刀中，工艺系统的受力变形量 y_{xt} 是一个常量，那么不论变形量多大，加工表面都不会因此而产生形状误差。同样，在一次调整中加工一批工件时，如果 y_{xt} 是常量，那么这批工件也不会因此而尺寸不一，只有当 y_{xt} 不是常量时，才会引起相应的加工误差。

工艺系统受力变形对加工精度的影响,可归纳为下列几种情况。

1. 切削过程中受力点位置变化引起的工件形状误差

切削过程中,工艺系统的刚度会随着受力点位置变化而变化。下面以在车床顶尖间加工光轴为例进行分析。设切削过程中切削力保持不变,同时本例中车刀的变形极小,可以忽略不计,因此

$$y_{xt} = y_j + y_g$$

1) 机床的变形从图 3-11 中可得出

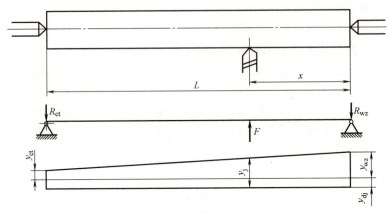

图 3-11 顶尖间车削光轴时机床的受力变形

$$y_{ct} = \frac{R_{ct}}{k_{ct}} = \frac{x}{L} \frac{F_y}{k_{ct}}$$

$$y_{wz} = \frac{R_{wz}}{k_{wz}} = \frac{(L-x)}{L} \frac{F_y}{k_{wz}}$$

$$y_{dj} = \frac{F_y}{k_{dj}}$$

$$y_j = y_{ct}\frac{x}{L} + y_{wz}\frac{L-x}{L} + y_{dj}$$

$$= F_y \left[\frac{1}{k_{ct}}\left(\frac{x}{L}\right)^2 + \frac{1}{k_{wz}}\left(\frac{L-x}{L}\right)^2 + \frac{1}{k_{dj}} \right]$$

所以

$$\frac{1}{k_j} = \frac{1}{k_{ct}}\left(\frac{x}{L}\right)^2 + \frac{1}{k_{wz}}\left(\frac{L-x}{L}\right)^2 + \frac{1}{k_{dj}}$$

或

$$W_j = W_{ct}\left(\frac{x}{L}\right)^2 + W_{wz}\left(\frac{L-x}{L}\right)^2 + W_{dj}$$

式中所用下标:j—机床;ct—床头;wz—尾座;dj—刀架。

还可求出当 $x = \left(\dfrac{k_{ct}}{k_{ct}+k_{wz}}\right)L$ 时的最大机床刚度和最小变形

$$y_{jmin} = \left(\frac{1}{k_{ct}+k_{wz}} + \frac{1}{k_{dj}}\right)F_y; \qquad \frac{1}{k_{jmax}} = \frac{1}{k_{ct}+k_{wz}} + \frac{1}{k_{dj}}$$

2) 在多数情况下,工件的变形可按照材料力学或弹性力学有关公式进行计算,本例可

按简支梁进行计算

$$y_g = \frac{F_y L^3}{3EI}\left(\frac{x}{L}\right)^2\left(\frac{L-x}{L}\right)^2 = \frac{F_y}{3EI}\frac{x^2(L-x)^2}{L}$$

$$\frac{1}{k_g} = \frac{1}{3EI}\frac{x^2(L-x)^2}{L}$$

式中　　E——工件材料的弹性模量；

　　　　I——工件截面惯性矩。

3) 工艺系统的总变形为

$$y_{xt} = y_j + y_g = \left[\frac{1}{k_{ct}}\left(\frac{x}{L}\right)^2 + \frac{1}{k_{wz}}\left(\frac{L-x}{L}\right)^2 + \frac{1}{k_{dj}} + \frac{x^2(L-x)^2}{3EIL}\right]F_y$$

$$\frac{1}{k_{xt}} = \frac{1}{k_{ct}}\left(\frac{x}{L}\right)^2 + \frac{1}{k_{wz}}\left(\frac{L-x}{L}\right)^2 + \frac{1}{k_{dj}} + \frac{x^2(L-x)^2}{3EIL}$$

工艺系统刚度随受力点位置变化而异的例子很多，如立式车床、龙门刨床、龙门铣床等的横梁及刀架、大型镗铣床滑枕内的主轴等，其刚度均随刀架位置或滑枕伸出长度不同而异（图3-12），其分析方法基本上与上述例子相同。

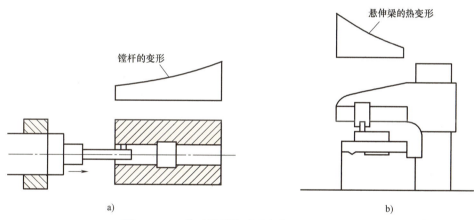

图3-12　工艺系统刚度随受力点位置变化而异

2. 毛坯误差的复映

用成形车刀切削或在镗床工作台上进给镗孔时，工艺系统刚度可近似地认为是一个常量。在车床上加工短轴时，工艺系统刚度变化不大，也可近似地作为常量。这时如果毛坯形状误差较大，就会因加工余量不匀而引起切削力发生变化，从而使受力变形量不一致，也会影响加工精度。

图3-13所示工件毛坯有圆度误差，车削时毛坯的长半径处有最大余量 a_{p1}，短半径处是最小余量 a_{p2}，根据金属切削原理，在一定的切削条件下，切削力与切削深度成正比，即

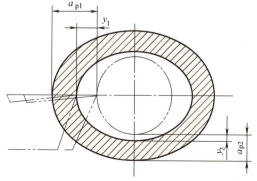

图3-13　毛坯形状误差的复映

$$F_{y1} = C_{FY} f^{0.75} a_{p1} = A a_{p1}$$
$$F_{y2} = A a_{p2}$$

式中 A——背向力系数（$A = C_{FY} f^{0.75}$）。

设工艺系统刚度 k_{xt} 是常量，则变形量是

$$y_1 = \frac{F_{y1}}{k_{xt}} = \frac{A}{k_{xt}} a_{p1}$$

$$y_2 = \frac{F_{y2}}{k_{xt}} = \frac{A}{k_{xt}} a_{p2}$$

$$y_1 - y_2 = \frac{1}{k_{xt}}(F_{y1} - F_{y2}) = \frac{A}{k_{xt}}(a_{p1} - a_{p2})$$

式中 $a_{p1} - a_{p2}$——毛坯的误差，用 Δm 表示；

$y_1 - y_2$——一次走刀后工件的误差，用 Δg 表示，故

$$\frac{\Delta g}{\Delta m} = \frac{A}{k_{xt}} = \varepsilon$$

式中 ε——误差复映系数，$\varepsilon = \frac{A}{k_{xt}} < 1$。

从上面分析可知，当毛坯有误差时，因切削力的变化，将引起工艺系统产生与余量相对应的弹性变形，因此工件加工后必定仍有误差，由于工件误差与毛坯误差是相对应的，可以把工件误差看成是毛坯误差的"复映"。同时，还可进一步推知，毛坯的误差将复映到从毛坯到成品的每一个机械加工工序中，但每次走刀后工件的误差将逐渐减少。这个规律就是毛坯误差的复映规律。

误差的复映规律表明：当工件毛坯有形状误差或位置误差时，加工后工件仍会有同类的加工误差。在成批或大量生产中用调整法加工一批工件时，如果毛坯尺寸不一，那么加工后这批工件仍有尺寸不一的误差。

误差复映系数 ε 与背向力系数成正比，与工艺系统刚度成反比。要减少工件的复映误差（也即减少 ε），可增加工艺系统的刚度，或减少背向力系数（例如用主偏角 κ_r 接近 90° 的车刀、减少进给量 f 等）。

减少毛坯误差（也即工件在前道工序中的加工误差）也是减少复映误差的有效措施。因此，增加走刀次数就可大大减少工件的复映误差。设 ε_1、ε_2、ε_3…分别为第一、第二、第三……次走刀时的误差复映系数，则有

$$\Delta g_1 = \Delta m \varepsilon_1$$
$$\Delta g_2 = \Delta g_1 \varepsilon_2 = \Delta m \varepsilon_1 \varepsilon_2$$
$$\Delta g_3 = \Delta g_2 \varepsilon_3 = \Delta m \varepsilon_1 \varepsilon_2 \varepsilon_3$$
……

由于 ε 是一个小于 1 的正数，多次走刀后就变成了一个远小于 1 的系数，因而可以提高加工精度，但也意味着生产率降低了。

3. 工件的夹紧变形

设计夹具时，如夹紧力布置不当，会使工件各部分产生不均匀的夹紧变形。例如用自定心卡盘装夹薄壁圆筒镗孔，夹紧时毛坯有不均匀的弹性变形，尽管切削时镗成正圆孔，但松

开后工件弹性恢复，使已镗好的孔变成了棱圆形（图 3-14 a~c）。如果在工件与夹爪间加一开口的过渡环（图 3-14d），或者采用专用夹爪（图 3-14e），使夹紧力沿工件圆周上分布得比较均匀，就可大大减少孔的圆度误差。

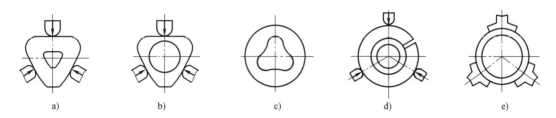

图 3-14 薄壁圆筒的夹紧变形

又如在电磁工作台上磨翘曲的薄片工件，当电磁工作台吸紧工件时，工件产生不均匀的弹性变形，加工后取下工件时，由于弹性回复，已磨平的表面又变得翘曲（图 3-15a~c）。若在电磁工作台与工件间垫入一薄层橡胶，则可减少吸紧工件时弹性变形的不均匀程度，从而得到磨得较平的表面（图 3-15d~f）。

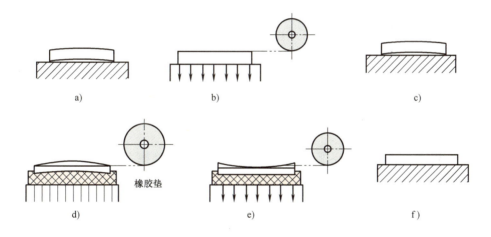

图 3-15 薄片工件磨削的夹紧变形

4. 其他力引起的加工误差

（1）重力引起的加工误差　在加工过程中，机床部件或工件产生移动时，其重力作用点的变化会使相应零件产生弹性变形。如大型立式车床、龙门铣床、龙门刨床等，其主轴箱或刀架在横梁上面移动时，由于主轴箱的重力使横梁的变形在不同位置是不同的，从而造成了加工表面的形状误差（图 3-16）。

如果在横梁上加一个附加梁承受重量，于是变形就被转移到不影响加工精度的附加梁上去了。另一种方法是使横梁先产生一个相反的预变形，以抵消重力引起的挠曲变形。

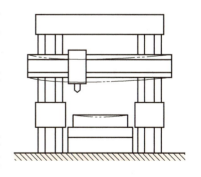

图 3-16 机床部件的重力引起的加工误差

(2) 惯性力引起的加工误差　在高速切削时，如果工艺系统中有不平衡的高速旋转的构件存在，就会产生离心力。离心力在工件的每一转中不断改变方向，但当不平衡质量的离心力大于切削力时，车床主轴轴颈和轴套内孔表面的接触点就会不停地变化，轴套孔的圆度误差将传递给工件的回转轴心。

3.3.3　影响机床部件刚度的因素

机床部件的刚度除与其本身的结构和材料性能等有关外，还受下列各种因素的影响。

1. 连接表面接触变形的影响

零件表面总是存在着宏观和微观的不平度，当接触表面间的压强很小时，载荷实际上集中在表面粗糙度的若干峰与峰的接触点上，因此接触变形主要是表面粗糙度波峰的变形。

随着载荷的增加，接触变形增大，接触表面的实际接触面积也增大，因此连接表面的接触刚度将随着载荷的增加而增大。

2. 零件间摩擦力的影响

机床部件受力变形时，零件间连接表面会发生错动，加载时摩擦力阻碍变形的发生，卸载时摩擦力却阻碍变形的恢复，故加载曲线与卸载曲线不重合。在完全卸载后，由于摩擦力的存在，还会留下微量的变形而使变形曲线不能回到原点。

3. 连接件预紧力的影响

部件中的连接件对零件有一定的预紧力 F_0，这一方面可使接合面紧密贴合提高接触刚度，另一方面当部件受外力 F 后，接合面的结合力（预紧力）因零件进一步变形而减小了，故实际受到的总作用力小于 F_0+F，这时就表现为刚度较大。随着载荷 F 的增加，剩余的预紧力也逐步减小到零，以后增加的载荷全部由零件承担，故表现为刚度较低。

4. 间隙的影响

部件中各零件间若有间隙，那么只要有较小的力（克服摩擦力）就会使零件相互错动，尽管这时部件只有极微的弹性变形，但压移量却较大，故表现为刚度很低。间隙消除后，相应表面接触，才开始有接触变形和真正的弹性变形，这时就表现为刚度较大。

因间隙引起的变形，在完全卸载后也不会恢复到原点。如果载荷是单向的，那么在第一次加载消除间隙后对加工精度的影响较小。但如果工作载荷不断改变方向，那么间隙的影响就不容忽视了。

5. 部件中个别薄弱环节的影响

部件中如果有某些刚度很低的零件，受力后这些低刚度零件会产生很大的变形，使整个部件表现为刚度很低。有时，部件中有些零件制造和装配质量太差，例如溜板部件中的楔铁与导轨面配合不好，或轴承衬套因形状误差而与壳体接触不良。由于楔铁和轴承衬套本身的刚度很低，故整个部件变形较大。当该薄弱环节变形后改善了接触情况，部件的变形就大大减少。

3.3.4　提高工艺系统刚度的措施

1. 合理的结构设计

在设计工艺装备时，应尽量减少接合面数目，并注意刚度的匹配，防止有局部低刚度环节出现。在设计基础件、支承件时，应合理选择零件结构和截面形状。一般地说，截面积相等时空心截形比实心截形的刚度高,封闭的截形又比开口的截形好。在适当部位增添加强肋也有良好的效果。

2. 提高接合面的接触刚度

由于部件的接触刚度大大低于实体零件本身的刚度,所以提高接触刚度是提高工艺系统刚度的关键。特别是对在使用中的机床设备,提高其接合面的接触刚度,往往是提高原机床刚度的最简便、有效的方法。

影响接合面接触刚度的因素,除接合面材料的性质外,最主要的是接合面的表面粗糙度、接触情况和平面度误差。表面粗糙度值越小,接触斑点数越多,则接触刚度就越高。接合面的平面度误差同样影响实际接触面积,平面度误差的增大,将使接触刚度明显地降低(重载荷时,在平面度误差相同情况下,表面粗糙度值稍大时会使实际接触面积有所增加,这时适当降低表面粗糙度等级反而会提高接触刚度)。

因此,要提高接触刚度,首先应减小接合面的表面粗糙度值和平面度误差,当接合面采用刮削时,则应增加其接触斑点数目。其次应在接合面间施加适当的预紧力。对于新使用或修理后试车时的机床,应在空运转一段时间后检查连接部分并一一紧固,开始重载切削后也应再次检查并紧固,这对提高接触刚度的作用很大。

3. 采用合理的装夹、加工方式

例如在卧式铣床上铣削角铁形零件,如按图3-17a所示装夹、加工方式,工件刚度较低,若改用图3-17b所示装夹、加工方式,则刚度可大大提高。再如加工细长轴时,改为反向走刀(从床头向尾座方向进给),使工件从原来的轴向受压变为轴向受拉,也可提高工件的刚度。镗深孔时,镗杆的刚度很低,可采用拉镗形式来提高镗杆的刚度。此外,增加辅助支承也是提高工件刚度的常用方法,如加工细长轴时采用中心架或跟刀架。

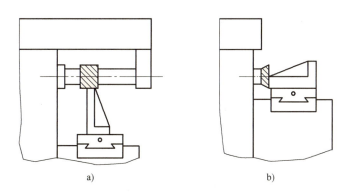

图3-17 改变装夹方式提高刚度

4. 合理使用机床

例如尽量减小尾座套筒、刀杆、刀架滑枕等的悬伸长度,减小运动部件之间的间隙,锁紧在加工时无须运动的可动部件等。

3.4 工艺系统的热变形

机械加工时,工艺系统在各种热源的影响下,常产生复杂的变形,破坏了工件与刀具相对位置和相对运动的正确性，就会产生加工误差。据统计，在精密加工中，由于热变形引起的加工误差占总加工误差的40%~70%。为了消除或减少热变形的影响，往往需要进行机床的额外调整或预热，因而也影响生产率。总之，在现代高精度、自动化生产中，工艺系统热变形问题已显得越来越突出，已成为影响机械加工工艺进一步发展的一个重要研究课题。

3.4.1 工艺系统的热源

工艺系统热变形的热源主要有以下几个方面。

1. 切削热

切削过程中，切削层的弹、塑性变形及刀具与工件、切屑间摩擦所消耗的能量，绝大部分（99.5%左右）转化为切削热。这些热量将传到工件、刀具、切屑和周围介质中去，成为工件和刀具热变形的主要热源。一般都把主运动所消耗的能量看作全部转化为切削热，忽略进给运动消耗的能量。因此，单位时间内传入工件或刀具的热量 q 可估算为

$$q = F_c v_c K$$

式中　F_c——切削力（N）；

　　　v_c——切削速度（m/s）；

　　　K——传入工件或刀具的热量占总切削热的百分比。

2. 传动系统的摩擦等能量损耗

主要是传动系统中各运动副如轴承、齿轮、摩擦离合器、溜板和导轨、丝杠和螺母等的摩擦转化的热量，以及动力源如电动机、液压系统等能量损耗转化的热量。这些热量是机床热变形的主要热源。

3. 派生热源

部分切削热由切削液、切屑带走，它们落到床身上再把热量传给床身，就形成派生热源。此外，传动系统的摩擦热还通过润滑油的循环，散布到机床有关部位，也是重要的派生热源。派生热源对机床热变形也有很大的影响。

4. 外部热源

外部热源主要是指周围环境温度通过空气的对流以及日光、照明灯具、加热器等环境热源通过辐射传到工艺系统的热量。外部热源的影响，有时也是不容忽视的。例如在加工大型工件时，往往要昼夜连续加工，甚至要连续几个昼夜才能加工完成。由于昼夜温度不同，引起工艺系统变形不一致，从而影响了加工精度。再如照明灯具、加热器等对机床的辐射热往往是局部的，日光对机床的辐射不仅是局部的，而且不同时间的辐射热量和照射位置也不同，就会引起机床各部分有不同的温升而产生复杂的热变形，这在大型、精密零件的加工中尤其不能忽视。

物体从热源导入热量，一方面向其低温处传递而使各部分温度随导热时间的增加而逐渐升高，同时又向周围介质散热。因此，物体上各点的温度，不仅是距热源坐标位置的函数，而且也是时间的函数，物体上这种温度分布称为不稳态温度场。当单位时间内输入物体的热量与向周围介质散发的热量相等时，物体上各点温度就将保持在各自的稳定值上，这时物体处于热平衡状态，其各点温度将不再随时间而变化，而只是其坐标位置的函数。这种温度场则称为稳态温度场。

工艺系统在开始工作时其温度场处于不稳定状态，其精度很不稳定。经过一定时间后温

度场才渐趋稳定，其精度也才较稳定。因此保持工艺系统的热平衡，缩短达到热平衡所需时间，研究其稳态温度场对加工精度的影响，对保证工件的加工精度和提高生产率有着重要的意义。

3.4.2 工件热变形

工件热变形的热源主要是切削热。一般车削、铣削、刨削时，传入工件的切削热占总切削热的 10%~40%（随切削速度增加而减少），钻孔时往往在 50% 以上，磨削时约占 80% 以上。对于大型、精密零件，周围环境温度和局部受日光等外部热源的影响也不容忽视。下面就几种常见的工件热变形及其对加工精度的影响做粗略的介绍。

1. 加工盘类和长度较短的销轴、套类零件

切削热沿切削表面圆周较均匀地传入，故一般可近似地看作均匀受热。由于走刀行程不长，可忽视沿工件轴向位置上切削时间有先后的影响，把工件看作为等温体。同时工件的温升一般均远远达不到热平衡，其向周围介质的散热量相对较少，也可不予考虑。因此其平均温升可估算如下

$$T_p = \frac{q\tau}{mc} = \frac{F_c v_c \tau K}{mc}$$

式中　τ——切削时间（s）；
　　　m——工件质量（kg）；
　　　c——工件材料的比热容（J/kg·℃）。

由于工件在切削加工时受热膨胀，冷却后尺寸收缩，因此必须在工件冷却后才能测得零件的实际尺寸。若加工后立刻进行测量，则必须考虑工件的热胀量 ΔD，其计算公式为

$$\Delta D = \alpha_l T_p D$$

式中　α_l——工件材料的线胀系数（℃$^{-1}$）。

> **例**　在 $\phi 40\text{mm} \times 40\text{mm}$ 的铸件上钻 $\phi 20\text{mm}$ 孔，切削用量是 $n = 500\text{r/min}$, $f = 0.3\text{mm/r}$。（铸铁 $\alpha_l = 1.05 \times 10^{-5}$℃$^{-1}$，密度 $\rho = 7570\text{kg/m}^3$，$c = 470\text{J/kg·℃}$）
>
> 切削扭矩　　　$M = \dfrac{210 D^2 f^{0.8}}{1000} = \dfrac{210 \times 20^2 \times 0.3^{0.8}}{1000}\text{N·m} = 32.06\text{N·m}$
>
> 切削时间　　　$\tau = \dfrac{60L}{nf} = \dfrac{60 \times 40}{500 \times 0.3}\text{s} = 16\text{s}$
>
> 单位时间传入工件的热量
>
> $$q = F_c v_c K = \frac{2\pi MnK}{60} = \frac{2\pi \times 32.06 \times 500 \times 0.5}{60}\text{W} = 839.3\text{W} \quad （取 K = 0.5）$$
>
> 工件质量　　　$m = \dfrac{\pi}{4}(0.04^2 - 0.02^2) \times 0.04 \times 7570\text{kg} = 0.285\text{kg}$
>
> 工件平均温升　$T_p = \dfrac{q\tau}{mc} = \dfrac{839.3 \times 16}{0.285 \times 470}$℃ $= 100$℃
>
> 孔径受热扩大量　$\Delta D = \alpha_l T_p D = 1.05 \times 10^{-5} \times 100 \times 20\text{mm} = 0.021\text{mm}$

上例工件若在钻孔后立即镗孔或铰孔，那么工件完全冷却后孔径收缩量已与公差等级 IT7 的公差值相等，其加工精度就很难保证。为避免工件粗加工时的热变形对精加工的影响，在安排工艺过程时应尽可能把粗精加工分开在两个工序中进行，使粗加工后有足够的冷却时间。

2. 车削较长的工件

由于在沿工件轴向位置上切削时间有先后，开始切削时工件温升为零，随着切削的进行，工件逐渐受热胀大，到走刀终了时工件直径增量最大，因而车刀的实际切削深度随走刀而逐渐增大，工件冷却后就会出现圆柱度误差，如图 3-18 所示。其圆柱度误差即半径的最大增量。

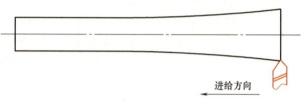

图 3-18 车削长轴时热变形引起的圆柱度误差

3. 工件受热后轴向伸长

这是加工丝杠时影响螺距误差的主要因素之一。设工件与丝杠的温度相差 1℃，那么在 2m 长度上螺距累积误差可达 23μm，而 7 级精度丝杠在螺纹全长上公差仅 40μm（6 级精度丝杠公差为 20μm），可见影响是非常显著的。

对一般零件，因轴向尺寸精度要求通常低于径向，故影响不太大。但装夹时若将工件两端顶得太紧，使工件的热伸长受阻，则会产生很大的热应力，导致工件弯曲变形，将对加工精度产生很大的影响。

4. 铣、刨、磨平面

工件只在单面受到切削热作用，上、下表面间的温差会导致工件拱起，中间就被多切去，加工结束完全冷却后，加工表面就会产生中凹的平面度误差，如图 3-19 所示。

为减少这一误差，通常采取的措施除切削时使用充足的切削液以减少切削表面的温升外，还可采用误差补偿的方法，在装夹工件时使工件上表面产生中间微凹的夹紧变形，以补偿切削时工件单面受热而拱起的误差。或在磨削前精刨时把加工表面刨成中间微凹，磨削时两端余量大，温升比中间高，减少了工件受热后中间的凸处，从而补偿了误差。

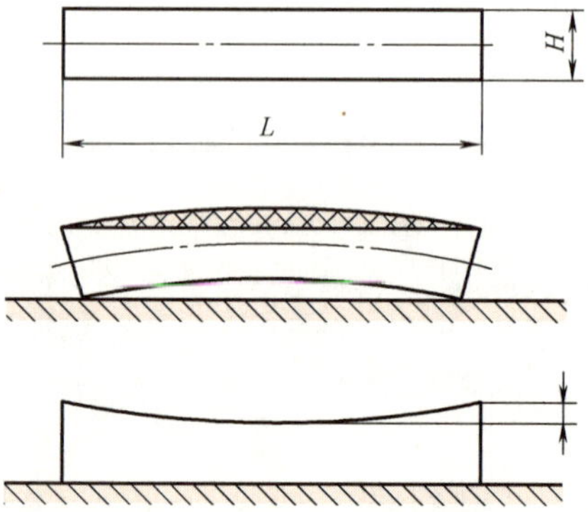

3.4.3 刀具热变形

图 3-19 工件单面受热时的平面度误差

刀具热变形的热源主要是切削热。传给刀具的切削热虽然仅占总切削热量的很少部分（一般车、铣、刨加工时占 3%～5%，钻孔时约占 15%），但刀具质量小，热容量也小，故仍会有很高的温升，对加工精度也有不小的影响。刀具受热后，其温升在全长上是不等的，但若只研究其对加工精度的影响，则可按刀具工作部分（一般以刀具悬伸部分代替）的平均温升来估算其热伸长量。

对较大的表面进行切削加工时（如车削较长的滚筒或在立式车床上车削大端面等），刀具连续工作时间较长，随着切削时间的增加，刀具逐渐受热伸长，就会造成工件有形状误差（圆柱度或平面度误差）。在切削初始阶段，刀具的热变形增加得很快，随后变得较缓慢，趋于热平衡状态后，热变形的变化量就非常小，如图3-20所示曲线A。

在断续切削时，刀具的加热和冷却是按一定的节拍周期性地交替进行，故其热变形曲线具有热胀冷缩双重特性，而且总变形量比连续切削时要小一些。当刀具切削时的热伸长量与刀具停止切削而冷却时的收缩量恰好相等时，其热变形就稳定在这个范围内，如图3-20所示曲线C。

当切削停止时，刀具温度立即下降，开始冷却较快，以后逐渐减慢，如图3-20所示曲线B。

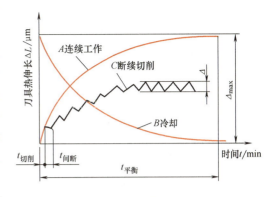

图3-20 车刀工作时的热变形曲线

3.4.4 机床热变形

机床工作时受到多种热源的影响，主要有来自传动系统中各传动元件的摩擦热、相对滑动速度较大的导轨与工作台（或滑枕）的摩擦热，以及液压系统动力损耗转化的热量。切屑和切削液等派生热源对床身热变形也有一定影响。对于大型、精密机床，周围环境的温度变化对机床热变形的影响，往往也占有重要地位。

由于机床各部分结构形状不同，热源及其位置又不同，散热条件也不一样，因而形成了复杂的温度场和不规则的热变形，破坏了机床的静态精度，从而引起了相应的加工误差。下面对几种常用机床的热变形进行简单的分析和描述。

1. 车床

车床的主要热源是主轴箱内传动元件的摩擦热，它会使箱体和油池温度升高。由于前后箱壁温升不同（前箱壁温升高），使主轴回转轴线抬高并有倾斜。同时主轴箱中油池的温升通过箱底传到床身，使床身（与主轴箱接合部分）的上下表面产生温差，导致床身弯曲而中凸，进一步增加了主轴的抬高和倾斜（图3-21a）。

2. 升降台铣床

铣床床身热变形的热源也是主传动系统，同样地由于左右箱壁的温升不一致而导致主轴抬高和倾斜。同时，其升降台内装有进给传动系统，这也是一个主要的热源，将导致升降台向外倾侧的热变形，使主轴轴线与工作台台面的平行度误差进一步加大（图3-21b）。

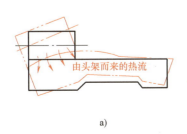
a)

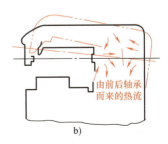
b)

图3-21 几种常用机床的热变形趋势

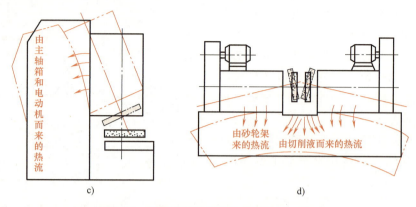

图 3-21　几种常用机床的热变形趋势（续）

3. 磨床

磨床的热源主要是砂轮架、头架和机床液压系统，磨削液则常是一种派生的热源。

一般外圆磨床砂轮架的热变形使砂轮主轴轴线向工件方向趋近，同时床身因上下温升不一致，其水平面内的热变形使工作台向外位移（其位移量一般小于砂轮架的位移）。在垂直面内则使导轨弯曲。另外，当工件装夹在两顶尖间时，头架和尾座的温升不同，将使工件产生同轴度误差。

图 3-21c 所示为立轴矩台平面磨床的热变形示意。主轴承和主电动机的发热传到立柱，使立柱里侧的温度高于外侧，引起立柱的弯曲变形，使砂轮主轴与工作台产生垂直度误差。

4. 龙门刨床、导轨磨床

龙门刨床、导轨磨床的床身较长，若导轨面与底面间稍有温差，就会产生较大的弯曲变形。故床身热变形是影响加工精度的主要因素。例如一台长 12m、高 0.8m 的导轨磨床床身，如图 3-21d 所示，导轨面与底面温差为 1℃ 时，其弯曲变形量可达 0.22mm。床身上下表面产生温差，不仅是由于工作台运动时导轨面摩擦发热所引起的，环境温度的影响往往是更主要的原因。

分析机床热变形对加工精度的影响，首先应分析其温度场是否稳定。机床达到热平衡所需时间一般都较长（中型机床为 4~6h，大型机床往往要超过 12h）。在机床刚开始运转的一段时间内，热变形随运转时间的不同而变化，变形量也较大，因此加工精度很不稳定。当加工精度要求较高时，在工作过程中若停机时间太长，也会引起机床温升的波动而造成加工精度的不稳定。在加工较大的表面时，不但因为机床各部位的温升不同，变形不一致，而且由于一次走刀需要较长时间，在开始走刀和走刀结束时，机床的温升和热变形也不一样，就会导致工件产生较大的形状误差。

分析机床热变形对加工精度的影响，还应分析热位移方向与误差敏感方向的相对角向位置。例如卧式车床的误差敏感方向是水平方向，故主轴在水平面内的热位移对加工精度的影响是主要的。但在尾座上要安装孔加工刀具进行钻、铰、攻螺纹等工作时，则垂直面内的热位移也不能忽视。

3.4.5　减少工艺系统热变形的对策

为了减少热变形对加工精度的影响，可从以下几个方面采取措施。

1. 减少热源的发热

为了减少机床的热变形，凡是有可能从主机分离出去的热源如电动机、变速箱、液压装置的油箱等，应尽可能放置在机床外部。对于不能和主机分离的热源如主轴轴承、丝杠副、高速运动的导轨副等，则可从结构、润滑等方面改善其摩擦特性，以减少发热。例如采用静压轴承、静压导轨，改用低黏度润滑油、锂基润滑脂等。

如果热源不能从机床中分离出去，可在发热部件与机床大件间用绝热材料隔开。对发热量大的热源，若既不能从机内移出，又不便隔热，则可采用有效的冷却措施，如增加散热面积或使用强制式的风冷、水冷、循环润滑等。

2. 用热补偿方法减少热变形

单纯减少温升往往不能收到令人满意的效果，可采用热补偿方法使机床的温度场比较均匀，从而使机床仅产生不影响加工精度的均匀热变形。

例如平面磨床，若将液压系统的油池放在床身底部，则使床身上冷下热而使导轨产生中凹的热变形；若将油池移到机外，则又形成上热下冷而使导轨产生中凸的热变形。M7140平面磨床采用了热补偿方法，仍将油池放在床身底部，同时在导轨下配置了油沟，将热油导入，使之循环，减少了床身上下部的温差，从而大大减少了床身导轨的弯曲变形。

M7150A平面磨床则将油池移到机外而在床身下部配置热补偿油沟，使一部分带有余热的回油经热补偿油沟后送回油池，同样减少了床身上下部的温差而减少了床身导轨的弯曲变形。再如图3-22所示平面磨床，利用电动机风扇排出的热空气，通过特设的管道导向立柱左侧，以减少立柱两侧的温差，从而减少了立柱的弯曲变形。

图3-22 用热补偿法均衡温度场以减少热变形

加工精密丝杠时，工件与丝杠的温差是造成工件螺距累积误差的主要原因。S7450螺纹磨床采用了自动检测、自动控制的恒温供液系统，一方面使整个工件淋浴在恒温油中，另一方面再把恒温油通入机床的丝杠中，使工件与丝杠的温差不超过0.4℃，从而大大提高了加工精度的稳定性。

再如JCS-013自动换刀数控镗铣床的滚珠丝杠，在装配时采用预拉法，丝杠在加工时故意将螺距加工得小一些，装配时再把螺距拉大到标准值。这样就利用预拉变形来补偿了丝杠的热伸长变形，取得了良好的效果。

3. 合理安排定位点位置

例如车床主轴箱在床身上的定位。图3-23a中主轴箱的定位点H在y方向上与主轴重合，图3-23b中的H点在y方向上不与主轴重合，因而图3-23a所

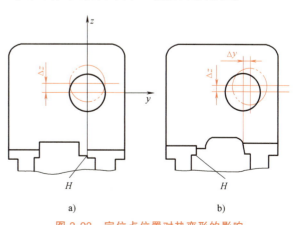

图3-23 定位点位置对热变形的影响

示的主轴热位移就较小。

4. 保持工艺系统的热平衡

由热变形规律可知,大的热变形发生在机床开动后的一段时间内,当达到热平衡后,热变形趋于稳定,此后加工精度才有保证。因此,在精加工前可先使机床空运转一段时间(机床预热),等达到或接近热平衡时再开始加工,加工精度就比较稳定。基于同样原因,精加工机床应尽量避免中途停车以防止造成质量波动。为缩短机床预热时间,机床空运转速度可高于实际加工时的速度。有些机床在适当部位附加"控制热源",在机床预热阶段人为地给机床供热,促使其迅速达到热平衡状态。当机床发热状态随加工条件的改变而变化时,可通过"控制热源"的加热或冷却来调节,使温度分布迅速回到稳定状态。

5. 控制环境温度

精加工机床应避免阳光直接照射,布置取暖设备时也应避免使机床受热不均匀。精密机床则应安装在恒温车间中使用。恒温车间的恒温指标有恒温基数(即恒温车间内空气的平均温度)和恒温精度(即平均温度的公差)。我国幅员辽阔,不同地区、不同季节的温度相差很大。由于恒温车间一般面积都较大,四周与大气直接相通,要使全国各地在任何季节都维持统一的恒温基数,必然会大大增加恒温设备的投资和运转费用。长期生产实践表明,采用季节调温,使恒温基数按季节而适当变动,可收到良好的效果。

3.5 加工过程中的其他原始误差

3.5.1 加工原理误差

加工原理误差是指采用了近似的加工方法进行加工而产生的加工误差。所谓近似的加工方法包括:

(1) 近似的切削刃形状 例如锥齿轮大小端基圆不等,齿形也应不同,用模数铣刀铣制锥齿轮时,加工出来的轮齿大小端齿形相同,故有加工原理误差(即使是大端齿形,铣刀刃形也只是近似的)。再如用阿基米德基本蜗杆滚刀代替渐开线基本蜗杆滚刀加工渐开线齿轮,用模数铣刀铣制斜齿轮等,都是由于采用了近似的切削刃形状而会产生加工原理误差。

(2) 近似的成形运动轨迹 在米制丝杠的车床上加工寸制螺纹、车削模数蜗杆和切制斜齿轮时,由于导程都是无理数,只能用近似传动比的交换齿轮,其成形运动轨迹都是近似导程的螺旋线,故都有加工原理误差。

采用近似的加工方法,虽带来了加工原理误差,但往往可简化加工工艺过程,简化机床或工艺装备结构,因此只要其误差不超过规定的精度要求,在实际生产中仍可得到广泛的应用。

3.5.2 测量误差

工件加工后能否达到预定的加工精度,必须用测量结果来加以鉴别,因此测量误差直接影响加工精度。测量误差对于任何测量过程都是不可避免的,正确认识测量误差的来源和性质,采取适当的措施减少测量误差的影响,是提高测量精度的根本途径。测量误差主要来源于以下几个方面。

1. 计量器具误差

计量器具误差是指计量器具本身在设计、制造和使用过程中造成的各项误差。量具、量仪在制造时不可能绝对准确,其制造误差如刻度不准确等必将直接影响测量精度。

另外一项常见的计量器具误差就是阿贝误差。即由于违背阿贝原则所产生的测量误差。阿贝原则是指测量装置的基准尺应位于被测尺寸的延长线上,否则将会产生较大的测量误差。例如用游标卡尺测量时(图3-24),工件中心线(被测尺寸)与卡尺的基准尺不在同一直线上,故不符合"阿贝原则"。当游标卡尺的活动卡爪产生倾斜角 φ 时,产生的测量误差 $\delta = s\tan\varphi \approx s\varphi$。

卡尺类计量器具往往精度很低的原因就是违背了阿贝原则。若改用千

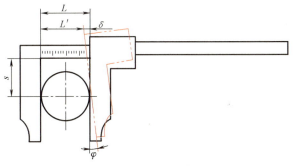

图 3-24 阿贝误差

分尺测量,这时工件中心线与基准尺在同一直线上,则符合阿贝原则。

2. 测量方法误差

由测量方法不完善所引起的测量误差称为测量方法误差。

例如加工、测量基准不统一。测量实际工件时,一般应按照基面统一原则(设计、加工、测量基面应一致),选择适当的测量基准,否则将会产生较大的测量误差。另外,测量时工件安装、定位不正确,也将引起测量误差。

3. 测量环境误差

测量时影响测量精度的环境条件因素,最主要的是温度和振动。温度引起测量误差的原因在于测量时量具和工件的热变形量不相等。如果测量时量具与工件温度不同,那么会产生测量误差,即使量具和工件温度相同(但不等于标准温度20℃),由于两者材料不同,线胀系数不等,同样会产生测量误差。如果测量时有振动,就会使工件位置变动和量具读数不稳定。

4. 测量人员误差

测量时测量力过大,将引起较大的接触变形而出现测量误差;测量力过小则不能保证量具与被测表面良好接触。另外,人的辨识能力有限,测量时产生视差等因素都会引起读数的误差而产生测量误差。

为了准确而经济地测量不同精度的尺寸,在选择量具和测量方法时应根据工具的精度要求,限制所采用量具和测量方法的极限测量误差不超过规定值。

3.5.3 工件残余应力引起的误差

残余应力也称内应力,是指在没有外力作用下或去除外力后构件内仍存留的应力。具有残余应力的零件,其应力状态极不稳定,总是有强烈的倾向要恢复到无应力的稳定状态。即使在常温下,零件也会不断、缓慢地发生这种变化,直到残余应力完全松弛为止。在这一过程中,零件将发生翘曲变形而丧失其原有的加工精度。假定零件的毛坯(或半成品)带有

残余应力,在加工时被切除一层金属,原来的平衡条件遭到了破坏,就会因残余应力的重新分布而发生变形,也因而得不到预期的加工精度,这在粗加工时表现得最为突出。

残余应力是由于金属内部相邻组织发生了不同的比体积变化而产生的,主要原因如下。

1. 工件各部分受热不均或受热后冷却速度不同,产生了局部的热塑性变形

工件受热不均匀时,各部分温升不一致,高温部分的热膨胀受到低温部分的限制而产生温差应力(高温部分有温差压应力,低温部分是拉应力),温差越大则应力也越大。材料的屈服强度是随温度升高而降低的,当高温部分的应力超过屈服强度时,产生了一定的塑性变形,这时低温部分仍处于弹性变形状态。冷却时由于高温部分已产生了压缩的塑性变形,受到低温部分的限制,故冷却后高温部分产生残余拉应力,低温部分则带有残余压应力。

工件均匀受热后如果各部分冷却速度不同,也会产生残余应力。例如图 3-25a 所示内外壁厚相差较大的铸件,浇注后 A、C 部分壁薄,冷却速度快,B 部分壁厚,冷却速度较慢,因此 A、C 部分先进入低温弹性状态,这时 B 部分还处于高温塑性状态,故 A、C 部分的冷收缩不受阻碍。当 B 部分进入低温弹性状态时,A、C 部分已基本上冷却了,故 B 部分的冷收缩受到已冷却的 A、C 部分的阻碍,结果 B 部分存在残余拉应力,A、C 部分存在残余压应力,形成相对平衡状态。

如果这时在铸件壁 C 上切开一个缺口,C 部分的压应力消失,铸件内应力就会重新分布,A 部分因残余压应力的释放而微有伸长,B 部分的残余拉应力释放而微有缩短,产生如图 3-25b 所示的弯曲变形。

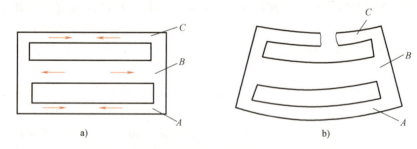

图 3-25 壁厚不同的铸件加工后残余应力引起的变形

2. 工件冷态受力较大,产生局部的塑性变形

细长的轴类零件,如光杠、丝杠、曲轴等刚性较差的零件,在加工和搬运过程中很容易弯曲,因此往往会进行冷校直工序。下面以弯曲的工件进行冷校直为例进行说明。

弯曲的工件原来没有残余应力,如图 3-26a 所示。要校直工件,必须使工件产生反向的弯曲,并使工件产生一定的塑性变形。当工件外层应力超过屈服强度时,其内层应力还未超过弹性极限,故其应力分布如图 3-26b 所示。

去除外力后,由于下部外层已产生拉伸的塑性变形,上部外层已产生压缩的塑性变形,故里层的

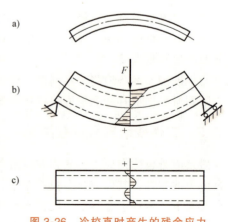

图 3-26 冷校直时产生的残余应力

弹性恢复受到阻碍，结果上部外层产生残余拉应力，上部里层产生残余压应力，下部外层产生残余压应力，下部里层产生残余拉应力，如图3-26c所示。

冷校直后虽然弯曲变形减小了，但内部组织却处于不稳定状态，经过一定时间后或再进行一次切削加工，残余应力的平衡状态被打破，残余应力要重新分布，又会产生新的弯曲变形。因此，高精度丝杠的加工不允许冷校直，而是用多次人工时效等工艺消除残余应力。

3. 金相组织转化不均匀

不同金相组织的比体积不同，例如马氏体的比体积大于托氏体、奥氏体等。淬火时，奥氏体转变为马氏体，体积膨胀，这时若金相组织转化不匀，则转变为马氏体部分的体积膨胀受阻，就会产生残余压应力（未转变部分则带有残余拉应力）。反之，回火时马氏体转变为托氏体，如金相组织转化不匀，则转变为托氏体部分的体积收缩受阻，就会产生残余拉应力，未转变部分则产生残余压应力。

以上各原因在机械制造的许多工艺过程中都有可能发生。例如锻造过程加热、冷却不匀或塑性变形不匀，会使毛坯带有残余应力；焊接时工件局部受高温，也会产生残余应力；切削加工时表面层发生强烈的局部塑性变形，同时还由于切削热的作用，表层温度变化也不一致，都会产生残余应力。磨削时切削热往往会使工件局部达到相变温度，故还可能引起金相组织转化不匀而产生残余应力。

因此在机械加工过程中，往往是毛坯进入机械加工车间时已带有残余应力。机械加工过程中，一方面切除表面一层金属，使残余应力重新分布，原有的残余应力逐步松弛而减小，另一方面又会产生新的残余应力。由于加工总是从粗到精，切削力、切削变形、切削热等是随着加工的精细而相对地减小的，只要加工过程中工艺参数合理，不进行冷校直和淬火，总的说来，残余应力总是在从粗加工到精加工的过程中逐步减小的。

要减小残余应力，一般可采取下列措施

（1）合理设计零件结构　在机器零件的结构设计中，应尽量简化零件结构，提高零件的刚度，使壁厚均匀、焊缝分布均匀等，均可减少残余应力的产生。

（2）合理安排工艺过程　例如粗精加工在不同工序中分开进行，使粗加工后有一定时间让残余应力重新分布，以减少对精加工的影响。

在加工大型工件时，粗精加工往往在一个工序中完成，这时应在粗加工后松开工件，让工件有自由变形的可能，然后再用较小的夹紧力夹紧工件后进行精加工。

再如焊接时工件先经预热以减少温差，并合理安排焊接顺序，也可减少残余应力的产生。对于精密的零件，在加工过程中不允许进行冷校直（必须进行校直时可改用热校直）。

（3）增加消除内应力的专门工序　例如对铸、锻、焊件进行退火或回火；零件淬火后进行回火；对精度要求高的零件如床身、丝杠、箱体、精密主轴等，在粗加工后进行时效处理。对一些要求极高的零件如精密丝杠、标准齿轮、精密床身等，则要在每次切削加工后都进行时效处理。

常用的时效处理方法有：

1) 高温时效。将工件以3~4h的时间均匀地加热到500~600℃，保温4~6h后，20~50℃/h的冷却速度随炉冷却到100~200℃取出，在空气中自然冷却。高温时效一般适用于毛坯或粗加工后。

2) 低温时效。将工件均匀地加热到200~300℃，保温3~6h取出，在空气中自然冷却。

低温时效一般用于半精加工后。

3）热冲击时效。将加热护预热到500~600℃，保持恒温，然后将铸件放入炉内，当铸件的薄壁部分温度升到400℃左右时，厚壁部分因热容量大而温度只升到150~200℃（由放入炉内的时间来控制）时，及时地将铸件取出，在空气中冷却。由温差引起的应力场和铸造时产生的残余应力场迭加而抵消，从而达到消除残余应力的目的。热冲击时效耗时少（一般只需几分钟），适用于具有中等应力的铸件。

4）振动时效。用激振器或振动台使工件以约50Hz的频率进行振动来消除残余应力。若以工件的固有频率激振，则效率更高。由于振动时效方便简单，没有氧化皮，因此一般用于最后精加工前的时效工序。对于某些零件，可用木锤击打的方式进行时效。对于一些小工件，还可将它们装在滚筒内，滚筒旋转时工件相互撞击，也可收到消除残余应力的效果。

3.6 加工误差的统计分析法

实际生产中，影响加工精度的因素往往是错综复杂的，由于多种原始误差同时作用，有的可以相互补偿或抵消，有的则相互迭加，不少原始误差的出现又带有一定的偶然性，往往还有很多考察不清或认识不到的误差因素，因此很难用前述因素分析法来分析计算某一工序的加工误差。

这时只能通过对生产现场内实际加工出的一批工件进行检查测量，运用数理统计的方法加以处理和分析，从中找出误差的规律，进而找出解决加工精度问题的途径并控制工艺过程的正常进行。这就是加工误差的统计分析法，它是实行全面质量管理的基础。

3.6.1 系统性误差和随机性误差

在看来相同的加工条件下依次加工出来的一批工件，其实际尺寸总不可能完全一致。成批、大量生产中的大量事实表明，在稳定的加工条件下依次加工出来的一批工件，都具有一定的波动性和规律性：工件尺寸都在一定的范围内波动，中间尺寸的工件较多，与中间尺寸相差越大的工件则越少，而且两边大致对称。要弄清引起这种波动性和规律性的原因，需进一步考察各种原始误差所引起的加工误差的出现规律。根据加工一批工件时误差的出现规律，加工误差可分为系统性误差和随机性误差。

1. 系统性误差

在依次加工一批工件时，加工误差的大小和方向基本上保持不变或误差随着加工时间按一定的规律变化的，都称为系统性误差。前者称常值系统性误差，后者称变值系统性误差。

加工原理误差，机床、刀具、夹具的制造误差、机床的受力变形等引起的加工误差均与加工时间无关，其大小和方向在一次调整中也基本不变，故都属于常值系统性误差。机床、夹具、量具等磨损引起的加工误差，在一次调整的加工中也均无明显的差异，故也属于常值系统性误差。

机床、刀具未达到热平衡时的热变形过程中所引起的加工误差，是随加工时间而有规律地变化的，故属于变值系统性误差。多工位机床回转工作台的分度误差和它的夹具安装误差引起的加工误差，将随着加工顺序而周期性地变化，故也属于变值系统性误差。

至于刀具磨损引起的加工误差，则要根据它在一次调整中的磨损量大小来判别其类型。砂轮、车刀、面铣刀、单刃镗刀等均应作为变值系统性误差处理。钻头、铰刀、齿轮加工刀具等由于磨损所引起的加工误差在一次调整中很不显著，故均可作为常值系统性误差处理。

2. 随机性误差

在依次加工一批工件时，误差出现的大小或方向做不规则变化的称为随机性误差。例如复映误差、工件的定位误差、工件残余应力引起变形所产生的加工误差、定程机构重复定位误差引起的加工误差等都属于随机性误差。随机性误差虽然是不规则地变化的，但只要统计的数量足够多，仍可找出一定的统计规律性。随机性误差有下列特点：

1）在一定的加工条件下，随机性误差的数值总是在一定范围内波动。
2）绝对值相等的正误差和负误差出现的概率相等。
3）误差绝对值越小，出现的概率越大；误差绝对值越大，则出现的概率越小。

应注意：在不同的场合下，误差的表现性质也有不同。例如，达到热平衡后的热变形所引起的加工误差一般可看作常值系统性误差，但由于热平衡是建立在单位时间内输入热量是常量、散热条件不变等条件下的，实际上输入的热量往往有波动，散热条件也非一成不变，因此即使达到热平衡，也仍有微小的波动，当加工精度要求很高时，这种微小的波动就不能忽略，其影响也带有随机性。

通过上面对误差性质的分析可知，常值系统性误差不会引起加工尺寸的波动，变值系统性误差则是按一定规律变化的。例如砂轮磨损引起的外圆加工尺寸变化应该是逐渐增大。因此，造成加工尺寸忽大忽小波动的原因，主要是存在随机性误差。

3.6.2 分布图分析法

1. 实际分布图——直方图

某一工序中加工出来的一批工件，由于存在各种误差，会引起加工尺寸的变化（称为尺寸分散），同一尺寸的工件数目称为频数，频数与这批工件总数之比称为频率。如果以工件的尺寸（或误差）为横坐标，以频数或频率为纵坐标，就可做出该工序工件加工尺寸（或误差）的实际分布图——直方图，如图3-27所示。

直方图能直观地反映出该工序加工尺寸（或误差）的分布情况。可在直方图上标出该工序的加工公差带位置，据以初步分析该工序的加工精度情况。

2. 理论分布图——正态分布曲线

大量的试验、统计和理论分析表明，当一批工件总数极多，加工中的误差是由许多相互独立的随机因素引起的，而且这些误差因素中又没有任何优势的倾向时，那么其分布是服从正态分布的。这时的分布曲线称为正态分布曲线（即高斯曲线）。正态分布曲线如图3-28所示。其概率密度的函数表达式是

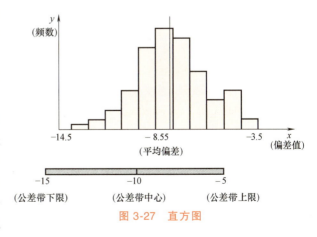

图 3-27 直方图

$$g(x)=\frac{1}{\sigma\sqrt{2\pi}}e^{-\frac{1}{2}\left(\frac{x-\mu}{\sigma}\right)^2}$$

式中 $g(x)$——分布的概率密度；

μ——总体的平均值（分散中心），$\mu=\sum_{i=1}^{\infty}x_i p_i$；

σ——总体的标准偏差，$\sigma=\sqrt{\sum_{i=1}^{\infty}(x_i-\mu)^2 p_i}$；

p_i——x_i 的概率。

平均值 $\mu=0$、标准偏差 $\sigma=1$ 的正态分布称为标准正态分布。任何不同 μ 和 σ 的正态分布曲线都可以通过令 $z=\dfrac{x-\mu}{\sigma}$ 进行变换而变成标准正态分布曲线

$$g(z)=\sigma g(x)=\frac{1}{\sqrt{2\pi}}e^{-\frac{z^2}{2}}$$

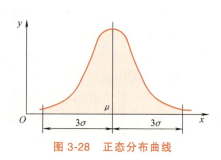

图 3-28 正态分布曲线

正态分布曲线呈扣钟形，以平均值 μ 为对称中心线。如果改变参数 μ（σ 保持不变），则曲线沿 x 轴平移而不改变其形状（图 3-29a）。μ 的变化主要是常值系统性误差引起的。如果 μ 值保持不变，则当 σ 值减小时曲线形状陡峭，σ 值增大时曲线形状平坦（图 3-29b）。σ 值是由随机性误差决定的，随机性误差越大则 σ 也越大。

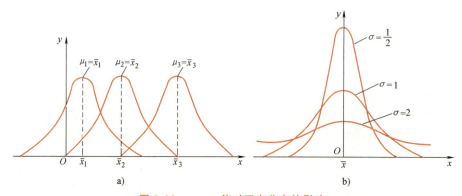

图 3-29 μ、σ 值对正态分布的影响

正态分布曲线在 $x=\mu\pm\sigma$ 处的两点是拐点，这两点之间的曲线向上凸，这两点以外的曲线则下凹。曲线 $x=\mu\pm 3\sigma$ 处，$g(\mu\pm 3\sigma)=\dfrac{0.0044}{\sigma}\approx\dfrac{1}{90}g(\mu)$，故一般取 $\pm 3\sigma$ 作为正态分布的尺寸分散范围。

由于工件的加工是没有穷尽的，故总体分布的数字特征 μ 和 σ 都无法得出，只能通过它的样本平均值和样本标准偏差 S 来估计。概率论可以证明：样本平均值 $\bar{x}$ 的数学期望就等于 μ，因此把 $\bar{x}$ 作为 μ 的无偏估计值。但是样本方差 S^2 的数学期望却不等于总体的方差 σ^2 而等于 $\dfrac{n-1}{n}\sigma^2$，因此又定义了一个 σ 的无偏估计值 σ_{n-1}，使 σ_{n-1}^2 的数学期望恰好等于 σ^2，

于是

$$\sigma_{n-1} = \sqrt{\frac{n}{n-1}} S = \sqrt{\frac{1}{n-1}\sum_{i=1}^{n}(x_i - \bar{x})^2}$$

样本用分组统计时

$$\sigma_{n-1} = \sqrt{\frac{n}{n-1}} S = \sqrt{\frac{1}{n-1}\sum_{j=1}^{k}(x_{zj} - \bar{x})^2 n_j}$$

式中　x_{zj}——第 j 组的组平均值；
　　　n_j——第 j 组的频数；
　　　k——样本分组数。

3. 分布图分析法的应用

(1) 判别加工误差的性质　如前所述，假使加工过程中没有变值系统性误差，那么其尺寸分布应服从正态分布，这是判别加工误差性质的基本方法。

如果实际分布与正态分布基本相符，说明加工过程中没有变值系统性误差（或影响很小），这时就可进一步根据 $\bar{x}$ 是否与公差带中心重合来判断是否存在常值系统性误差（$\bar{x}$ 与公差带中心 A_M 不重合就说明存在常值系统性误差）。若实际分布与正态分布有较大出入，则可根据直方图初步判断变值系统性误差是什么类型。至于常值系统性误差，则可根据尺寸分散范围与公差带位置的关系进行判别。

(2) 判断该工序的工艺能力能否满足加工精度要求　所谓工艺能力是指处于控制状态的加工工艺所能加工出产品质量的实际能力。由于加工时误差超出分散范围的概率极小，可以认为不会发生，因此可以用该工序的尺寸分散范围来表示其工艺能力。因为大多数加工工艺的分布都接近于正态分布，正态分布的尺寸分散范围是 6σ，故一般都取工艺能力为 6σ。

要判断工艺能力能否满足加工精度要求，只要把工件规定的加工公差 T 与工艺能力 6σ 做比较。T 与 6σ 的比值称为工艺能力系数 C_P。

$$C_P = \frac{T}{6\sigma} \quad (\text{实际计算时用 } \sigma_{n-1} \text{ 代替 } \sigma)$$

如果 $C_P \geq 1$，可以认为该工序具有不出不合格品的必要条件。如果 $C_P < 1$，那么产生不合格品是不可避免的。根据工艺能力系数 C_P 的大小，可将工艺等级分为 5 级，见表 3-1。

表 3-1　工艺等级

工艺能力系数值	工艺等级	说　明
$C_P > 1.67$	特级工艺	工艺能力很高，允许有异常波动或做相应考虑
$1.67 > C_P > 1.33$	一级工艺	工艺能力足够，可以有一定的异常波动
$1.33 > C_P > 1.00$	二级工艺	工艺能力勉强，必须密切注意
$1.00 > C_P > 0.67$	三级工艺	工艺能力不足，可能产生少量不合格品
$0.67 \geq C_P$	四级工艺	工艺能力很差，必须加以改进

$C_P > 1$，只说明该工序工艺能力足够，至于加工中是否会出废品，还要看调整得是否正确。如果加工中有常值系统性误差，μ 就与公差带中心的位置不重合，那么只有当 $C_P > 1 + \frac{|\mu - A_M|}{3\sigma}$ 时才会出不合格品。例如图 3-30 中，μ 与 A_M 均不重合，但 $C_P < 1 + \frac{|\mu - A_M|}{3\sigma}$，故都会

出不合格品。这时应重新调整，设法消除常值系统性误差或增加一个常值系统性误差来抵消原有的常值系统性误差，使 μ 与 A_M 接近重合来防止出不合格品。

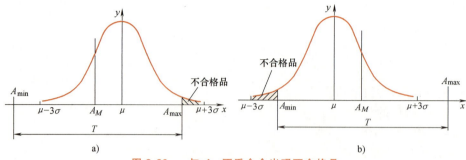

图 3-30　μ 与 A_M 不重合会出现不合格品

a) $\mu > A_M$，$A_{max} < \mu + 3\sigma$　b) $\mu < A_M$，$A_{min} > \mu - 3\sigma$

如果 $C_P < 1$，那么不论怎样调整，不合格品总是不可避免的。说明采用这一加工工艺无法保证加工精度，因此必须找出产生误差的原因并予以解决。在未解决前又必须继续生产时，也可用常值系统性误差来调节，一般可采取下列方法之一：

1) 使 μ 与 A_M 重合，这样可使不合格品率最小。

2) 使 μ 偏向一边（外圆加工时 $\mu > A_M$，孔加工时 $\mu < A_M$），并使 $|\mu - A_M| + \dfrac{T}{2} = 3\sigma$，这样的调整可不出不可修复的废品。但由于这种调整方法将使返修率增加很多，经济上并不合算，故一般很少采用。

3) 估计不合格品率 Q。尺寸在 $x_1 \sim x_2$ 范围内的工件概率，就是在尺寸 $x_1 \sim x_2$ 区间内分布曲线与横坐标间所包含的面积（图 3-31）。当尺寸分布符合正态分布时

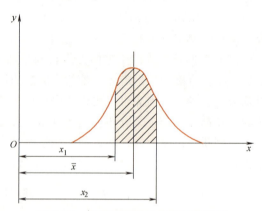

图 3-31　利用正态分布曲线计算概率

$$P\{x_1 < \xi < x_2\} = Q_1 + Q_2 = \int_{x_1}^{x_2} \dfrac{1}{\sigma\sqrt{2\pi}} e^{-\frac{1}{2}\left(\frac{x-\mu}{\sigma}\right)^2} dx$$

为便于计算，可令 $z = \dfrac{|x-\mu|}{\sigma}$ 进行变换，并取积分区间 $0 \sim z$，则得

$$P\{z_1 < \xi < z_2\} = P\{z_1 < \xi < 0\} + P\{0 < \xi < z_2\}$$

$$= \int_0^{z_1} \dfrac{1}{\sqrt{2\pi}} e^{-\frac{z^2}{2}} dx + \int_0^{z_2} \dfrac{1}{\sqrt{2\pi}} e^{-\frac{z^2}{2}} dx$$

$$= G(z_1) + G(z_2)$$

各个不同 z 值的 $G(z)$ 值可直接查表 3-2。

从表 3-2 中可看出，当 $z = \dfrac{|x-\mu|}{\sigma} = 3$ 时，$G(z) = 0.49865$，$z > 3$ 的概率仅为 0.135%，即尺寸在 $\mu \pm 3\sigma$ 以外的工件概率仅 0.27%。根据概率论"小概率事件实际上不可能发生"的

原理，故一般都将 6σ 作为其尺寸分散范围。

若加工中尺寸分散范围超出了规定的极限尺寸，则会出现废品。只要算出超过极限尺寸部分的工件概率，就是废品率。

表 3-2 正态分布曲线下的面积函数 $\left[G(z) = \dfrac{1}{\sqrt{2\pi}} \int_0^z e^{-\frac{z^2}{2}} dz \text{ 数值表} \right]$

$z=\dfrac{\|x-\mu\|}{\sigma}$	$G(z)$	$z=\dfrac{\|x-\mu\|}{\sigma}$	$G(z)$	$z=\dfrac{\|x-\mu\|}{\sigma}$	$G(z)$	$z=\dfrac{\|x-\mu\|}{\sigma}$	$G(z)$	$z=\dfrac{\|x-\mu\|}{\sigma}$	$G(z)$
0.00	0.0000	0.24	0.0948	0.48	0.1844	0.94	0.3264	2.10	0.4821
0.01	0.0040	0.25	0.0987	0.49	0.1879	0.96	0.3315	2.20	0.4861
0.02	0.0080	0.26	0.1023	0.50	0.1915	0.98	0.3365	2.30	0.4893
0.03	0.0120	0.27	0.1064	0.52	0.1985	1.00	0.3413	2.40	0.4918
0.04	0.0160	0.28	0.1103	0.54	0.2054	1.05	0.3531	2.50	0.4938
0.05	0.0199	0.29	0.1141	0.56	0.2123	1.10	0.3643	2.60	0.4953
0.06	0.0239	0.30	0.1179	0.58	0.2190	1.15	0.3749	2.70	0.4965
0.07	0.0279	0.31	0.1217	0.60	0.2257	1.20	0.3849	2.80	0.4974
0.08	0.0319	0.32	0.1255	0.62	0.2324	1.25	0.3944	2.90	0.4981
0.09	0.0359	0.33	0.1293	0.64	0.2389	1.30	0.4032	3.00	0.49865
0.10	0.0398	0.34	0.1331	0.66	0.2454	1.35	0.4115	3.20	0.49931
0.11	0.0438	0.35	0.1368	0.68	0.2517	1.40	0.4192	3.40	0.49966
0.12	0.0478	0.36	0.1406	0.70	0.2580	1.45	0.4265	3.60	0.499841
0.13	0.0517	0.37	0.1443	0.72	0.2642	1.50	0.4332	3.80	0.499928
0.14	0.0557	0.38	0.1480	0.74	0.2703	1.55	0.4394	4.00	0.499968
0.15	0.0596	0.39	0.1517	0.76	0.2764	1.60	0.4452	4.50	0.499997
0.16	0.0636	0.40	0.1554	0.78	0.2823	1.65	0.4495	5.00	0.49999997
0.17	0.0675	0.41	0.1591	0.80	0.2881	1.70	0.4554		
0.18	0.0714	0.42	0.1628	0.82	0.2939	1.75	0.4599		
0.19	0.0753	0.43	0.1664	0.84	0.2995	1.80	0.4641		
0.20	0.0793	0.44	0.1700	0.86	0.3051	1.85	0.4678		
0.21	0.0832	0.45	0.1736	0.88	0.3106	1.90	0.4713		
0.22	0.0871	0.46	0.1772	0.90	0.3159	1.95	0.4744		
0.23	0.0910	0.47	0.1808	0.92	0.3212	2.00	0.4772		

例 在磨床上加工销轴，要求外径 $d = \phi 12_{-0.043}^{-0.016}$ mm，抽样后测得 $\bar{x} = 11.974$ mm，$\sigma_{n-1} = 0.005$ mm，其尺寸分布符合正态分布，试分析该工序的加工质量。

解 该工序尺寸的分布如图 3-32 所示

$$C_P = \dfrac{T}{6\sigma_{n-1}} = \dfrac{0.027}{6 \times 0.005} = 0.9 < 1$$

工艺能力系数 $C_P < 1$，说明该工序工艺能力不足，因此产生废品是不可避免的。

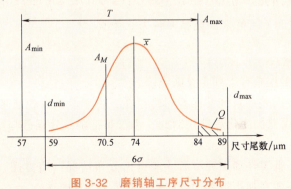

图 3-32 磨销轴工序尺寸分布

工件最小尺寸 $d_{\min} = \bar{x} - 3\sigma_{n-1} = 11.959\text{mm} > A_{\min} = 11.957\text{mm}$，故不会产生不可修复的废品。

工件最大尺寸 $d_{\max} = \bar{x} + 3\sigma_{n-1} = 11.989\text{mm} > A_{\max} = 11.984\text{mm}$，故会产生可修复的废品。

废品率 $Q = 0.5 - G(z)$

$$z = \frac{|x - \mu|}{\sigma} = \frac{|x - \bar{x}|}{\sigma_{n-1}} = \frac{|11.984 - 11.974|}{0.005} = 2$$

查表 3-2，$z = 2$ 时 $G(z) = 0.4772$

$Q = 0.5 - G(z) = 0.5 - 0.4772 = 0.0228 = 2.28\%$

如果重新调整机床使分散中心与 A_M 重合，即 $\bar{x} = A_M = 11.9705$（图 3-33），这时

$$d_{\max} > A_{\max}, d_{\min} < A_{\min}$$

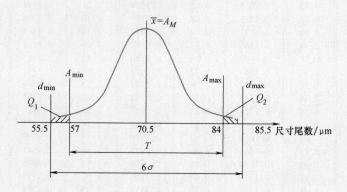

图 3-33　A_M 与 $\bar{x}$ 重合时的废品率

两边都会出现废品，因为 $\bar{x}$ 与 A_M 重合，故两边的废品率相等。

$$Q_1 = Q_2 = 0.5 - G(z)$$

$$z = \frac{|11.984 - 11.9705|}{0.005} = 2.7$$

$$G(2.7) = 0.4965$$

$Q_1 = Q_2 = 0.5 - 0.4965 = 0.0035 = 0.35\%$，$Q = Q_1 + Q_2 = 0.007 = 0.7\%$，总的废品率为 0.7%，其中可修复和不可修复的废品率各为 0.35%。

4. 分布图分析法的缺点

用分布图分析加工误差有下列主要缺点：

1）加工中随机性误差和系统性误差同时存在，由于分析时没有考虑到工件加工的先后顺序，故不能反映出误差的变化趋势。因此，也很难把随机性误差与变值系统性误差清楚地区分开来。

2）由于必须等一批工件加工完毕后才能得出分布情况（直方图、平均值、标准偏差和分散范围等），因此不能在加工过程中及时提供控制精度的资料。

习题与思考题

3-1 车床床身导轨在垂直面内及水平面内的直线度误差对车削圆轴类零件的加工误差有什么影响？影响程度各有何不同？

3-2 机械加工过程中刀具尺寸磨损带来的误差属于什么误差？应如何减少其影响？

3-3 若主轴轴承外圈滚道有形状误差，则对哪一类机床的加工精度影响较大？为什么？

3-4 机床的几何误差指的是什么？以车床为例说明机床几何误差对零件的加工精度会产生怎样的影响。

3-5 在车床上用两顶尖装夹并车削细长轴时，会产生如图 3-34 所示的三种误差，试分析每种误差的产生原因和消除办法。

3-6 在对图 3-35 所示工件进行横磨加工时，设横向磨削力为 $F_y = 100\text{N}$，主轴箱刚度 $k_{tj} = 5000\text{N/mm}$，尾座刚度 $k_{wz} = 4000\text{N/mm}$，求加工后的工件锥度。

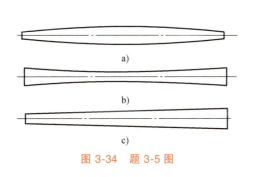

图 3-34 题 3-5 图

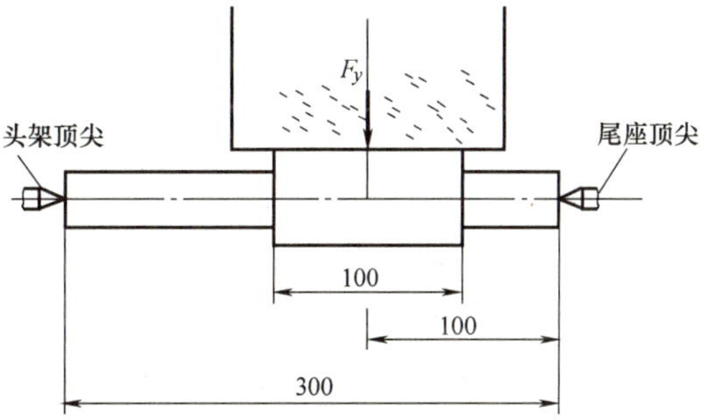

图 3-35 题 3-6 图

3-7 如图 3-36 所示，在车床上加工心轴，粗、精车外圆 A 及台肩面 B，检测发现 A 有圆柱度误差，B 对 A 有垂直度误差，试从机床几何误差的影响角度分析产生以上误差的主要原因。

3-8 在车床上加工丝杠，工件总长为 2650mm，螺纹部分总长为 2000mm，工件材料和丝杠材料均为 45 钢，加工时为标准环境室温 20℃，加工后工件温度升至 32℃。不考虑湿度、气压等其他条件的影响，试求工件全长上由于热变形引起的螺距积累误差。

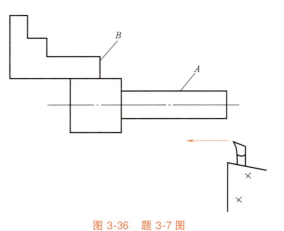

图 3-36 题 3-7 图

3-9 机械加工中误差统计分析常用的方法有哪些？各有何特点？

第 4 章

机械加工表面质量

4.1 概述

4.1.1 表面质量的含义

机器零件的加工质量,除加工精度外,表面质量也是极其重要的一个方面。所谓加工表面质量,是指机器零件在加工后的表面层状态。

一台机器在正常的使用过程中,由于其零件的工作性能逐渐变坏,以致不能继续使用,有时甚至会突然损坏。其原因除少数是因为设计不周而强度不够,或偶然性事故引起了超负荷以外,大多数是由于磨损、受外界介质的腐蚀或疲劳破坏。磨损、腐蚀和疲劳破坏都是发生在零件的表面,或是从零件表面开始的。因此,加工表面质量将直接影响到零件的工作性能,尤其是它的可靠性和寿命。

随着工业技术的飞速发展,机器的使用要求越来越高,一些重要零件必须在高应力、高速、高温等条件下工作,表面层的任何缺陷,不仅直接影响零件的工作性能,还可能引起应力集中、应力腐蚀等现象,将进一步加速零件的失效,因而表面质量问题越来越受到各方面的重视。

任何机械加工所得的表面,总是存在一定的几何形状偏差。表面层材料在加工时受切削力、切削热等的影响,也会使原有的物理机械性能发生变化。因此,加工表面质量应包括:

1. 表面的几何形状

如图 4-1 所示,加工后的表面几何形状,总是以"峰""谷"交替出现的形式偏离其理想的光滑表面。其偏差又有宏观、微观之分,一般以波距(峰与峰或谷与谷间的距离)L 和波高(峰、谷间的高度)H 的比值来加以区分。L/H 大于 1000 时属于宏观几何形状偏差,加工精度的指标之一"几何形状误差"就仅指宏观几何偏差而言;L/H 小于 40 属于微观几何形状偏差,称为表面粗糙度;$L/H=40\sim1000$ 则称为波纹度。表面粗糙度和波纹度都属于加工表面质量范畴。

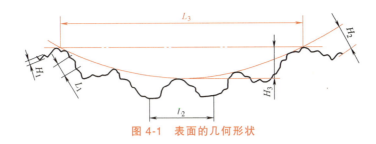

图 4-1 表面的几何形状

2. 表面层的物理机械性能变化

主要有以下三个方面的内容:

(1) 表面层的冷作硬化　工件在机械加工过程中,表面层金属产生强烈的塑性变形,使表层的强度和硬度都有提高,这种现象称表面冷作硬化。表面冷硬通常以冷硬层深度 h 和硬化程度 N 来衡量

$$N = \frac{H}{H_0} \times 100\%$$

式中　H——加工后表面层的显微硬度;
　　　H_0——材料原来的显微硬度。

(2) 表面层残余应力　切削(磨削)加工过程中由于切削变形和切削热等的影响,工件表层及其与基体材料的交界处会产生相互平衡的弹性应力,称为表面层的残余应力。表面层残余应力如超过材料的强度极限,就会产生表面裂纹,表面的微观裂纹将给零件带来严重的隐患。

(3) 表面层金相组织的变化　磨削时的高温,常会引起表层金属的金相组织发生变化(通常称为磨削烧伤),大大降低了表面层的物理机械性能。这是控制磨削表面质量的一个重要问题。

4.1.2 表面质量对零件使用性能的影响

表面质量对零件使用性能如耐磨性、配合的质量、疲劳强度、抗腐蚀性、接触刚度等都有一定程度的影响。

1. 表面质量对零件耐磨性的影响

零件的耐磨性主要与摩擦副的材料、热处理情况和润滑条件有关。在这些条件已确定的情况下,零件的表面质量就起着决定性的作用。

零件的磨损过程通常分为三个阶段。摩擦副开始工作时,磨损比较明显,称为初期磨损阶段(也称为磨合阶段);磨合后的摩擦副磨损就很不明显了,进入正常磨损阶段;最后,磨损又突然加剧,导致零件不能继续正常工作,称为急剧磨损阶段。

摩擦副表面的初期磨损量与表面粗糙度有很大关系。图 4-2 所示为表面粗糙度对初期磨损量影响的试验曲线。从图中可以看出,在一定条件下,摩擦副表面

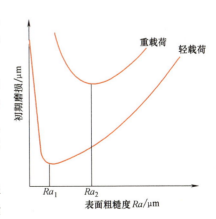

图 4-2 初期磨损量与表面粗糙度的关系

有一个最佳表面粗糙度,过大或过小的表面粗糙度都会使初期磨损量增大。如果摩擦副的原始表面粗糙度太大,开始时两表面仅仅是若干凸峰相接触,实际接触面积远小于名义接触面积,接触部分的实际压强很大,破坏了润滑油膜,接触的凸峰处形成局部干摩擦,因此接触部分金属的挤裂、破碎、切断等作用都较强,磨损也就较大。随着磨合过程的进行,表面粗糙度逐渐减小,实际接触面积增大,磨损也随之逐步减少,当表面粗糙度接近最佳表面粗糙度时,就进入正常磨损阶段。

如果摩擦副表面原始表面粗糙度过小,紧密接触的两表面间的润滑油被挤去,润滑条件恶化,两表面金属分子间产生较大的亲和力,使表面容易咬焊,因此初期磨损量也较大。随着跑合过程的进行,表面粗糙度逐渐增大而接近最佳粗糙度,磨损也随之逐渐减少而最后进入正常磨损阶段。为减少初期磨损,摩擦表面的加工要求应尽量接近最佳表面粗糙度。最佳表面粗糙度视不同材料和工作条件而异,一般情况下是:$Ra = 0.4 \sim 1.0 \mu m$。

上面所述磨损情况,是指半液体润滑或干摩擦的情况。对于完全液体润滑,要求摩擦副表面粗糙度不刺破油膜,使金属表面完全不接触。表面粗糙度越小,允许的油膜厚度越薄,承载能力就越大。从这意义上讲,则表面粗糙度越小越有利。

表面粗糙度的纹理方向对零件耐磨性也有影响。轻载时,纹理方向与相对运动方向一致时磨损最少;重载时,磨损最少的是两表面纹理相垂直的方向,运动方向平行于下表面的纹理方向时,因为两表面粗糙度纹理方向均与相对运动方向一致时容易发生咬焊,故磨损反而最大。

表面层的物理机械性能对耐磨性也有影响。表面冷硬一般能提高耐磨性,这是因为冷作硬化提高了表层强度,减少了表面进一步塑性变形和表层金属咬焊的可能。但过度的冷硬会使金属组织过度疏松,甚至出现疲劳裂纹和产生剥落现象,反而降低耐磨性。

淬硬表面的耐磨性显然比不淬硬的要好,淬硬工件在磨削时产生的表面烧伤将大大降低表面的显微硬度,因而也显著地降低了零件的耐磨性。

2. 表面质量对配合精度的影响

对于间隙配合表面。如果表面粗糙度太大,初期磨损就较严重,从而配合间隙增大,降低了配合精度(降低间隙配合的稳定性,增加了对中性误差,引起间隙密封部分的泄漏等)。对于过盈配合表面,装配时表面粗糙度的部分凸峰会被挤平,使实际配合过盈减少,降低了过盈配合表面的接合强度。

3. 表面质量对零件疲劳强度的影响

在交变载荷作用下,零件上的应力集中区最容易产生和发展成疲劳裂纹,导致疲劳损坏。由于表面粗糙度的谷部在交变载荷作用下容易形成应力集中,因此粗糙度对零件疲劳强度有较大的影响。表面粗糙度大(特别是在零件上应力集中区的表面粗糙度大)将大大降低零件的疲劳强度。对于不同的材料,表面粗糙度对疲劳强度的影响程度也不同,这是因为不同的材料对应力集中的敏感程度不同。材料的晶粒越细小,质地越致密,则对应力集中也越敏感,表面粗糙度对疲劳强度的影响程度也越严重。因此强度越高的钢材,表面粗糙度越大则疲劳强度也降低得越厉害。

表面残余应力对疲劳强度的影响极大,一般疲劳损坏是由拉应力产生的疲劳裂纹引起的,并且是从表面开始的。因此,表面如带有残余压应力,将抵消一部分交变载荷引起的拉应力,从而提高了零件的疲劳强度。反之,表面残余拉应力则导致疲劳强度的显著下降。

表面冷硬对疲劳强度也有影响。适当的冷硬使表面层金属强化，可减小交变载荷引起的交变变形幅值，阻止疲劳裂纹的扩展，从而提高零件的疲劳强度；但冷硬过度因而出现了疲劳裂纹，就将大大降低疲劳强度。

淬火零件在磨削时产生烧伤，将降低疲劳强度。磨削后如出现裂纹，其影响将更为显著。

4. 表面质量对零件耐蚀性的影响

零件在潮湿的空气中或在腐蚀性介质中工作时，会发生化学腐蚀或电化学腐蚀。由于粗糙表面的凹谷处容易积聚腐蚀介质而发生化学腐蚀，或在表面粗糙度的凸峰间容易产生电化学作用而引起电化学腐蚀，因此减小表面粗糙度就可提高零件的耐蚀性。

零件在应力状态下工作时，会产生应力腐蚀，加速了腐蚀作用。若表面存在裂纹，则更增加了应力腐蚀的敏感性。因此，表面残余应力一般都会降低零件的耐蚀性。表面冷硬或金相组织变化时，往往都会引起表面残余应力，因而都会降低零件的耐蚀性。

5. 表面质量对接触刚度的影响

表面粗糙度对零件的接触刚度有很大的影响，表面粗糙度越小则接触刚度越高。故减小表面粗糙度是提高接触刚度的一个最有效的措施。

4.2 表面粗糙度

4.2.1 切削加工表面粗糙度

切削加工时，产生表面粗糙度的原因可归结为三个方面，即刀具在工件表面留下的残留面积、切削过程的物理方面原因及切削刃与工件相对位置的微幅变动。

1. 切削过程中切削刃在工件表面留下的残留面积

切削加工中由于切削刃形状和进给运动的影响，在被加工表面上不可避免地要留下未切去的残留面积，如图4-3所示。该残留面积中峰谷间的高度差H越大，所获得的表面将越粗糙。当进给量f，刀尖圆弧半径r_ε及刀具的主、副偏角κ_r和κ_r'给定后，高度差H理论上是可以通过计算求得的。

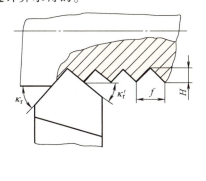
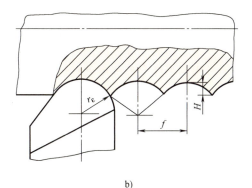

a)

b)

图4-3 车外圆时的残留面积

a) 尖刀车削 b) 圆头刀车削

尖刀切削时（图4-3a）　　　$H = \dfrac{f}{\cot\kappa_r + \cot\kappa_r'}$

圆头刀切削时（图4-3b）　　　$H \approx \dfrac{f^2}{8r_\varepsilon}$

可以看出：减小进给量 f，减小刀具主、副偏角 κ_r 和 κ_r'，增大刀尖圆弧半径 r_ε 就可减小残留面积高度。当刀具上带有 $\kappa_r' = 0°$ 的修光刃、且进给量小于修光刃宽度时，则理论上可不产生残留面积。

2. 切削过程的物理方面原因

切削加工后表面粗糙度的实际轮廓形状，一般与由残留面积形成的理想轮廓有很大的差别（Rz 总是大于 H），只有当高速切削塑性材料时，Rz 与 H 才比较接近。例如在金刚镗床上精细镗孔由于切削深度和进给量较小，切削速度较高，表面粗糙度主要是几何因素所构成，故轮廓形状较规则。而在铰孔时形成的微观轮廓形状就很不规则，说明其表面粗糙度主要是塑性变形等物理方面原因的影响。

切削过程中影响表面粗糙度的物理方面原因，主要表现为：

1) 用低切削速度切削塑性材料时，容易出现积屑瘤和鳞刺，使加工表面出现不规则沟槽或鳞片状毛刺，严重恶化了表面粗糙度。这往往成为加工韧性材料如低碳钢、不锈钢、高温合金及铝合金等时的主要问题。

2) 刀具与工件表面的挤压摩擦（刀具过渡圆弧近刀尖处的切削厚度很小，如进给量小于一定限度，这部分金属未能切除而与切削刃产生的挤压摩擦；工件已加工表面弹性恢复后与刀具后面的挤压摩擦；副切削刃对残留面积的挤压等）使加工表面产生塑性变形，扭歪了残留面积，使表面粗糙度增大。

3) 切削脆性材料产生崩碎切屑时，崩碎裂纹深入已加工表面之下而增大了表面粗糙度。

上述物理方面的原因与工件材料性质及切削原理密切有关，其影响的工艺因素主要是：

(1) 工件材料的性质　一般地说，塑性材料的韧性越大则加工表面越粗糙。对于同样材料，在相同的切削条件下，晶粒组织越粗大则加工后表面粗糙度也越差。因此，被加工材料经调质或正火后，韧性降低，晶粒组织均匀，粒度较细，加工时就可显著地减小表面粗糙度。

(2) 切削用量　切削速度 v_c 对物理原因引起的表面粗糙度影响最大。首先，积屑瘤和鳞刺都是在一定的切削速度范围内产生的，这个范围之外就可抑制其产生。其次，切削速度越高，切削过程的塑性变形程度就越轻，因此高速切削时被加工材料性质对表面粗糙度的影响也就越小。

减小进给量 f 固然可降低残留面积高度而提高表面粗糙度，但随着 f 的减小，切削过程的塑性变形程度却逐渐增加，当 f 小到一定程度（一般为 $0.02 \sim 0.05\text{mm/r}$），塑性变形的影响上升到主导地位，再进一步减小 f 不仅不能使表面粗糙度减小，相反还有增大的趋势。同时，过小的 f 还会因刃口钝圆圆弧无法切下切屑而引起附加的塑性变性而影响表面粗糙度。过小的切削深度也有同样的影响。

(3) 刀具材料和几何参数　刀具材料与被加工材料金属分子的亲和力大时，切削过程中容易生成积屑瘤。在其他条件相同的情况下，用硬质合金刀具加工时，其表面粗糙度比用高速工具钢刀具时为小，用金刚石车刀加工可获得更光洁的表面。

刀具几何参数方面，增大前角可减少切削过程的塑性变形，有利于抑制积屑瘤和鳞刺的产生，故在中、低速切削时对表面粗糙度有一定的影响。此外，过小的后角会增加后面与已加工表面的摩擦，刃倾角的大小会影响刀具的实际前角，因此都会对表面粗糙度产生影响。刀具经仔细刃磨，减小其刃口钝圆半径，降低前、后面的表面粗糙度，能有效地减少切削过程的塑性变形，抑制积屑瘤和鳞刺的产生，因而也对减小表面粗糙度有不容忽视的作用。

（4）切削液　合理选择切削液，提高切削液的冷却作用和润滑作用，能减小切削过程的界面摩擦，降低切削区温度，从而减少了切削过程的塑性变形，并抑制鳞刺和积屑瘤的生长，因此对降低表面粗糙度有着显著的作用。

3. 切削刃与工件相对位置的微幅变动

机床主轴回转轴线的误差运动及工艺系统的振动都会引起切削刃与工件相对位置发生微幅变动，使加工表面产生微观的几何形状误差。

要降低切削加工表面粗糙度，首先应判别影响表面粗糙度的主要原因是几何因素还是物理因素，然后才能采取有效的措施。下面是一般情况下降低表面粗糙度的基本途径。

如果已加工表面的走刀痕迹比较清楚，这说明影响粗糙度的主要是几何因素，那么要进一步降低表面粗糙度，就应该考虑减小残留面积高度。减小残留面积高度的方法，首先是改变刀具的几何参数：增大刀尖圆弧半径 r_ε 和减小副偏角 κ_r'，（精加工时，主切削刃一般不参与残留面积的组成，因此 κ_r 对表面粗糙度没有直接的影响）。采用带有 $\kappa_r'=0°$ 的修光刃的刀具或宽刃精刨刀、精车刀也是生产中降低加工表面粗糙度所常用的方法。不论是增大 r_ε、减小 κ_r'，或用宽刃刀，都要注意避免发生振动。减小进给量 f 虽能有效地减小残留面积高度，但会降低生产率，故只有在改变刀具几何参数后会引起振动或其他不良影响时，才予以考虑。

如果已加工表面出现鳞刺或切削方向有积屑瘤引起的沟槽，那么降低表面粗糙度应从清除鳞刺和积屑瘤着手，可根据具体情况，采取以下措施：

1）改用更低或较高的切削速度，并配合较小的进给量，可有效地抑制鳞刺和积屑瘤的生长。

2）在中、低速切削时加大前角对抑制鳞刺和积屑瘤有良好的效果。适当增大一些后角，对减少鳞刺也有一定的效果。

3）改用润滑性能良好的切削液如动、植物油，极压乳化液或极压切削油等。

4）必要时可对工件材料先进行正火、调质等热处理以提高硬度，降低塑性和韧性。

4.2.2　磨削表面粗糙度

磨削表面粗糙度的产生原因，同样也由工件余量未被磨粒完全切除而留下的残留面积、塑性变形等物理因素及因振动引起的砂轮与工件相对位置微幅变动三个方面构成。但磨削过程有与一般切削加工不同的特点，故表面粗糙度的形成也有其特殊的规律。

如图 4-4 所示，由于磨粒形状和在砂轮表面分布的不规则，因此切削刃的形状和分布都带有随机性。磨削过程中由于磨粒的磨损、破碎、脱落和新磨粒的露出，切削刃还不断地发生变化。再加上磨粒上的切削刃具有较大的负前角和较大的刃口钝圆半径，因此磨削时 F_y/F_z 值远大于一般切削加工，引起工件与切削刃间的弹性变形也较大，加工表面要经多次磨削才能最后形成。这样，就无法确切计算其残留面积高度，只能做定性的估计。一般说来，被加工表面上刻痕数越多、越浅，则表面粗糙度就越小。

磨粒的磨削过程大致经历滑擦、耕犁和切削三个阶段。由于磨粒分布的随机性，有些磨粒上述三个阶段逐渐发生，有的磨粒上述三个阶段连续发生，有的只发生滑擦和耕犁，有的只起滑擦作用。因此，磨削过程中塑性变形对表面粗糙度的影响要比切削加工时大。例如耕犁所形成的沟槽两

图 4-4 磨粒的磨削过程

侧隆起，就增大了表面粗糙度。同时，磨削时单位面积切削力大，磨削速度高，磨削区的高温使工件表层金属微熔，更增加了塑性变形，而且还有可能被滑擦挤压而涂抹在已加工表面上，使表面粗糙度进一步下降。

影响磨削表面粗糙度的因素主要有：

(1) 磨削用量 砂轮圆周速度 v_s 大则单位时间内参与切削的磨粒刃口多，每个刃口的平均切削厚度减小，残留面积就小。而且高速磨削时工件材料塑性变形不充分，塑性变形程度也小，因此有利于降低表面粗糙度。

工件线速度 v_w 低则每个刃口的平均切削厚度减小。纵向进给量 f_a 小则加工表面单位面积上磨粒刃口的刻痕增加，因此都有利于降低表面粗糙度。当 v_w 降低而纵向进给速度 v_{ft} 不变时，f_a 会随 v_w 的降低而增大，这时表面粗糙度将受到两个因素变化的影响——v_w 降低则表面粗糙度减小，f_a 增大又使表面粗糙度增大。一般情况下，v_w 的影响大于 f_a，故 v_w 降低而 v_{ft} 不变时，表面粗糙度仍有所降低。必须注意：v_w 低时工件与砂轮接触时间长，传到工件去的磨削热量增多，会增加工件表面金属的微熔而使表面粗糙，同时还会增加表面烧伤的可能性。

磨削深度（即径向进给量）a_e 大则塑性变形程度增加，故表面粗糙度也增大。为降低表面粗糙度又不过于降低磨削效率，最简便有效的措施是在磨削将结束时进行无进给磨削。这时径向不进给（名义上 $a_e=0$），靠工艺系统弹性恢复获得的微量切削深度进行磨削。无进给磨削一般 1~2 次（双行程）即可，高光洁度磨削时应适当增加无进给磨削次数。

(2) 砂轮 砂轮粒度越细，则砂轮单位面积上的磨粒数越多，磨削时工件上的刻痕越细、表面粗糙度就越小。但粒度过细容易堵塞砂轮而使工件表面塑性变形程度增加，不仅会增大表面粗糙度，还容易产生振动和引起烧伤。

砂轮的硬度应选择适当。太软则磨粒易脱落，太硬则磨粒磨损后不能及时脱落（自励性差）均不易加工出光洁的表面。

砂轮的修整质量也将直接影响磨削表面粗糙度。修整时修整导程（砂轮一转修整器的纵向进给量）和修整比（修整时切削深度与修整导程之比）越小则砂轮上切削微刃越多，微刃的等高性也越好，磨出的工件表面粗糙度就越小。

(3) 工件材料性质 工件材料太硬、太软、太韧时都不容易磨光。工件材料太硬，容易使磨粒磨钝，太软又容易堵塞砂轮，韧性太大则容易使磨粒早期崩落，因此都不易得到光洁的表面。

要提高磨削表面的表面粗糙度，应该从正确选择砂轮、磨削用量和磨削液等方面采取措施。当磨削温度不太高、工件表面没有出现烧伤和涂抹微熔金属时，影响表面粗糙度的主要

是几何因素，因此减小表面粗糙度的措施是降低 v_w 和 v_{ft}（提高 v_s 往往受到机床结构和砂轮强度的限制，故一般不考虑）。因为降低 v_{ft} 会降低生产率，故一般应先考虑降低 v_w，然后再考虑降低 v_{ft}。仔细修整砂轮（减小修整导程和修整切削深度）和适当增加无进给磨削次数也是常用的措施。

如果磨削表面出现微熔金属的涂抹点，那么减小表面粗糙度的措施主要是减小磨削深度，必要时可适当提高 v_w。同时，还应考虑砂轮是否太硬，磨削液是否充分、有无良好的冷却性和流动性。

如果磨削表面出现拉毛划伤，主要应检查磨削液是否清洁，砂轮是否太软。

4.3 加工表面物理力学性能的变化

4.3.1 表面冷硬

表面冷硬是由于塑性变形引起的，机械加工时，工件表面层金属强烈的塑性变形使金属的晶格被拉长、扭曲和破碎。晶粒被拉长后与相邻晶粒相接触的界面增大，晶粒间表面聚合力也增加，提高了进一步变形的抗力；晶格被扭曲，增加了晶粒间的相互干涉，也阻碍了进一步塑性变形；同时滑移平面间的小碎粒也起了阻碍进一步滑移的作用。上述各现象表明：工件因机械加工而产生塑性变形时，表层金属得到了强化。

另一方面，机械加工时产生的切削热提高了表层金属的温度。表层温度达一定数值时会使已强化的金属逐渐恢复到正常状态。恢复作用的大小取决于表层温度的高低、高温下持续的时间和强化程度的大小。温度越高、高温持续时间越长、强化程度越大，则恢复作用也越强。

因此，机械加工时表面层的冷硬是强化作用和恢复作用的综合结果。

根据表面冷硬的形成机理可知：所有增加表面层金属塑性变形程度、降低表层温度、缩短热作用时间的因素，都将增加表面冷硬程度。影响表面冷硬的因素主要是：

（1）切削用量　在低切削速度阶段，随着切削速度的提高，工件表层的塑性变形程度趋于减小而温度逐步升高，以致强化作用减弱而恢复作用增大，因此表面冷硬随 v_c 的提高而减小。在高切削速度阶段（100m/min 以上时），虽然塑性变形程度随 v_c 的提高而减小，但大量切削热被切屑带走，切削热对表层作用时间又短，恢复作用不充分，故表面冷硬将随 v_c 的提高而增加。

进给量 f 减小时塑性变形程度随之减少，故表面冷硬也有所减小。但如 f 过小，薄切屑形成时表层挤压作用使塑性变形程度增加，因此表面冷硬又会有所增加。

（2）刀具　增大刀具前角 γ，减小切削刃钝圆半径 r_n 及减小刀具后面磨损量 VB，均能减小切削过程表层金属的塑性变形而使表面冷硬减小。

（3）工件材料性质　工件材料塑性越大，强化指数越大则表面冷硬就越严重。碳素钢的含碳量越高、强度越高则冷硬就越小。有色金属的熔点较低，容易恢复，故冷硬要比合金结构钢小得多。

4.3.2 磨削烧伤

磨削时，磨粒在高速下以其很大的负前角切削极薄层的金属，在加工表面引起很大的摩擦和塑性变形，因此单位切削截面所消耗的功率远大于切削加工。这些消耗的功率转化的磨削热，由于切屑数量少，绝大部分留在工件上，形成磨削表面很高的温升和很大的温度梯度。严重时使表层金属的金相组织发生变化，强度和硬度下降，产生残余应力，甚至产生显微裂纹，大大影响了零件的使用性能，这种现象称为磨削烧伤。

磨削烧伤时表面因磨削热产生的氧化层厚度不同，往往会出现黄褐、紫、青等颜色变化。有时在最后光磨时磨去了表面烧伤变色层，实际上烧伤层并未全面彻底除尽，这会给工件带来隐患。

磨削淬火钢时，如果磨削区温度达到回火温度（对淬火后未回火钢）或超过原来的回火温度（对淬火后回火钢）时，工件表层原来的马氏体组织或回火马氏体组织将发生过回火现象，转变为硬度较低的过回火组织，这种烧伤称为回火烧伤。

如果磨削区温度超过相变临界温度，由于磨削液的急冷，表面最外一薄层会出现二次淬火马氏体组织，它的下层温度较低，冷却也慢，则转变为过回火组织。最外层的二次淬火马氏体组织硬度虽高，但是薄而脆，其下就是硬度较低的过回火组织，表面物理机械性能也很差，一般称为淬火烧伤。

若不用磨削液而进行干磨削，当磨削区温度超过相变临界温度，表层金属因冷却缓慢而形成退火组织，硬度强度都将急剧下降，就形成退火烧伤。

磨削烧伤是由于磨削时表面层的高温和高温梯度引起的，它取决于热源强度和作用时间。影响磨削区温度和温度梯度的因素主要是：砂轮圆周速度 v_s、工件线速度 v_w、纵向进给量 f_a、磨削深度 a_e 和工件材料的导热性能等。此外，砂轮的切削性能和磨削液也有密切关系。增大 a_e、降低 f_a 都将使表面层温度升高，故容易烧伤。v_w 增大时虽增加了热源强度，使表面温度增高，但随着 v_w 的增大，热源作用时间却减少，使金相组织来不及转变，故能减轻烧伤。

工件材料的导热性差，则热量不易传出，磨削区温度就高，也就容易烧伤。大多数高合金钢如高锰钢、轴承钢、高速工具钢等，其导热性都很差，故磨削烧伤往往是加工中的主要问题。此外，工件材料金相组织的稳定性对磨削烧伤关系很大。例如含碳量相同的材料，淬火硬度越高则金相组织越不稳定，磨削时容易烧伤。淬火后回火温度越高则金相组织就越稳定，也就越不易烧伤。

砂轮的切削性能对磨削区温度也有很大影响。如果磨粒的刃口锐利，磨削力和磨削功率都可减小，磨削区温度就下降，也就不易烧伤。

防止磨削烧伤的途径包括减少热量的产生和加速热量的传出两个方面，具体措施主要是：

（1）控制磨削用量　减小 a_e、提高 v_w 和 f_a（或 v_{ft}）都能减轻烧伤，但提高 v_w 和 f_a 会使表面粗糙度增大，可在增大 v_w 和 f_a 的同时适当提高 v_s。提高 v_s 后磨削区温度虽会升高，但它对烧伤的不利影响比 v_w 提高带来的有利影响为小，因此提高 v_w/v_s 比值是防止烧伤的有效措施。

（2）合理选择砂轮并控制修整参数　高磨粒硬度（如采用人造金刚石或立方氮化硼砂轮等），改用粒度较粗的砂轮，修整砂轮时适当增大修整导程，选用较软的砂轮以提高砂轮的自励性，都可提高砂轮的切削性能，同时砂轮又不易被磨屑堵塞，因此都有利于防止烧伤的发生。

(3) 采用间断磨削 间断磨削是用在圆周上割出若干条径向狭槽的砂轮进行磨削，由于工件与砂轮间断接触，缩短了工件受热时间，因此能有效地减轻烧伤程度。

(4) 提高冷却效果 磨削时（特别是高速磨削时），由于砂轮高速旋转，其圆周表面会产生一层强大的气流，磨削液很难进入磨削区，因而不能有效地降低磨削区温度。常用的改善措施是采用高压大流量冷却（一般要求冷却泵扬程在5m以上，每毫米砂轮宽度上流量不少于1L/min）以增强冷却效果，并能有效地冲洗掉磨屑，防止砂轮堵塞。此外，还可采用内冷却砂轮或含油砂轮，使磨削区直接得到冷却，以提高冷却效果。含油砂轮是把砂轮放在硬脂酸等固体油脂的溶液中浸透，磨削时磨削区的高温使油脂熔化，同样可对磨削区直接进行冷却和润滑。

4.3.3 表面层残余应力

表面层产生残余应力的原因有：

(1) 切削过程中表面层局部冷态塑性变形 切削加工时工件表层金属冷态塑性变形的影响比较复杂。在切下切屑的过程中，原来与切屑连成一体的表面层金属产生相当大的、与切削方向相同的冷态塑性变形，切屑切离后基部金属阻止表层金属的弹性收缩，使表面带有残余拉应力，而里层则为残余压应力。与此同时，表层金属在F_y方向也发生塑性变形，如果刀具是负前角，表层受前、后面的挤压而被压薄，其另两个方向的尺寸增大，受基部金属的限制，表面会产生残余压应力，里层则为残余拉应力。另外，表层金属的冷态塑性变形使晶格扭曲而疏松，增大了比体积，体积增大，受基部金属的阻碍，使表面产生残余压应力而里层是残余拉应力。

(2) 表层局部热塑性变形 切削（磨削）热使工件表面局部热膨胀，受基部金属阻碍，产生很大的热压应力而导致表层金属发生塑性变形。切削过程结束时表层温度下降，基部金属阻止其收缩，使表面带残余拉应力而里层带有残余压应力。

(3) 表层局部金相组织的转变 加工时表面层金属在切削（磨削）热作用下发生相变。不同金相组织的比体积不同（马氏体比体积最大，奥氏体比体积最小），使表层金属体积发生变化，受基部金属的阻碍而引起残余应力。例如回火烧伤时表层金属比体积减小，表面就产生残余拉应力。淬火烧伤时表层金属比体积增大，表面就形成残余压应力。

工件加工后表层残余应力是上述各方面原因综合影响的结果，在一定条件下，往往是其中某些原因起着主导作用。例如：在一般条件下车削时，大多是沿切削方向的冷态塑性变形起主要作用，故加工后表面往往带有残余拉应力。提高v和增大负前角，F_y方向的冷态塑性变形所引起的表面残余压应力部分抵消了残余拉应力，故表现总的残余拉应力有所降低。

磨削时切削热对表面残余应力的影响较大。在中等磨削条件下，热塑性变形起主导作用，则表面往往形成浅而较大的残余拉应力。在重磨削条件下，表层金属相变成为影响表面残余应力的主要原因。故表面极薄一层带残余压应力，其下面就是较深而大的残余拉应力。还应指出：由于表层各处的塑性变形和金相组织都不是均匀分布的，因此表面或距表面同一深度处残余应力的符号和大小往往也不一样。

表面残余应力对零件使用性能有很大影响，重要零件往往要求表面没有残余应力或具有残余压应力。但在一般的切削（磨削）条件下很难保证，通常是另加一道专门工序来控制其表面层的残余应力。例如：

(1) 采用精密加工工艺　精密加工工艺包括精密切削加工（如金刚镗、高速精车、宽刃精刨等）和高光洁高精度磨削精密加工工艺，是指加工精度高于和表面粗糙度低于各相应加工方法精加工的各种加工工艺。

精密切削加工是依靠精度高、刚性好的机床和精细刃磨的刀具用很高或极低的切削速度、很小的切削深度和进给量在工件表面切去极薄一层金属的过程。由于切削过程残留面积小，又最大限度地排除了切削力、切削热和振动等的不利影响，因此能有效地去除上道工序留下的表面变质层，加工后表面基本上不带有残余拉应力，表面粗糙度也大大减小。

高光洁高精度磨削包括精密磨削（$Ra<0.16\mu m$）、超精密磨削（$Ra<0.04\mu m$）和镜面磨削（$Ra<0.01\mu m$）。高光洁高精度磨削同样要求机床有很高的精度和刚性，其磨削过程是用经精细修整的砂轮，使每个磨粒上产生多个等高的微刃，以很小的磨削深度（一般小于$5\mu m$），在适当的磨削压力下，从工件表面切下很微细的切屑，加上微刃呈微钝状态时的滑擦、挤压、抚平作用和多次无进给光磨阶段的磨擦抛光作用，从而获得很高的加工精度（经济加工精度IT5以上）和物理机械性能良好的高光洁表面。

采用精密加工工艺可全面提高工件的加工精度。

(2) 采用光整加工工艺　光整加工工艺是用粒度很细的磨料对工件表面进行微量切削和挤压、擦光的过程。它是按随机创制成形原理进行加工，故不要求机床有精确的成形运动。加工过程中磨具与工件的相对运动应尽量复杂，尽可能使磨粒不走重复的轨迹，让工件加工表面各点与磨料的接触条件具有很大的随机性。

在开始时对凸出它们间的高点进行相互修整。随着加工的进行，工件加工表面上各点都能得到基本相同的切削，使误差逐步均化而减少，从而获得极光洁的表面和高于磨具原始精度的加工精度。光整加工的特点之一是没有与磨削深度 a_e 相对应的磨削用量，只规定加工时磨具与工件表面间的压力。由于压力一般很小，磨粒的切削能力很弱，因此主要起挤压、抛光作用。而且切削过程平稳，切削热少，故加工表面变质层极浅，表面一般不带有残余拉应力，表面粗糙度也很小。

由于光整加工时磨具与工件间能相对浮动，与工件定位基准间没有确定的位置，因此一般不能修正加工表面的位置误差。同时光整加工时切削效率极低，如余量太大，不仅生产率低，还会使已获得的精度下降。因此，光整加工主要用以获得较高的表面质量，在提高表面质量的同时，对尺寸精度和形状精度也有所提高。

常用的光整加工方法有研磨、珩磨、超精密加工及轮式超精磨等。

(3) 采用表面强化工艺　表面强化工艺是通过对工件表面冷挤压使其发生冷态塑性变形，从而提高其表面硬度、强度，并形成表面残余压应力的加工工艺。在表面层被强化的同时，表面微观不平度的凸峰被压平，填充到凹谷，因此表面粗糙度也得到减小（一般情况下表面粗糙度可降低为强化前的1/4~1/2）。常用的表面强化工艺有喷丸强化和滚压强化。

喷丸强化（图4-5a）是利用大量高速运动中的珠丸冲击工件表面，使其产生冷硬层并形成表面残余压应力。珠丸大多采用钢丸，利用压缩空气或离心力进行喷射，适用于不规则表面和形状复杂的表面（如弹簧、连杆等）的强化加工。

滚压强化（图4-5b）是用可自由旋转的滚子对工件表面均匀地加力挤压，使表面得到强化并在表面形成残余压应力，适用于规则表面（如外圆、孔和平面等）的强化加工。一般可在精车（精刨）后直接在原机床上加装滚压工具进行。

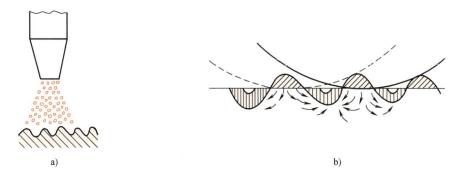

图 4-5　表面强化工艺

表面强化工艺并不切除余量，仅使表面产生塑性变形，因此修正工件尺寸误差和形状误差的能力很小，更不能修整位置误差，加工精度主要靠上道工序来保证。

除上述三种工艺外，采用高频淬火、碳氮共渗、渗碳、渗氮等表面热处理工艺也可使表面形成残余压应力。也可采用振动时效等人工时效方法来清除表面层的残余应力。

4.4　机械加工中的振动

4.4.1　工艺系统的振动类型

机械加工过程中，工艺系统如发生振动，使工艺系统的正常运动方式受到干扰，破坏了机床、工件、刀具间的正确位置关系，使加工表面出现振纹（波纹度），严重地恶化加工质量，降低刀具寿命和机床使用寿命，限制了生产率的提高，而且振动还往往带来噪声，污染环境，对工人健康也有一定的影响。随着科学技术和生产的不断发展，对零件的表面质量要求越来越高，振动往往成为提高产品质量的主要障碍，因此研究机械加工中产生振动的机理，探求消振减振的有效措施，是机械加工工艺领域的一个重要课题。

机械加工中的振动，有自由振动、受迫振动和自激振动三种类型。

1. 自由振动

自由振动是在初始干扰力作用下，使系统的平衡被破坏而产生的仅靠系统弹性恢复力维持的振动。由于自由振动实际上总是衰减的，因此对加工质量影响不大。

2. 受迫振动

受迫振动是在外界周期性干扰力持续作用下，系统受迫产生的振动。

引起工艺系统受迫振动的干扰（振源）可能来自工艺系统以外，也可能来自系统内部。外部振源主要是其他机器的振动、冲击以及附近车辆经过引起的振动等通过地基传入，激起工艺系统发生振动。内部振源主要有：

（1）回转零件的偏心质量　机床上的回转零件（特别是高速回转零件）如砂轮、齿轮、带轮、联轴器、卡盘、工件等，由于材质不匀、形状不对称或安装偏心而产生的离心力，使工艺系统在某一主振方向受到周期变化的激振力而引起振动。

（2）传动机构的缺陷　机床传动机构的缺陷如齿轮传动有各项运动误差或平稳性误差；带传动的带厚度不匀、带弹性滑动或带轮中心距较长且初拉力不适当所引起的带横向振动；联轴器安装时两轴的同轴度误差；滚动轴承的滚道和滚动体的波纹度和圆度误差、轴承游隙过大时产生的滚动体通过振动；往复运动机构高速运行时的换向冲击或低速运行时的爬行等，都会导致机床运转不平稳和附加动载荷的周期变化，从而激起系统振动。

（3）电动机的振动　除电动机转子、风翼等质量不平衡外各风翼排风力的不平衡和电动机磁路不平衡引起的电磁力的不均匀都会引起电动机发生振动，从而又激起工艺系统的振动。

（4）液压系统的振动　液压泵排油脉动性及各控制阀因所控制油液的流量、速度、压力等变化过快、波动太大都会引起液压系统发生振动而成为工艺系统的振源。

（5）切削加工过程的不均匀性　铣削和滚齿等加工时每个刀齿都是断续地进行切削的，同时进行切削的切削刃数和切削厚度也是周期性变化的，就会导致切削力的周期变化；车削或镗削带槽的非整圆表面等时也会产生周期变化的切削力。这些都可能引起系统的受迫振动。

3. 自激振动

自激振动是依靠振动系统在自身运动中激发出交变力维持的振动。切削过程中的自激振动一般称为切削颤振。

受迫振动和切削颤振都是持续的振动，对零件加工质量是极其有害的，必须加以重视。以下主要研究切削颤振。

4.4.2　切削颤振——切削过程的自激振动

1. 自激振动的机理

自激振动不同于自由振动，也不同于受迫振动，它具有以下特性：

1) 自激振动与自由振动相比，虽然两者都是在没有外界周期性干扰作用下产生的振动，但自由振动在系统阻尼作用下将逐渐衰减，而自激振动则会从自身的振动运动中吸取能量以补偿阻尼的消耗，使振动得以维持。

2) 自激振动与受迫振动相比，两者都是持续的等幅振动，但受迫振动是从外界周期性干扰中吸取能量以维持振动的，而维持自激振动的交变力是自振系统在振动过程中自行产生的，因此振动运动一停止，该交变力也相应消失。由此可见，自振系统中必定有一个调节系统，它能从固定能源中吸取能量，把振动系统的振动运动转换为交变力，再对振动系统激振，从而使振动系统做持续的等幅振动。从这个意义上讲，自激振动可以看作是系统自行激励的受迫振动。

自振系统是一个由固定能源、振动系统和调节系统组成的闭环反馈自控系统。当振动系统由于某种偶然原因发生了自由振动，其交变的运动量反馈给调节系统，产生出交变力并作用于振动系统进行激励，振动系统的振动又反馈给调节系统，如此循环，就形成持续的自激振动。对于切削加工，机床电动机提供能源，工件与刀具由机床、夹具联系起来的弹性系统就是振动系统。刀具相对于工件切入、切出的动态切削过程产生出交变的切削力，因此切削过程就是调节系统。

3) 自激振动的频率和振幅是由系统本身的参数决定的,在大多数情况下,其频率接近于系统中某主振部件的固有频率。其振幅大小则决定于系统在一个振动周期中所获得能量和阻尼所消耗能量的对比情况。

在一个振动周期中,怎样才会有能量输入,以维持切削颤振呢?切削加工过程中,不可避免地要受到各种非周期性干扰的影响而触发了刀具相对于工件做切入、切出的振动运动。由于在切出的半个周期中切削力与运动方向相同,切削力做正功;而在切入的半个周期中切削力与运动方向相反,切削力做负功。因此,只要正功大于负功,系统就会有能量输入。在每一振动周期中有能量输入,维持颤振的条件还不充分,输入系统的能量还必须足以补充系统阻尼所消耗的能量。

2. 切削颤振的几种主要理论

关于切削颤振的理论,虽已进行了大量的研究并取得不少重要成果,但迄今还不完善。这里只扼要地介绍三种比较成熟的解释切削颤振机理。

(1) 负摩擦颤振理论 负摩擦颤振是早期解释切削颤振产生原因的一种理论。该理论认为切削颤振是由于刀具与工件材料间的负摩擦特性而产生的。所谓负摩擦特性也称摩擦力下降特性,是指摩擦因数随相对滑动速度的增加而下降的特性。

在切削韧性材料时,刀具前面与切屑间的摩擦因数在一定的滑动速度范围内具有下降特性,因此刀具前面与切屑间的摩擦力将随着相对滑动速度的增加而减小。由切削原理知道径向切削力 F_y 主要决定于切屑与刀具前面间的摩擦力,切屑与刀具前面间摩擦力的变化,就意味着 F_y 的变化。

图 4-6 所示为车削振动系统,图中把系统简化为单自由度系统。稳态切削时,刀尖处于 Y_0 位置,切屑以滑动速度 v_0 沿刀具前面流出,这时对应的切削力为 F_{y0}。当切削过程产生振动时,刀具在其平稳位置 Y_0 附近沿 Y 方向做往复运动。刀具切入时,刀具运动方向与切屑流向相反,相对滑动速度增加为 v_0+Y,由于摩擦力具有下降特性,因此径向切削力减少为 F_{y1}。刀具切出时运动方向与切屑流向相同,相对滑动速度减少为 v_0-Y,径向切削力则增加为 F_{y2}。切入时切削力做负功,切出时切削力做正功,其差值就是一个振动周期中系统所获得的能量补充。该能量只要补充系统阻尼所消耗的能量,颤振就得以维持。

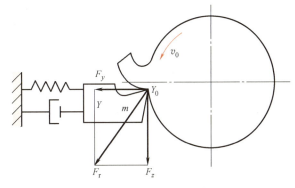

图 4-6 车削振动系统

(2) 再生颤振理论 该理论认为切削颤振是由于切削加工过程前后两转的切削表面有部分重叠时,前一转振动留下振纹的再生效应所激励的。

切削(或磨削)加工时,如切削刃实际切削部分在进给方向上的投影(或砂轮宽度)B 大于工件进给量 f 时,前后两转的切削表面就会有部分重叠(图 4-7),其重叠程度可用重叠系数 μ 表示 $\left(\mu=\dfrac{B-f}{B}\right)$。用切槽刀、成形刀加工或横向进给时,$\mu=1$(图 4-8b);车、磨螺纹时,$\mu=0$(图 4-8a);大多数切削加工时,$0<\mu<1$。

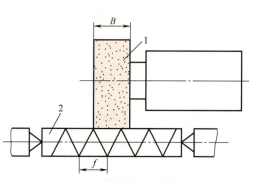
图 4-7 磨削时的重叠部分
1—砂轮　2—工件

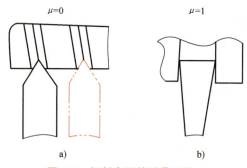
图 4-8 切削表面的重叠系数 μ
a) 螺纹加工　b) 切槽刀加工

当 $\mu>0$ 时，如果前一转切削时工件与刀具有相对振动，就会在切削表面留下振纹 $y_0(t)=y\mathrm{e}^{\mathrm{i}\omega t}$。后一转切削时，由于切削表面与前一转有重叠，刀具将在有振纹的表面上进行切削，切削厚度就有周期性变化，引起切削力周期性地变化。切削力的交变分量（即动态切削力）使刀具与工件产生相对振动，在后一转加工表面形成新的振纹 $y_0(t)=y\mathrm{e}^{\mathrm{i}(\omega t+\psi)}$。这种振纹与动态切削力的反复相互影响作用就称为振纹的再生效应。

什么条件下系统才会在每一振动周期中有能量输入？图 4-9 所示为四种情况：图 4-9a 所示为前一转振纹 $y_0(t)=y_0\mathrm{e}^{\mathrm{i}(\omega t+\psi)}$ 与后一转振纹 $y(t)=y\mathrm{e}^{\mathrm{i}(\omega t+\psi)}$ 的相位角 $\psi=0$（前后两转振纹没有相位差），图 4-9b 所示 $\psi=\pi$，可以看出这两种情况下"切入"半周期与"切出"半周期的平均切削厚度都相等，因而切出时切削力所做正功与切入时切削力所做负功也相等，系统没有能量输入。

图 4-9c 所示 $0<\psi<\pi$（后一转振纹超前于前一转振纹），这时"切出"半周期中平均切削厚度将小于"切入"半周期中的平均切削厚度，正功小于负功，这意味着消耗的能量反而更大，系统当然不会输入能量，只有如图 4-9d 所示 $0>\psi>-\pi$（即后一转振纹滞后于前一转振纹），这时"切出"半周期中的平均切削厚度才大于"切入"半周期中的平均切削厚度，于是正功大于负功，系统才会有能量输入，当输入系统的能量

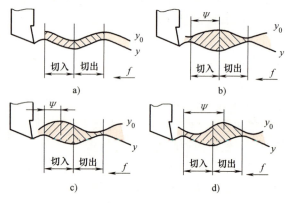
图 4-9 振纹相位角与平均切削厚度的关系

足以补充系统阻尼所消耗的能量时，切削颤振就得以维持。

前后两转振纹间的相位角 ψ，与工件每转中的振动次数 f_r 有关

$$f_r=\frac{60f_z}{n}=J+\varepsilon,\quad \psi=2\pi\varepsilon$$

式中　f_z——振动频率（Hz）；

n——工件转速（r/min）；

J——工件一转中振动次数的整数部分；

ε——工件一转中振动次数的小数部分,而且规定$-0.5<\varepsilon\le0.5$。

可见,只有当$0>\varepsilon>-0.5$时才有产生再生颤振的可能。

(3) 主振模态耦合颤振理论　某些切削加工,如图4-8a所示螺纹加工,这时$\mu=0$,不存在再生颤振的条件,但也经常发生颤振。试验表明,这种情况下产生的颤振,刀尖与工件相对运动的轨迹是一个形状和位置都不十分稳定的、封闭的近似椭圆。说明这种颤振是一个多自由度系统的振动问题,因此主振模态耦合颤振理论认为:工艺系统作为一个多自由度系统,在一定条件下,它在各个自由度上振动的相互联系,造成了一个向振动系统输送能量的条件,从而使颤振得以维持。这种情况称为模态耦合。

为了便于阐明主振模态耦合颤振原理,把工艺系统简化为一个最简单的两自由度的动力学模型(图4-10):设工件不动,主振系统是刀具系统,其等效质量m支承在相互垂直的、等效刚度系数分别为k_1、k_2的两组弹簧上。弹簧的轴线x_1、x_2称为刚度主轴,表示系统的两个自由度方向,设x_1(其等效刚度系数为k_1)与切削点处法线方向Y成α角($\alpha<\dfrac{\pi}{2}$),切削力F与Y轴的夹角为β,系统在某种偶然因素的扰动下使m发生了角频率为ω的振动,m的振动是在x_1、x_2两个方向上和简谐振动的合成。这两个方向上的振动是各自独立的,因此振幅和相位都不相同,设两个简谐振动的运动方程是

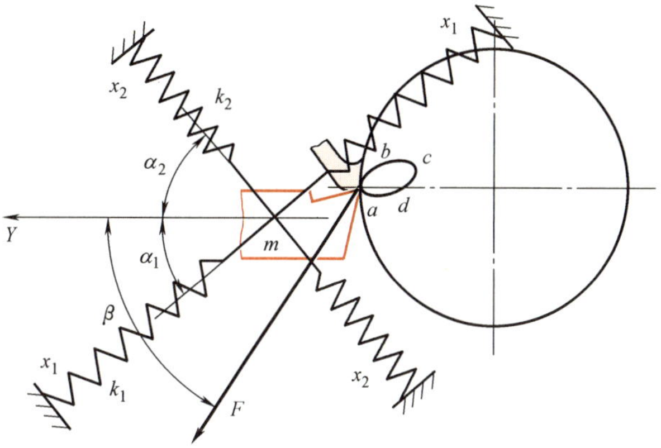

图4-10　主振模态耦合颤振的动力学模型

$$\begin{cases}x_1(t)=x_1\mathrm{e}^{\mathrm{j}(\omega t-\psi_1)}\\ x_2(t)=x_2\mathrm{e}^{\mathrm{j}(\omega t-\psi_2)}\end{cases}$$

假设$k<k_2$,则$\omega_{n1}=\sqrt{\dfrac{k_1}{m}}<\omega_{n2}=\sqrt{\dfrac{k_2}{m}}$,$\dfrac{\omega}{\omega_{n1}}>\dfrac{\omega}{\omega_{n2}}$,因此$\psi_1>\psi_2$。

令$\psi_1-\psi_2=\psi$,故

$$\begin{cases}x_1(t)=x_1\mathrm{e}^{\mathrm{j}(\omega t-\psi_1)}\\ x_2(t)=x_2\mathrm{e}^{\mathrm{j}(\omega t-\psi_1+\psi)}\end{cases}$$

根据这两个简谐振动的相位关系:

ωt_1时,$x_1=+a$,$x_2=0$。

ωt_2时,$x_1=0$,$x_2=-b$。

ωt_3时,$x_1=-c$,$x_2=0$。

ωt_4时,$x_1=0$,$x_2=d$。

因此,m的振动运动轨迹(即刀尖的运动轨迹)是一个椭圆,运动方向是顺时针方向

($a-b-c-d$)，如图4-10所示。若刀尖在振动过程中按顺时针方向沿椭圆轨迹 $a-b-c-d$ 运动，则在"切入"半周期中其平均切削厚度小于"切出"半周期中的平均切削厚度。因此，切削力在"切出"时所做正功大于"切入"时所做负功，系统就有能量输入，若这能量足以补偿系统阻尼的消耗，颤振就得以维持。

反之，如 $k_1>k_2$，可用上述同样的方法得出刀尖的振动运动轨迹仍是一个椭圆，但运动方向却是逆时针方向（$a-d-c-b$），则切削力在"切入"半周期中所做负功将大于"切出"半周期中所做正功，系统不可能有能量输入，也就不可发生主振模态耦合颤振。根据上面的分析，可得出结论：当振动系统的低刚度主轴落在切削点法线 Y 和切削力方向之间时（即 $k_1<k_2$，$0<\alpha<\beta$），主振模态耦合颤振才有可能发生。

4.4.3 磨削过程的颤振

磨削过程的颤振问题比一般切削颤振更为复杂，这里只做简单的介绍。

磨削过程中，砂轮磨粒钝化导致磨削力增加，随着磨削力的增加，磨粒会从粘结剂中脱落而引起砂轮磨损。同时，磨屑会挤进磨粒间的缝隙而使砂轮不均匀地堵塞，从而引起磨削力发生变化。分析磨削颤振，必须考虑砂轮磨损和堵塞的动态情况。随着磨削时间的增加，在砂轮和工件上都可能产生振动波纹，因此一般均认为磨削颤振属于再生颤振。再生作用的来源可能是工件和砂轮两个方面。磨削颤振一般有下列特点：

1) 一般切削加工中的颤振的产生是瞬时的，而磨削颤振的产生往往存在一个过渡过程而需要较长的建立时间。磨削颤振的建立速度随工件硬度、砂轮硬度、径向进给量的增加而增加，随工件速度、系统结构刚性、砂轮直径的增加而减小。

2) 磨削颤振开始时振幅随磨削时间的增加而加大，频率则随磨削时间的增加而下降，最后稳定在某一固定数值上。

3) 磨削颤振的频率随系统的结构刚性、砂轮硬度、砂轮宽度、径向进给量的增加而增加，与工件速度无关。振幅则随系统结构刚性的增加而减小。

影响磨削颤振的因素，除系统的结构刚性外，主要是砂轮与工件的接触刚度及砂轮磨损和堵塞的动态过程。

砂轮与工件的接触刚度要比一般刀具小得多，它对颤振的影响就不能忽略。砂轮的接触刚度随径向磨削力的增加而增大，但不是线性的，因此动态磨削时的平均接触刚度小于稳态磨削。颤振开始时，随着平均接触刚度的降低，振幅就逐渐增大而频率逐渐减少，当振动强度加大到阻尼消耗与输入能量平衡时，振幅与频率就稳定下来。砂轮与工件的接触刚度取决于砂轮的弹性模量、工件与砂轮的尺寸及磨削力的大小等参数。磨削参数变化而引起的颤振频率变化，大多与接触刚度有关。

动态磨削过程中，磨粒的钝化程度随磨削力的变化而不同。磨粒钝化程度的不同，引起磨粒的脱落和磨损不匀，同时也引起砂轮的堵塞密度不匀。砂轮的不均匀磨损和堵塞又反过来使动态磨削力增大，引起工件表面和砂轮波纹度进一步加大，这就是动态磨削过程的再生效应。磨削时若砂轮太软，则容易磨损，太硬则又容易堵塞，因此砂轮硬度选择不当都会增加磨削过程的不稳定性。

此外，在修整砂轮时也有可能发生砂轮与修整器间的颤振，使砂轮圆周表面产生波纹，从而引起磨削颤振。

4.4.4 消振减振的基本途径

1. 机械加工振动类型的判别

当切削过程出现振动影响加工质量时,首先应判别振动是属于受迫振动还是颤振,然后才能采取相应的消振、减振措施。

受迫振动和颤振同样会在工件表面留下振纹,不易区别。但这两类振动的特征不同。颤振只有在切削过程中才会发生,其频率接近系统某主振部件的固有频率。受迫振动则是由外界持续激振所激励的,除切削不均匀性引起的受迫振动外,与切削过程是否进行无关,其频率等于外界干扰的频率。根据上述特征,只要在停机时或空运转时检查刀具与工件处于加工位置时有无振动,其频率是否与切削过程出现的振动频率相同或接近,这样就往往可判别是否属于受迫振动,振源是来自机内还是机外。

在进行空运转试验时,应尽可能缩小检查范围,分别起动各电动机并逐一接通各传动链,分别测出刀具和工件在加工位置处的振动量和频率,然后与各可能振源的激振频率及切削过程出现的振动频率相对照,以便判别机内振源的所在。

进行切削试验也可帮助判别振动类型,其方法是改变切削用量或更换、重新刃磨刀具进行切削,看振幅和频率是否变化。如果是机外振源或主传动系统以外振源引起的受迫振动,那么改变切削用量和更换刀具,一般都不会引起振幅和频率的改变。如果振源在主传动系统,那么改变转速后振动频率将随振源转速的改变而正比地变化;改变转速后若振动显著减轻,那么主要振源很可能就是这时不工作的那副齿轮。

如果是断续切削的冲击引起的受迫振动,其频率应与工件或刀具转速的改变正比地变化(改变铣刀齿数,振动频率也相应变化),同时其振幅大小也应与切削用量有关,增大 f 和 a_p 都会使振幅加大。如果是颤振,那么改变转速后其频率一般只是在很小范围内略有变化。而且增大进给量和减少切削深度时会因动态切削力的减小而使振动减弱。

2. 切削颤振的抑制

系统是否发生切削颤振,与切削过程及工艺系统的柔度有关。现从工艺角度出发,主要以车削为例,介绍抑制切削颤振的基本途径。

(1) 合理选择切削用量 在中等切削速度时(例如车削时 $v_c = 20 \sim 60\text{m/min}$)最容易发生颤振(图 4-11a),因此选择极低速或高速进行切削均可避免颤振。一般多采用高速,这样既可避免颤振,又可提高生产率,并能减小表面粗糙度。

增大进给量可减小重叠系数,又使系统的阻尼作用增加,有利于抑制颤振(图 4-11b)。因此,为了避免颤振,可在加工表面粗糙度和进给机构刚度、强度许可的条件下,尽量取较大的进给量。减小切削深度,可减小动态切削力,减振效果极为显著,但将大大降低生产率,因此常用合理增大进给量和切削速度来补偿。

(2) 合理选择刀具几何参数 增大主偏角 κ_r(不超过 90°)则径向切削力减小,同时可减小实际切削宽度和重叠系数,对减振有很大的效果(图 4-12a)。适当增大前角也可减小动态切削力,但高速切削时前角的变化对振动的影响不大(图 4-12b)。

采用双前角车刀,可利用第一前面的宽度来控制刀具与切屑的接触长度,对抑制颤振有良好的效果。后角减小到 2°~3°时对振动有一定的抑制作用,为不使后面与工件间产生太大的摩擦,可在后面上磨出负倒棱,如图 4-13 所示。这种车刀只能用以抑制工件系统的低频

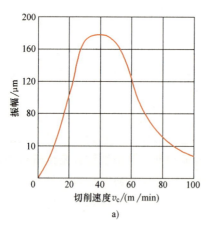
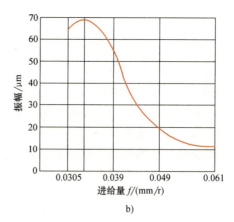

图 4-11 切削用量与颤振振幅的关系

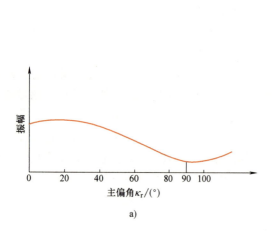
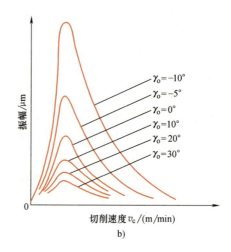

图 4-12 刀具角度与颤振振幅的关系

振动,若车刀系统发生高频颤振,则这种车刀反而会使振动增大。

(3) 提高工艺系统的抗振性能 增加静刚度和阻尼都可提高工艺系统的抗振性能。如何提高工艺系统静刚度的问题在第三章中已介绍过,但从提高系统抗振性的角度,还应注意:首先要了解系统的动态特性,掌握其薄弱环节;重点是提高薄弱环节在主振方向的静刚度,在增加系统静刚度的同时要注意减轻其重量。这样就可进一步提高系统的固有频率,更有利于提高抗振性。

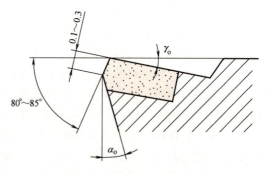

图 4-13 后面具有负倒棱的减振车刀

此外,如只考虑静态切削力的作用,某些构件的某些部分对系统静刚度似乎影响不大,但它对系统的动态特性却有很大影响。例如车床的底座,如只考虑静态切削力时对静刚度无甚影响，但它的刚度和与地基的接合刚度对机床最基本的振动模态——"整机摇晃"却有极大的关系。

系统的阻尼绝大部分来自接合面的摩擦阻尼，对于各活动接合面，调节适当的间隙和预紧力，并在接合面处保持良好的润滑油膜是增加阻尼极有效的手段。对于固定接合面若能使其在主振方向能产生微量的相对滑动，虽然对接触刚度有所降低，但由于增加了阻尼，系统的抗振能力却往往可得到提高，因此应综合加以考虑。

合理地安排系统低刚度主轴位置，对提高系统抗振性有良好的效果。例如：车削时发生了颤振，如将车刀反装，工件反转进行切削，由于改变了切削力方向和系统低刚度主轴的相对位置，往往可达到消振的目的。

3. 减振装置

在采用上述各种措施后，仍然不能收到满意的减振效果时，可考虑使用减振装置。减振装置的结构轻巧，使用方便，对消减受迫振动和切削颤振同样有显著的效果，故日益广泛地受到了重视。常用的减振装置有：

（1）阻振器　阻振器是用来增加振动系统的阻尼，系统振动时，通过阻尼的作用来消耗振动能量，达到减振的目的。

（2）摩擦减振器　这种减振器也是利用摩擦阻尼来消耗振动能量，但与上述阻振器不同，它不是阻尼越大减振效果越好，而是根据元件间的相对运动关系，有一个最佳阻尼值。

（3）动力减振器　动力减振器相当于在原振动系统（称为主系统）上附加一个振动系统。当附加系统受主系统的振动激励而发生振动时，在附加系统与主系统的动态参数良好匹配的条件下，附加系统作用于主系统的动态力，能最大程度地抵消激振力，从而消除或减小主系统的振动。

常用的动力减振器视附加质量与主系统的连接形式分为三种类型：附加质量与主系统间只有弹性元件时称无阻尼动力减振器；既有弹性元件又有阻尼元件则称为阻尼动力减振器；只有阻尼时则称纯阻尼动力减振器（兰契斯特减振器）。无阻尼动力减振器只能在很窄的频带范围内起抑制振动的作用，适用于激振频率变化很小的情况，故其应用有较大的局限。

（4）冲击式减振器　冲击式减振器是由一个与振动系统刚性连接的壳体和一个在壳体内可自由冲击的质量块组成。系统振动时，自由质量块反复冲击振动系统而消耗振动能量，以收到减振效果。

图 4-14 所示为冲击式减振镗杆，其中冲击块的质量一般取镗杆外伸部分的 1/10～1/8，材料可用相对体积质量和刚度较高的淬火钢或硬质合金，也可做成钢套灌铅的形式，以增加冲击块的质量。冲击块和孔的径向间隙一般可按 H7/g6 配合选取，最好通过试验以取得最佳的减振效果。由于冲击式减振器结构简单、重量轻、体积小，并可在较大的频率范围内使用，因此应用范围很广。

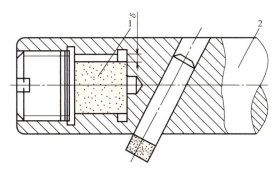

图 4-14　冲击式减振镗杆

1—冲击块　2—镗杆

习题与思考题

4-1　机械加工表面质量包括哪些具体内容？

4-2　采用粒度为 36 号的砂轮磨削钢件外圆，其表面粗糙度值为 $Ra1.6\mu m$；而在相同的磨削用量下，采用粒度为 60 号的砂轮可将 Ra 降低为 $0.2\mu m$，这是为什么？

4-3　在相同的切削条件下，为什么切削钢件比切削工业纯铁冷硬现象小？而切削钢件却比切削有色金属工件的冷硬现象大？

4-4　为什么磨削高合金钢比普通碳素钢容易产生烧伤现象？

4-5　为什么开槽砂轮能够减轻或消除烧伤现象？

4-6　试述加工表面产生压缩残余应力及拉伸残余应力的原因。

4-7　什么是强迫振动？它有哪些主要特征？

4-8　什么是自激振动？它与强迫振动、自由振动相比，有哪些主要特征？

4-9　试述自激振动诊断参数的选择原则。

第 5 章

机械加工工艺规程

5.1 概述

5.1.1 工艺规程的形式和作用

把零件加工的全部工艺过程按一定格式写成书面文件就称为工艺规程。工艺规程常以工艺卡片的形式出现，其样式和繁简程度各异，主要决定于生产类型。在单件小批生产中一般只编制综合工艺过程卡片，供生产管理和调度使用。至于每一工序具体应如何加工，则由工人自己决定。对关键或复杂零件才制订较为详细的工艺规程。在成批生产中多采用机械加工工艺卡片。大批大量生产中则要求完整和详细的文件，除工艺过程卡片外，对各工作地点要制订工序卡片或分得更细的操作片卡、调整卡片及检验卡片等。各工厂采用的工艺文件并无统一格式，但基本内容大同小异。

（1）综合工艺过程卡片　它是以工序为单位简要地表明一个零件全部加工过程的卡片。该卡片上主要规定了零件加工的工艺路线，按工艺过程顺序列出全部工序的名称和内容，在每个工序中都说明了应使用的机床设备和工艺装备及工时定额等。表 5-1 即为针对图 5-1 所

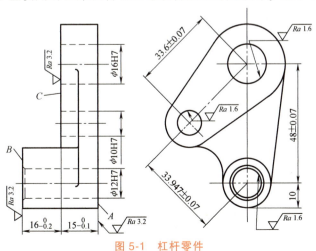

图 5-1　杠杆零件

表 5-1 综合工艺过程卡片

(工厂名)	综合工艺过程卡片	产品名称及型号		CW6163 车床		零件名称	杠杆	零件图号	07100
		材料	名称	铸铁	毛坯	种类	铸件	零件重量	毛重		第 1 页
			牌号	HT100		尺寸			净重		共 1 页
			性能			每料件数	1	每台件数	1	每批件数	

| 工序号 | 工序内容 | 加工车间 | 工艺装备名称及编号 ||| 技术等级 | 时间定额 ||
			设备名称及编号	夹具	刀具	量具		单件	准备终结
1	划线	机械加工							
2	铣 A 面达到 Ra 值为 $3.2\mu m$,铣 C、B 面达到 $15_{-0.1}^{0}$、$16_{-0.2}^{0}$ mm,及 Ra 值为 $3.2\mu m$	机械加工	X51 立式铣床	XK-2036	面铣刀 TK-158				
3	钻、扩、铰三孔达到 $\phi16H7$、$\phi12H7$、$\phi10H7$ 及 Ra 值达到 $1.6\mu m$	机械加工	Z525A 摇臂钻床	钻模 ZK-2051					
4	铣侧面	机械加工	X61 卧式铣床						
更改内容									

编制	抄写	校对	审核	批准

示杠杆零件而制订的综合工艺过程卡片。

（2）机械加工工艺卡片 见表 5-2，它以工序为单位，详细说明零件的机械加工工艺过程。它是用来指导操作工人进行生产和帮助管理人员和技术人员掌握整个零件加工过程的一种最主要的文件。

表 5-2 机械加工工艺卡片

工厂		产品型号			零件名称		零件号	
机械加工工艺卡		每台件数	下料方式	每料件	毛重	公斤	第 页	共 页
		材料	毛坯尺寸		净重	公斤	责任车间	

工序号	安装	工步号	工序内容	加工车间	机床设备名称、编号	工艺装备名称与编号				工时定额	
						夹具	刀具	量具	辅助工具	准备终结	操作时间
更改内容											
编制			审核			会签			批准		

(3) 机械加工工序卡片 见表 5-3,它是根据工艺卡片为每一道工序制订的一种工艺文件,主要用来具体指导操作工人如何进行加工。多用于大批大量或成批生产中比较重要的零件。该卡片中附有工序简图,并详细记载该工序加工所需要的资料,如定位基准选择、工件安装方法、工序尺寸及公差,以及机床、刀具、量具、切削用量的选择和工时定额的确定等内容。

工艺规程的作用在于:

1) 它是组织生产和计划管理的重要资料,生产安排和调度、规定工序要求和质量检查等都以工艺规程为依据。制订和不断完善工艺规程,有利于稳定生产秩序,保证产品质量和提高生产率,并充分发挥设备能力。一切生产人员都应严格执行和贯彻,不应任意违反或更改工艺规程的内容。

表 5-3 机械加工工序卡片

机械加工工序卡片			产品型号		零件名称		零件号	
车间	工段	工序名称				工序号		
(工序简图)			材料		机床			
			牌号	硬度	名称	型号	编号	
			夹具		定额			
			夹具名称	代号	每批件数	准备终结时间	单件时间	工人级别
工序号	工步内容	走刀次数	主轴转速或往复次数	主轴转速进给量	机动时间	辅助时间	刀具、量具及辅助工具			
							种类	代号	名称	尺寸	数量
					工艺员		主管工艺员			
					定额员		车间主任			
更改	页数	日期	签字	页数	日期	签字	页数	日期	签字	技术科长	第 页	共 页

2) 它是新产品投产前进行生产准备和技术准备的依据，如刀、夹、量具的设计、制造或采购。原材料、半成品及外购件的供应及设备、人员的配备等。

3) 在新建和扩建工厂或车间时必须有产品的全套工艺规程作为决定设备、人员、车间面积和投资预算等的原始资料。

4) 行之有效的先进工艺规程还起着交流和推广先进经验的作用，有利于其他工厂缩短试制过程，提高工艺水平。

工艺规程的制订应能保证可靠地达到产品图样所提出的全部技术要求，获得高质量、高生产率，并能节约原材料和工时消耗，不断降低成本。在这几方面要求中，保证和提高质量是关键，每个企业都应以高质量的产品争取市场，赢得用户信任。此外工艺规程还应努力减轻工人劳动强度，保证安全和良好的工作条件。

下列原始资料是制订工艺规程的依据和条件：

1）零件图，包括必要的装配图。
2）零件的生产纲领和投产批量。
3）本厂生产条件，如设备规格、功能、公差等级，刀、夹、量具规格及使用情况，以及工人技术水平如专用设备和工艺装备的制造能力。制订工艺规程一方面应符合本厂具体生产条件，另一方面应充分采用先进设备和技术，不断提高工艺水平。
4）毛坯生产和供应条件。

5.1.2 制订机械加工工艺规程的步骤

1. 分析研究产品的装配图和零件图，进行工艺性审查。

首先要求熟悉产品的性能、用途及工作条件，明确零件在产品中的作用，了解零件图上各项技术要求的依据，确定关键性技术问题。工艺性审查的内容除了检查尺寸、视图及技术要求是否完整外，还包括：

（1）审查各项技术要求是否合理　过高的精度、表面粗糙度及其他要求会使工艺过程复杂、加工困难，成本提高。

（2）审查零件的结构工艺性是否好　应使零件结构便于加工和安装，尽可能减少加工和装配的劳动量。

（3）审查材料选用是否恰当　表 5-4 给出了常用材料的比价，在满足零件功能的前提下，应选用廉价材料。材料选择还应立足国内，尽量采用来源充足的材料，不得滥用贵金属。例如镍、铬是我国稀有的贵重合金元素，在可能条件下尽量不用或少用。例如采用 65Mn（合金结构钢）代替 40Cr，可满足磨齿机砂轮主轴机械性能的要求。另外，若选材不当，有可能使工艺过程发生困难。图 5-2 所示方头销钉，方头要求淬硬至 58HRC，直径 ϕ2H7 的小孔要在装配时配作。原设计采用 T8A，因零件总长很短，在头部淬火时，势必全部淬硬，孔不能配作。为此改用 20 钢局部渗碳淬火，对 ϕ2H7 处镀铜保护，这样就较为合理了。

工艺性审查中对不合理的设计应会同有关设计者共同研究，按规定手续进行必要的修改。

表 5-4　常用材料的比价

材料	相对价格系数
铸铁	1
钢	1.75
铝	8.05
锌	8.27
铅	8.05
纯铜	10.04
黄铜	11.5
青铜	14.2

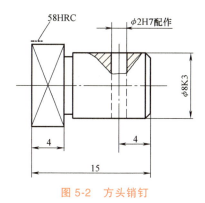

图 5-2　方头销钉

2. 确定毛坯

制造机械零件的毛坯一般有铸件、锻件、型材、焊件等，这些毛坯余量较大，材料利用率低。目前少无切削加工有了很大的发展，如精密铸造、精锻、冷轧、冷挤压、粉末冶金、异型钢材及工程塑料等都在迅速推广。由这些方法或材料制造的毛坯精度大为提高，只要经过少量机械加工甚至不需加工，可大大节约机械加工劳动量，提高材料利用率，经济效果非常显著。

因此，毛坯选择对零件工艺过程的经济性有很大影响。工序数量、材料消耗、加工工时都在很大程度上取决于所选择的毛坯。但要提高毛坯质量往往使毛坯制造困难，需采用较复杂的工艺和昂贵的设备，增加了毛坯成本。这两者是互相矛盾的，因此毛坯种类和制造方法的选择要根据生产类型和具体生产条件决定。同时应充分注意到利用新工艺、新技术、新材料的可能性，使零件生产的总成本降低，质量提高。

3. 拟订工艺路线（过程）

拟订工艺路线即订出全部加工由粗到精的加工工序，其主要内容包括选择定位基准、定位夹紧方法及各表面的加工方法，安排加工顺序等。这是关键性的一步，一般需要提出几个方案进行分析比较。

4. 确定各工序所采用的设备

选择机床设备的原则是：

1）机床规格与零件外形尺寸相适应。
2）机床精度与工序要求的精度相适应。
3）机床的生产率与零件的生产类型相适应。
4）与现有设备条件相适应。如果需要改装设备或设计专用机床，则应提出设计任务书，阐明与加工工序内容有关的参数、生产率要求、保证产品质量的技术要求及机床的总体布置形式等。

5. 确定各工序所需的刀、夹、量具及辅助工具，即选择工艺装备

若需要采用专用工艺装备，则应提出设计任务书。

6. 确定各主要工序的技术检验要求及检验方法

7. 确定各工序余量，计算工序尺寸

8. 确定切削用量

合理的切削用量是科学管理生产、获得较高技术经济指标的重要前提之一。切削用量选择不当会使工序加工时间增多，设备利用率下降，工具消耗量增加，从而增加了产品成本。

单件小批量生产中为了简化工艺文件及生产管理，常不具体规定切削用量，但要求操作工人技术熟练。大批大量生产中对组合机床、自动机床及某些关键精密工序，应科学、严格地选择切削用量用以保证生产节拍均衡及加工质量要求。

9. 确定时间定额

10. 填写工艺文件

5.1.3 装配工艺规程制订的原则和步骤

装配是机器制造的最后一部分生产过程，它包括装配、调整、检验和试车等项工作。装配对于保证机器或产品的质量以及生产计划的完成有着直接的影响。装配工艺规程是指导装配的技术文件，同样也是工厂组织生产、计划管理和新建或扩建的依据。

制订装配工艺规程同样要满足质量、生产率和成本三方面要求，应根据机器或产品结构特点及生产类型，综合考虑保证装配精度和质量的工艺方法，订出合理的操作规范，尽量采

用机械化装配方法和正确安排装配工序及作业计划。

1. 制订装配工艺规程的原则

1）保证机器或产品的装配技术要求，争取最大质量储备。
2）钳工装配工作量小，以减轻劳动强度。
3）装配周期短，提高效率。
4）所占车间生产面积小，争取单位面积上的最大生产率。

2. 制订装配工艺规程的步骤及其内容

（1）产品分析

1）研究产品装配图及装配技术要求。
2）对产品结构进行尺寸分析，即根据某些装配精度要求进行工艺尺寸链分析计算，以确定结构和尺寸设计是否合理，并进一步规定达到装配精度的方法。
3）对产品结构进行装配工艺性分析，然后将产品分解成可以独立进行装配的装配单元，以便组织装配工作的平行流水作业。

（2）装配组织形式　装配组织形式的确定与生产类型有关：对于大批大量生产，多采用流水线装配，有连续移动、间隙移动及可变节奏等移动方式，还可采用自动装配机或装配线；单件小批生产多采用固定装配，视批量也可以是固定或流水线装配；成批生产则介于两者之间，多品种平行投产时采用多品种可变节奏流水线装配。

（3）确定装配工艺过程

1）根据机械结构及其装配技术要求规定装配工作项目、工艺规范，相应的设备及工、夹、量具。例如滚动轴承装配，应确定采用压入法还是热胀法，相应的工具和加热温度，预紧力大小及调整环节等。对专用工具和设备应提出设计任务书。
2）确定装配工作顺序。不论哪级装配单元，都要选定某个零件或下一级装配单元作为基准件，首先进入装配工作，然后根据具体结构要求以及考虑便于校正和接连，规定其他零件及装配单元的先后顺序。其原则是：先下后上，先内后外，先难后易；先重大后轻小，先精密后一般。

在安排装配工作顺序时，不能忽视检验以及倒角、去毛刺、清洗、重要零件保存等准备工作。

（4）计算各装配工作的工时定额
（5）填写装配工艺规程文件

5.2　结构工艺性

5.2.1　结构和工艺的联系

工艺分析的一个主要内容就是研究、审查机器和零件的结构工艺性，它建立了结构和工艺之间的关系。生产实践证明，同一产品可以有多种不同结构，所需花费的加工量也大不相同。所谓结构工艺性就是指机器和零件的结构是否便于加工、装配和维修。在满足机器工作性能的前提下能适应经济、高效制造过程的要求，达到优质、高产、低成本。这样的设计就是具有良好的结构工艺性。因此，在进行产品设计时除了考虑使用要求外，必须充分考虑制造条件和要求。在许多情况下，改善结构工艺性，可大大减少加工量，简化工艺装备，缩短生产周期并降低成本。

结构工艺性衡量的主要依据是产品的加工量、生产成本及材料消耗。具体分析比较可以下述各项特征来考虑，如机器或零件结构的通用化、标准化程度，老产品零部件的重复利用程度，平均加工精度和表面粗糙度系数，关键零件工艺的复杂程度，材料利用率，能否划分为独立的制造单元，减少加工时间以及采用自动化加工方法的可能性。

结构工艺性具有综合性，必须对毛坯制造、机械加工到装配调试的整个工艺过程进行综合分析比较，全面评价。因为对某道工序有利的结果可能引起毛坯制造困难，某个零件结构工艺性改善，可能提高了其他有关零件的加工难度。此外，结构工艺性还有使用和维修要求，也就是要便于装拆，以利于迅速更换和修理。结构工艺性又具有相对性，对不同生产规模或具有不同生产条件的工厂来说，对产品结构工艺性的要求是不同的。

5.2.2 毛坯结构工艺性

机械零件广泛采用铸造毛坯，按质量计算，铸件占毛坯总量的 70%~85%，其次是锻件、冲压件、各种型材和焊件。零件结构对毛坯制造的工艺性影响很大。总的说来，零件结构应符合各种毛坯制造方法的工艺性要求，同时应适合于采用先进的毛坯工艺。本节主要讨论铸件和锻件的结构工艺性问题。

零件毛坯的铸造工艺性主要应避免由结构设计不良引起的铸造缺陷，并使铸造工艺过程简单，操作方便。为此应遵循下述各项原则：

1) 铸件形状尽量简单，以利于模样、型芯及熔模的制造，避免不规则分型面。内腔形状应尽量采用直线轮廓，减少凸起，以减少型芯数，简化操作。

2) 铸件的垂直壁或筋都应有起模斜度，内表面斜度大于外表面，以便于模样和型芯取出。

3) 为防止浇注不到，铸件壁厚不能太薄。应依据铸件尺寸来确定，也与材料和铸造方法有关，一般可按下式估计

$$S = \frac{L}{200} + 4$$

式中　S——铸件壁厚（mm）；
　　　L——铸件最大尺寸（mm）。

内壁比外壁减薄 20%，加强筋取为壁厚的 0.5~0.6。各处壁厚均匀、圆角一致，从而防止铸件冷却不均匀产生残余应力和裂纹。

4) 为防止挠曲变形，铸件应采用对称截面。尽量减少大的水平面，以利于补缩和排气。

铸件结构工艺性图例及说明见表 5-5。

表 5-5　铸件结构工艺性图例及说明

改进前	改进后	说　　明
		壁厚力求均匀,减少厚大断面,以免产生缩孔

(续)

改进前	改进后	说 明
		减少大的水平面，便于杂质和气体排除，减少内应力 铸孔轴线与起模方向一致
		铸件表面的局部凸台应连成一片
		分型面应尽量减少。本例使三箱造型变成两箱造型
		在起模方向具有起模斜度（包括加强筋）
		使铸件结构不阻碍材料收缩，如大轮辐应成弯曲形或锥形辐板
		细长件或大平板收缩时易挠曲，应改为对称截面或合理设置加强筋

锻造包括自由锻、模锻和顶锻等，适用于不同的生产批量和毛坯形状尺寸的要求。不同锻造方法对零件结构形状的要求也不同，一般说来应考虑下述各项原则：

1) 锻造毛坯形状应简单、对称，避免柱体部分交贯和主要表面上有不规则凸台。毛坯形状应允许有水平分模面,最大尺寸在分模面上,以简化锻模结构。

2)模锻毛坯应有起模斜度和圆角,槽和凹口只允许沿模具运动方向分布,以便于毛坯从模具中取出,防止锻造缺陷并延长模具寿命。

3)毛坯形状不应引起模具侧向移动,使上、下型错位。

4)零件壁厚差不能太大,因为薄壁冷却较快,会阻止金属流动,降低模具寿命。

5.2.3 零件结构工艺性

提高零件结构的加工工艺性,应遵循下述各项原则。

1. 减轻零件重量

机器在满足刚度、精度和工作性能的前提下,应设计成体积小、重量轻的。这样不仅节省材料和工时,还便于选用加工设备,便于工艺过程中存放、运输和装卸。对于减轻铸件重量来说,首先应减小铸件壁厚,一般在不改变刚度和形状的条件下,箱体壁厚减小 K 倍,重量相应减小 $\frac{2}{3}K$ 倍。采用焊件,可使零件重量减小 20%~30%,机械加工量减小 30%~50%。为此,在大批和成批生产中广泛采用冲压件焊接结构,而重型和单件生产中也可采用铸、锻件和轧制材料焊接,达到节省材料,减轻重量的目的。减轻零件重量图例及说明见表 5-6。

表 5-6 减轻零件重量图例及说明

改 进 前	改 进 后	说 明
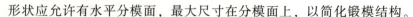		采用冷冲压件代替铸件 1 和 2,节省材料和车削工时
		改进结构,采用轧制型材,减小直径,节省材料(因 $V=\pi d^2 h$)

2. 保证加工的可能性和经济性

零件的结构设计必须考虑到加工时的安装,对刀、测量和提高切削效率。例如:减少加工表面;正确规定技术要求;保证刀具能自由进刀和退刀以及正常工作,避免损坏或过早磨损;零件结构应便于安装,能减少对刀和安装次数。不良的设计会使加工困难、浪费工时,甚至无法加工。提高加工的经济性图例及说明见表 5-7。保证刀具正常、有效工作的图例及说明见表5-8。

表5-7 提高加工的经济性图例及说明

改 进 前	改 进 后	说 明
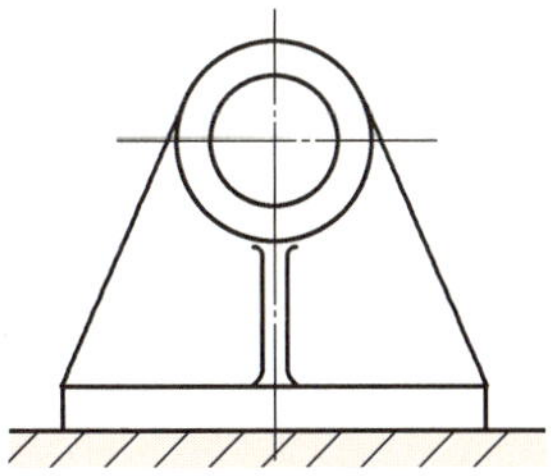	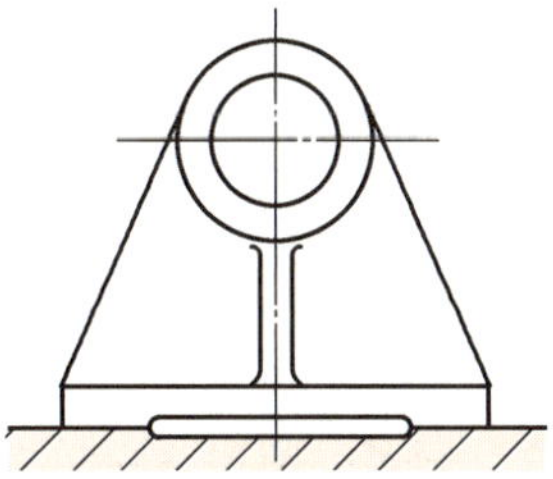	减少底座加工面积,铸出凸台,可减少加工量,且有利于减小平面度误差,提高接触精度
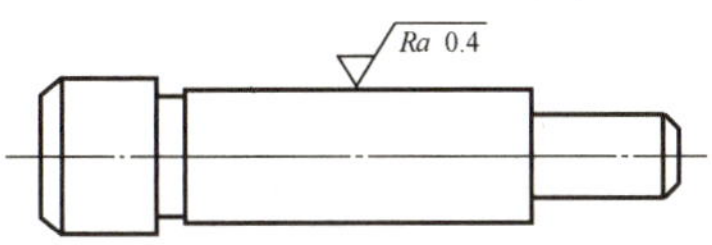	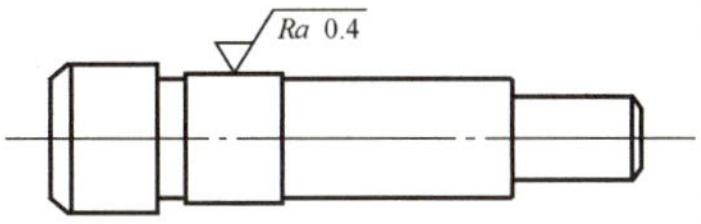	减少配合面长度,如采用冷拉钢料,销轴头部可不加工
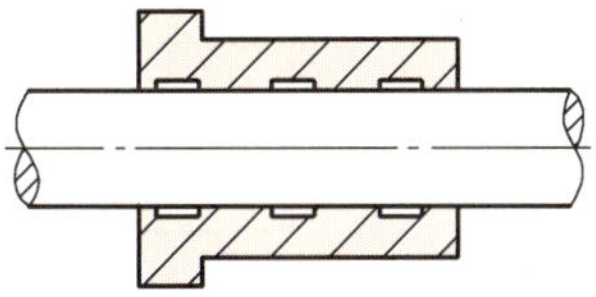	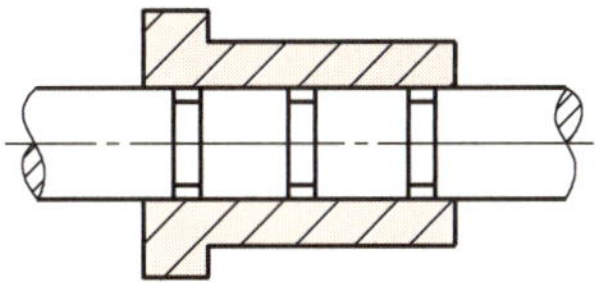	轴套内沟槽改成轴的外沟槽加工,因外表面要比内表面加工方便经济、便于测量

表5-8 保证刀具正常、有效工作的图例及说明

改 进 前	改 进 后	说 明
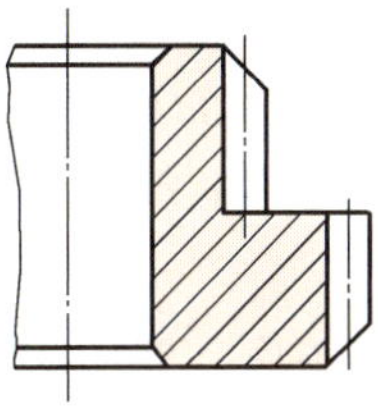	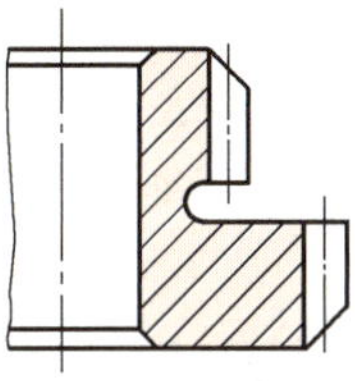	齿轮、螺纹、键槽加工都必须有退刀槽,否则引起刀具损坏,或者无法加工
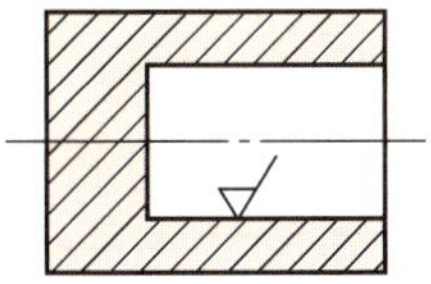 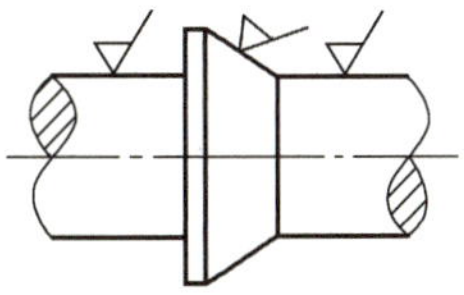	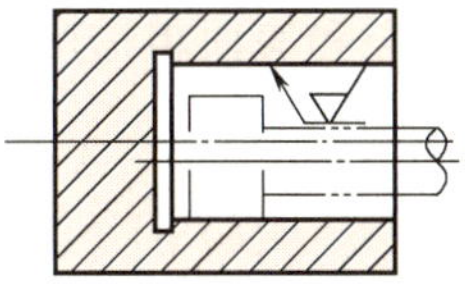 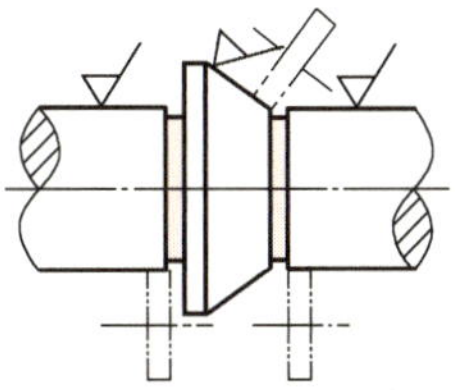	磨削不通孔和阶梯轴时,若无退刀槽,不能磨出清角,影响配合和砂轮磨损

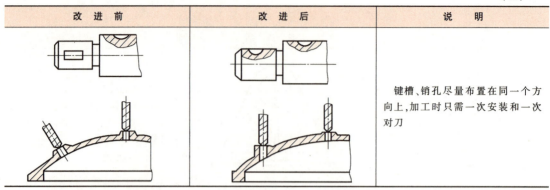

改 进 前	改 进 后	说 明
		键槽、销孔尽量布置在同一个方向上,加工时只需一次安装和一次对刀

3. 零件尺寸规格标准化

在设计零件时对它的结构要素应尽量标准化,这样做可以大大节约工具,减少工艺准备工作,简化工艺装备。例如零件上的螺孔、定位孔、退刀槽等尽量符合标准(国家标准或工厂规范)。尺寸一致,就可采用标准钻头、铰刀和量具,避免专门制备,减少刀具规格,如图 5-3 所示。

4. 正确标注尺寸及规定加工要求

如果尺寸标注不合理,会给加工带来困难或者达不到质量要求。从工艺的角度来看,尺寸标注应符合尺寸链最短原则,使有关零件装配的累积误差最小;应避免从一个加工表面确定几个非加工表面的位置;不要从轴线、锐边、假想平面或中心线等难于测量的基准标注尺寸,因为这些尺寸不能直接测量而需经过换算。

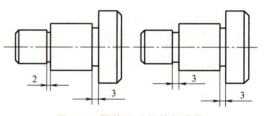

图 5-3 零件尺寸规格标准化

零件的自由尺寸应按加工顺序尽量从工艺基准注出。如图 5-4 所示齿轮轴的尺寸标注,图 5-4a 所示标注方法大部分尺寸要换算,不能直接测量。图 5-4b 所示标注方式与加工顺序一致,便于加工测量。

零件上规定了过高公差等级和表面粗糙度要求的表面必然要增加工序。例如加工公差等级 IT8 的孔,只需一次铰削,而公差等级 IT7 的孔需铰两次,增加了工时和刀、夹、量具,成本也相应提高。因此,零件公差等级和表面粗糙度要求首先应满足工作要求,同时要考虑工艺条件及加工成本不要盲目提高。

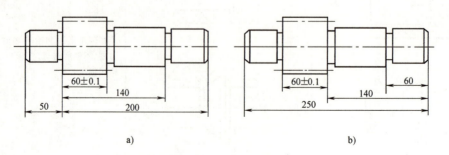

图 5-4 齿轮轴的尺寸标注

5.2.4 装配结构工艺性

改善机器结构的装配工艺性，应遵循下述各项原则：

1) 机器结构应能分解成独立装配单元，以便于组织平行的流水线装配作业、缩短装配周期。图 5-5a 中齿轮分度圆直径较大，必须先放入箱体内，再逐个将轴和轴系零件装上。图 5-5b 的结构使轴承孔径和齿轮分度圆直径向一端递减，法兰盖（左端盖）可通过带轮上的孔拧紧。这样轴及轴系零件就可组成一独立组件。组件和具有功能的部件可以单独进行检验或试车调整，更好地保证总装质量并减少了装配时间。

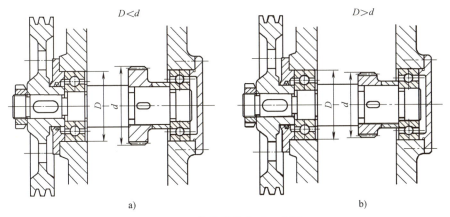

图 5-5 传动轴的装配工艺性

2) 应使装配操作和调整方便，减轻装配劳动。装配工作往往是手工操作，比较繁重，效率较低，因此改进装配结构有重要意义。例如：要求装配和拆卸方便；相配合零件有正确的装配基面，避免找正；对于有严格相对位置要求的装配结构，应便于识别，避免装错；应使装配过程中的修配工作减到最少，因为手工修配费工费时，即使采用机械修配，也不利于流水线装配作业，延长了装配周期；对于大型零件必须设计起吊孔，以便于装配操作。

表 5-9 以某些图例给予进一步说明。

表 5-9 使装配操作和调整方便的图例

改 进 前	改 进 后	说 明
		改进前的设计装配困难，旁开工艺孔稍好，而改为双头螺柱最好
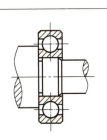	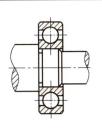	轴承内圈的外径应大于轴肩直径，以便于拔出

(续)

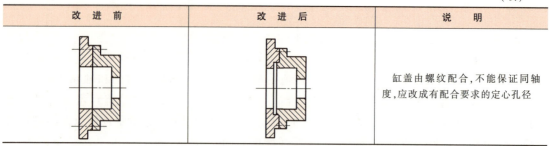

改 进 前	改 进 后	说 明
		缸盖由螺纹配合,不能保证同轴度,应改成有配合要求的定心孔径

3) 装配结构中必要的零件数目和规格应减至最少,简化了结构并使装配容易。尽量沿用成功的产品结构,扩展继承性。在推广成组技术、图样采用编码及计算机检索后,将能更好地继承和利用以前的结构。

在装配工作中有大量的紧固螺钉,应尽量采用标准件并减少规格品种,从而有利于应用电动或气动扳手,减轻劳动量,提高效率。

4) 应有利于达到和提高装配质量要求。

5.3 定位基准的选择

定位基准的选择是制订工艺规程的一个重要问题,它直接影响到工序的数目,夹具结构的复杂程度以及零件精度是否易于保证,一般应对几种定位方案进行比较。

在第一道工序中只能选用毛坯表面来定位,称为粗基准,在以后的工序中,采用已加工表面来定位,称为精基准。由于粗基准和精基准的作用不同,两者的选择原则也各异。

有时可能遇到这样的情况:工件上没有能作为定位基准用的恰当表面,这时就必须在工件上专门设置或加工出定位基面,称为辅助基准。如图5-6所示车床小刀架的工艺凸台,工艺凸台应和定位面同时加工出来,使定位稳定、可靠。辅助基准在零件工作中并无用处,完全是为了工艺上的需要,加工完毕后如有必要可以去掉。

5.3.1 粗基准的选择

粗基准的选择有两个出发点:一是保证各加工表面有足够的余量;二是保证不加工表面的尺寸和位置符合图样要求。粗基准的选择原则是:

1) 若工件必须首先保证某重要表面余量均匀,则应选该表面为粗基准。如图5-7所示床身导轨加工,导轨面要求硬度高而且均匀。其毛坯铸造时,导轨面向下放置,使表层金属组织细致均匀,没有气孔、夹砂等缺陷。因此加工时,希望只切去一层较小而均匀的余量,保留组织紧密耐磨的表层,且达到较高加工精度。由图5-7可见应选导轨面为粗基准,此时床脚上余量不均并不影响床身质量。

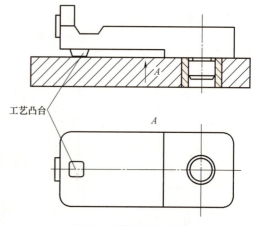

图5-6 辅助基准示例

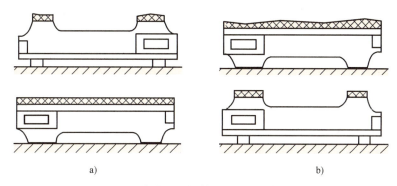

图 5-7 床身加工粗基准的两种方案比较
a) 正确　b) 不正确

2) 若工件必须首先保证加工表面与不加工表面之间的位置要求，则应选不加工表面为粗基准，以达到壁厚均匀、外形对称等要求。若有多个不加工表面，则粗基准应选用位置精度要求较高者。图 5-8 所示工件，在毛坯铸造时毛坯 2 和外圆 1 之间有偏心。外圆 1 不需加工而零件要求壁厚均匀，因此粗基准应为外圆 1。

若工件上每个表面都要加工，则应以余量最小的表面作为粗基准，以保证各表面都有足够余量。如图 5-9 所示锻轴以大端外圆为粗基准，由于大小端外圆偏心距为 5mm，以致小端可能加工不出，应改选余量较小的小端外圆为粗基准。

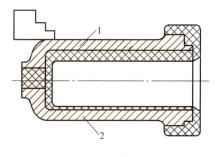

图 5-8　以不加工表面为粗基准
1—外圆　2—毛坯

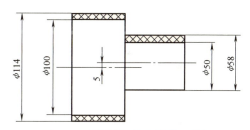

图 5-9　阶梯轴粗基准的错误选择

3) 选为粗基准的表面应尽可能平整光洁，不能有飞边、浇口、冒口或其他缺陷，以便定位准确、夹紧可靠。

应该注意：由于粗基准终究是毛坯表面，比较粗糙，不能保证重复安装的位置精度，定位误差很大，因此粗基准一般只允许使用一次。但若采用精化毛坯，而相应的加工要求不高，重复安装的定位误差在允许范围之内，则粗基准也可灵活选用。

5.3.2　精基准的选择

选择精基准时主要应考虑减少定位误差和安装方便准确，因此精基准的选择原则是：

1) 应尽可能选用设计基准作为精基准，避免基准不重合产生的定位误差，这就是"基准重合原则"。如图 5-10a 所示零件，根据尺寸标注可知孔 A 的设计基准为 C 面和底面，按照基准重合原则，选择 C 面和底面作为加工孔 A 的定位基准（图 5-10b）。

对于零件的最后精加工工序，更应遵循这一原则。例如机床主轴锥孔最后精磨工序应选择支承轴颈定位。

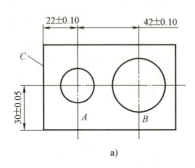
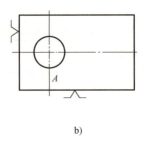

图 5-10 基准重合示例

2）应尽可能选用统一的定位基准加工各表面，以保证各表面间的位置精度，这就是"基准统一原则"。

采用统一基准能用同一组基面加工大多数表面，有利于保证各表面的相互位置要求，避免基准转换带来的误差，而且简化了夹具的设计和制造，缩短了生产准备周期。轴类零件的中心孔、箱体零件的一面两销都是统一基准的典型例子。如图 5-11 所示柴油机箱体，各个孔的加工均以底面 A 和工艺孔作为统一基准，以保证其位置精度。

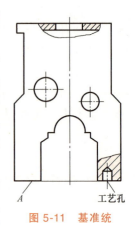

图 5-11 基准统一示例

3）有些精加工或光整加工工序应遵循"自为基准原则"，因为这些工序要求余量小而均匀，以保证表面加工的质量并提高生产率。此时应选择加工表面本身作为精基准，而该加工表面与其他表面之间的位置精度则应由先行工序保证。图 5-12 所示为在导轨磨床上磨削工件导轨，安装后用百分表找正工件的导轨表面本身，此时床脚仅起支承作用。此外，珩磨、铰孔及浮动镗孔等都是自为基准的例子。

另外，不论是粗基准还是精基准，都应满足定位准确稳定的要求。为此，定位基面应有足够大的接触面积和分布面积。接触面积大能承受较大切削力，分布面积大使定位稳定可靠、精度高。

基准选择的各项原则有时是互相矛盾的，必须根据实际条件和生产类型分析比较。综合考虑这些原则，达到定位精度高、夹紧可靠、夹具结构简单、操作方便的要求。

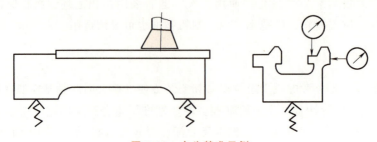

图 5-12 自为基准示例

5.4 工艺路线的拟订

这是制订工艺规程的关键性一步。在具体工作中，应该在充分调查研究的基础上，提出多种方案进行分析比较，要看到工艺路线不但影响加工的质量和效率，而且影响到工人的劳动强度、设备投资、车间面积、生产成本等，必须严谨从事，使拟订的工艺路线达到多快好省的要求。

除定位基准的合理选择外，拟订工艺路线还要考虑下列四个方面：

1. 加工方法的选择

加工方法的选择即根据每个加工表面的技术要求，确定其加工方法及分几次加工。表面达到同样质量要求的加工方法可以有多种，因而在选择从粗到精各加工方法及其步骤时要综合考虑各方面工艺因素的影响。例如：

1) 各种加工方法的经济精度和表面粗糙度，使其与加工技术要求相当。常用加工方法的经济精度和表面粗糙度可参考表5-10~表5-12。但须指出：这是在一般情况下可达到的精度和表面粗糙度，在某些具体条件下是会改变的。而且随着生产技术的发展及工艺水平的提高，同一种加工方法所能达到的精度和表面粗糙度也会提高。

表 5-10 外圆表面加工方法

序号	加工方法	经济精度	表面粗糙度 $Ra/\mu m$	适用范围
1	粗车	IT11 以下	12.5~50	
2	粗车-半精车	IT8~IT11	3.2~6.3	适用于淬火钢以外的各种金属
3	粗车-半精车-精车	IT7~IT8	0.8~1.6	
4	粗车-半精车-精车-滚压(或抛光)	IT7~IT8	0.025~0.2	
5	粗车-半精车-磨削	IT7~IT8	0.4~0.8	主要用于淬火钢,也可用于未淬火钢,但不宜加工有色金属
6	粗车-半精车-粗磨-精磨	IT6~IT7	0.1~0.4	
7	粗车-半精车-粗磨-精磨-超精密加工(或轮式超精磨)	IT5	Rz0.1~0.1	
8	粗车-半精车-精车-金刚石车	IT6~IT7	0.025~0.4	主要用于要求较高的有色金属加工
9	粗车-半精车-粗磨-精磨-超精磨或镜面磨	IT5 以上	Rz0.05~0.025	极高精度的外圆加工
10	粗车-半精车-粗磨-精磨-研磨	IT6 以上	Rz0.05~0.1	

表 5-11 孔加工方法

序号	加工方法	经济精度	表面粗糙度 $Ra/\mu m$	适用范围
1	钻	IT11~IT12	12.5	加工未淬火钢及铸铁的实心毛坯,也可用于加工有色金属(但表面稍粗糙,孔径小于15~20mm)
2	钻-铰	IT9	1.6~3.2	
3	钻-铰-精铰	IT7~IT8	0.8~1.6	
4	钻-扩	IT10~IT11	6.3~12.5	同上,但孔径大于15~20mm
5	钻-扩-铰	IT8~IT9	1.6~3.2	
6	钻-扩-粗铰-精铰	IT7	0.8~1.6	
7	钻-扩-机铰-手铰	IT6~IT7	0.1~0.4	

(续)

序号	加工方法	经济精度	表面粗糙度 Ra/μm	适用范围
8	钻-扩-拉	IT7~IT9	0.1~1.6	大批大量生产（精度由拉刀精度而定）
9	精镗（或扩孔）	IT11~IT12	6.3~12.5	除淬火钢外各种材料，毛坯有铸出孔或锻出孔
10	粗镗（粗扩）-半精镗（精扩）	IT8~IT9	1.6~3.2	
11	粗镗（扩）-半精镗（精扩）-精镗（铰）	IT7~IT8	0.8~1.6	
12	精镗（扩）-半精镗（精扩）-精镗-浮动镗刀精镗	IT6~IT7	0.4~0.8	
13	粗镗（扩）-半精镗-磨孔	IT7~IT8	0.2~0.8	主要用于淬火钢，也可用于未淬火钢；但不宜用于有色金属
14	粗镗（扩）-半精镗-粗磨-精磨	IT6~IT7	0.1~0.2	
15	粗镗-半精镗-精镗-金刚镗	IT6~IT7	0.05~0.4	主要用于加工精度要求高的有色金属
16	钻-(扩)-粗铰-精铰-珩磨；钻-(扩)-拉-珩磨；粗镗-半精镗-精镗-珩磨	IT6~IT7	0.025~0.2	精度要求很高的孔
17	以研磨代替上述方案中的珩磨	IT6 以上	0.08~0.25	

表 5-12 平面加工方法

序号	加工方法	经济精度	表面粗糙度 Ra/μm	适用范围
1	粗车-半精车	IT9	3.2~6.3	圆柱面和端面
2	粗车-半精车-精车	IT7~IT8	0.8~1.6	端面
3	粗车-半精车-磨削	IT8~IT9	0.2~0.8	
4	粗刨（或粗铣）-精刨（或精铣）	IT8~IT9	1.6~6.3	一般不淬硬平面（端铣表面粗糙度较小）
5	粗刨（或粗铣）-精刨（或精铣）-刮研	IT6~IT7	0.1~0.8	精度要求较高的不淬硬平面；批量较大时宜采用宽刃精刨方案
6	以宽刃刨削代替上述方案刮研	IT7	0.2~0.8	
7	粗刨（或粗铣）-精刨（或精铣）-磨削	IT7	0.2~0.8	精度要求高的淬硬平面或不淬硬平面
8	粗刨（或粗铣）-精刨（或精铣）-粗磨-精磨	IT6~IT7	0.02~0.4	
9	粗铣-拉	IT7~IT9	0.2~0.8	大量生产，较小的平面（精度视拉刀的精度而定）
10	粗铣-精铣-磨削-研磨	IT6 以上	Rz0.05~0.1	高精度平面

例如外圆磨床一般可达到公差等级 IT7 及 Ra 值为 0.2μm 的表面粗糙度，但在采取适当措施提高磨床精度以及改进磨削工艺后，在普通外圆磨床上能进行高光洁度磨削，达到公差等级 IT6 以上精度及 Ra 值为 0.10~0.012μm 的表面粗糙度。另外在大批大量生产中，为了保证高的生产率和高的成品率，常把原用于高光洁度的加工方法用于获得较差表面粗糙度。例如：连杆加工采用珩磨达到 Ra 值为 0.8μm 的表面粗糙度；曲轴加工中用超精密加工获得 Ra 值为 0.4μm 的表面粗糙度。

2）工件材料的性质，如淬火钢应采用磨削；有色金属则磨削困难，一般都采用金刚镗或高速精密车削进行精加工。

3）要考虑生产类型，即生产率和经济性问题。在大批大量生产中可采用专用的高效率设备，故平面和孔可采用拉削取代普通的铣、刨和镗削。如果采用精化毛坯，如粉末冶金制造油泵齿轮、失蜡浇铸制造柴油机的零件等，则可大大减少切削加工量。

4）要考虑本厂、本车间现有设备情况及技术要求。应该充分利用现有设备，挖掘企业潜力，发挥人员积极性和创造性，但也应考虑不断改进现有方法和设备，推广新技术，提高工艺水平。另外，还必须考虑设备负荷的平衡。

有时还应考虑其他一些因素，如加工表面物理机械性能的特殊要求，工件形状和重量等。

在拟订零件的工艺路线时，首先要确定各个表面的加工方法和加工方案，零件上比较精确的表面，是通过粗加工、半精加工和精加工逐步达到的，对这些表面应正确地确定从毛坯到最终成形的加工路线。一个工件有多种表面，每个表面又有多种加工方法。拟订工艺路线就是选择合适的加工方法和加工方案。

表 5-10~表 5-12 分别表明了外圆、孔及平面三种典型表面的加工方法。

2. 加工阶段的划分

工艺路线按工序性质不同而划分成如下几个阶段：

1）粗加工阶段。其主要任务是切除大部分加工余量，因此主要问题是如何获得高的生产率。此阶段加工精度低、表面粗糙度值大（公差等级 IT12 以下，$Ra12.5 \sim 50\mu m$）。

2）半精加工阶段。使主要表面消除粗加工留下的误差，达到一定的精度及精加工余量；为精加工做好准备，并完成一些次要表面如钻孔、铣键槽等的加工（公差等级 IT10~IT12，$Ra3.2 \sim 6.3\mu m$）。

3）精加工阶段。使各主要表面达到图样的要求（可达 IT7~IT10 级，$Ra0.4 \sim 1.6\mu m$）。

4）光整加工阶段。对于精度和表面粗糙度要求很高如公差等级 IT6 及以上精度、Ra 值 $0.2\mu m$ 以上表面粗糙度的零件，采用光整加工，但光整加工一般不用于纠正几何误差。

有时若毛坯余量特别大，表面极其粗糙，在粗加工前设有去皮加工阶段称为荒加工，并常常在毛坯准备车间进行。

划分加工阶段是因为：

1）粗加工时切削余量大，切削用量、切削热及功率消耗都较大，因而工艺系统受力变形、热变形及工件内应力变形都严重存在，不可能达到高的加工精度和表面粗糙度，要有后续阶段逐步减少切削用量，逐步修正工件误差。而阶段之间的时间间隔用于自然时效，有利于工件消除内应力和充分变形，以便在后续工序中得到修正。

2）划分加工阶段可合理使用机床设备。粗加工时可采用功率大、精度一般的高效率设备；精加工则采用相应的精密机床，发挥了机床设备各自的性能特点，也延长了高精度机床的使用寿命。

3）零件工艺过程中插入了必要的热处理工序，这样工艺过程以热处理工序为界自然地划分为上述各阶段，各具不同特点和目的。例如精密主轴加工中，在粗加工后进行去应力时效处理，半精加工后进行淬火，精加工后进行冰冷处理及低温回火，最后再进行光整加工。

此外划分加工阶段还有两个好处：

① 粗加工后可及早发现毛坯缺陷，及时报废或修补，以免继续精加工而造成浪费。

② 表面精加工安排在最后，可防止或减少损伤。

上述阶段的划分不是绝对的，当加工质量要求不高、工件刚性足够、毛坯质量高、加工余量小时，可以不划分，如自动机上加工的零件。有些重型零件，由于安装运输费时又困难，常在一次安装下完成全部粗加工和精加工。为减少夹紧力的影响，并使工件消除内应力及发生相应的变形，在粗加工后可松开夹紧，再用较小的力重新夹紧然后进行精加工。

3. 工序的集中与分散

确定了加工方法和划分加工阶段之后零件加工的各个工步也就确定了。如何把这些工步组成工序呢？也就是要进一步考虑这些工步是分散成各个单独工序，分别在不同的机床设备上进行，还是把某些工步集中在一个工序中在一台设备（如多刀多工位专用机床）上进行。工序集中的特点是：

1）由于采用高效专用机床和工艺装备，大大提高了生产率。

2）减少了设备数量，相应地减少了操作工人数和生产面积。

3）减少了工序数目，缩短了工艺路线，简化了生产计划工作。

4）减少了加工时间，减少了运输路线，缩短了加工周期。

5）减少了工件安装次数，不仅提高生产率，还由于在一次安装中加工许多表面，易于保证它们之间的相互位置精度。

6）专用机床和工艺装备成本高，其调整、维修费时费事，生产准备工作量大。

工序分散的特点恰恰相反：

1）由于每台机床只完成一个工步，故可采用结构简单的高效机床（如单能机床）和工装，容易调整。也易于平衡工序时间，组织流水生产。

2）生产准备的工作量小，容易适应产品更换。

3）工人操作技术要求不高。

4）设备数量多，操作工人多，生产面积大。

5）生产周期长。

在一般情况下单件小批生产只能是工序集中，但多采用通用机床。大批大量生产中可以集中，也可分散。从生产技术发展的要求来看，一般趋向于采用工序集中原则来组织生产。成批生产中一般不能采用价格昂贵的专用设备使工序集中，但应尽可能采用多刀半自动车床、转塔车床和多轴镗头等效率较高的机床，就是在通用机床上加工，也以工序适当集中为宜。至于数控机床和加工中心，虽然相对价格昂贵，但由于它们具有灵活、高效，便于改变生产对象的特点，可对品种、小批量生产中进行集中工序自动化生产。

4. 加工顺序的安排

（1）切削加工顺序　切削加工顺序的安排应考虑下面几个原则：

1）先粗后精。各表面的加工工序按前述从粗到精的加工阶段交叉进行。

2）先主后次。零件上的装配基面和主要工作表面等先安排加工，而键槽、紧固用的光孔和螺孔等加工由于加工面小，又和主要表面有相互位置的要求，一般都应安排在主要表面达到一定精度之后（如半精加工之后），但又应在最后精加工之前。

3) 基面先行。每一加工阶段总是先安排精基面加工工序。例如轴类零件加工中采用中心孔作为统一基准，因此每个加工阶段开始，总是先钻中心孔、重钻或修研中心孔。作为精基准，应使其具有足够高的精度和表面粗糙度，并常常高于原来图样上的要求。若精基准不止一个，则应按照基准转换的次序和逐步提高精度的原则来安排。例如精密坐标镗床主轴套筒，其外圆和内孔就要互为基准反复进行加工。

4) 先面后孔。对于箱体、支架、连杆、拨叉等一般机器零件，平面所占轮廓尺寸较大，用平面定位比较稳定可靠，因此其工艺过程总是选择平面作为定位精准面，先加工平面，再加工孔。

上述坐标镗床主轴部件装配精度及技术要求很高，由于其组合零件多（包括套筒、主轴及轴承），装配累积误差大，装配过程中由于零件变形又引起精度损失，若单靠提高单件加工精度来保证成品最终精度困难大、成本高，为此可采用配套加工方法，即有些表面的最后精加工安排在部件装配之后或总装过程中进行。例如柴油机连杆的大头孔，其精镗和珩磨工序应安排在与连杆盖装配后以及在压入轴承套后进行。

(2) 热处理工序的安排　热处理目的在于改变材料的性能和消除内应力，可分为：

1) 预备热处理，安排在加工前以改善切削性能，消除毛坯制造时的内应力。例如碳的质量分数超过0.5%的碳素钢，一般采用退火以降低硬度；碳的质量分数在0.5%以下的碳素钢则采用正火，以提高硬度，使切削时切屑不黏刀。由于调质能得到组织细致均匀的回火索氏体，有时也用作预备热处理，但一般安排在粗加工之后。

2) 最终热处理。安排在半精加工之后和磨削之前（渗氮处理则在粗磨和精磨之间），主要用来提高材料的强度和硬度，如淬火—回火，各种化学热处理（渗碳、渗氮）。因淬火后材料的塑性和韧性很差，有很高的内应力，容易开裂，组织不稳定，使其性能和尺寸发生变化，故淬火后必须进行回火。其中调质处理使材料获得一定的强度及硬度，又有良好冲击韧性的综合机械性能，常用于连杆、曲轴、齿轮和主轴等柴油机、机床零件。

3) 去应力处理，包括人工时效、退火及高温去应力处理等。精度一般的铸件只需进行一次，安排在粗加工后较好，可同时消除铸造和粗加工的应力，减小后续工序的变形。精度要求较高的铸件，则应在半精加工后安排第二次时效处理，使精度稳定。精度要求很高的精密丝杠、主轴等零件，则应安排多次时效。对于精密丝杠、精密轴承、精密量具及油泵、喷油器部件等为了消除残余奥氏体，稳定尺寸，还要采用冰冷处理，即冷却到-80~-70℃，保温1~2h（一般在回火后进行）。

(3) 辅助工序的安排　检验工序是主要的辅助工序，是保证质量的重要措施。除了各工序操作者自检外，下列场合还应单独安排：

1) 粗加工阶段结束之后。

2) 重要工序前后。

3) 送往外车间加工前后。

4) 特种性能（磁力探伤、密封性等）检验。

5) 加工完毕，进入装配和成品库时。

此外，去毛刺、倒顿锐边、去磁、清洗、涂防锈油等都是不可忽视的必要的辅助工序。若缺少或要求不严，将对装配工作带来困难，甚至使机器不能使用。例如未去尽的毛刺或锐边将使工件不能装配，并危及工人安全等。

5.5 加工余量和工序尺寸

5.5.1 加工余量的确定

在由毛坯变为成品的过程中，在某加工表面切除的金属层的总厚度称为该表面的加工总余量，每一道工序切除的金属层厚度为工序间加工余量。外圆和孔等旋转表面的加工余量是指直径上的，故为对称余量，即实际所切除的金属层厚度是加工余量之半。平面的加工余量，则是单边余量，它等于实际切除的金属层厚度。

由于各工序尺寸都有公差，故各工序实际切除的余量是变化的。工序公差一般规定为"入体"方向，即对于轴类零件的尺寸，工序公差取单向负偏差，工序的公称尺寸等于上极限尺寸；对于孔类零件的尺寸，工序公差取单向正偏差，故工序公称尺寸等于下极限尺寸。但毛坯制造偏差取正负值。据此规定，可作出图 5-13 所示加工工序余量、工序公差和工序尺寸的关系图，并可得出：

加工总余量为各工序余量之和，即 $Z_0 = Z_1 + Z_2 + Z_3 + \cdots$

对轴类尺寸而言：

最大工序余量　　$Z_{2max} = d_{1max} - d_{2min} = Z_2 + T_{d2}$

最小工序余量　　$Z_{2min} = d_{1min} - d_{2max} = Z_2 - T_{d1}$

工序余量公差　　$\delta_{Z2} = Z_{2max} - Z_{2min} = T_{d1} + T_{d2}$

对孔类尺寸而言：

最大工序余量　　$Z_{2max} = D_{2max} - D_{1min} = Z_2 + T_{D2}$

最小工序余量　　$Z_{2min} = D_{2min} - D_{1max} = Z_2 - T_{D1}$

工序余量公差　　$\delta_{Z2} = Z_{2max} - Z_{2min} = T_{D1} + T_{D2}$

可见无论轴类或孔类尺寸的工序余量公差总是上工序和本工序的公差之和。

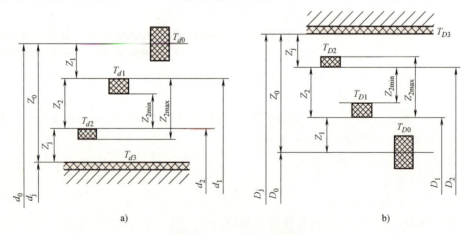

图 5-13　工序尺寸和余量

a) 被包容面（轴）　b) 包容面（孔）

加工总余量的大小对制订工艺过程有一定影响：总余量不够，将不足以切除零件上有误差和缺陷的部分，达不到加工要求；总余量过大，不但增加了加工劳动量，而且增加了材料、工具和电力的消耗,从而增加了成本。加工总余量的数值与毛坯制造精度有关,若毛坯精度差,余量分布极不均匀,必须规定较大的余量。加工总余量的大小还与生产类型有关,生产批量大时,总余量应小些,但相应地要提高毛坯精度。

对于工序间余量,可参考有关手册推荐的资料。工序间余量同样应适当,特别是对于一些精加工工序,如精磨、研磨、珩磨、浮动镗削等,都有合适的加工余量范围。若余量过大,会使精加工时时间过长,甚至破坏了精度和表面粗糙度;余量过小则使工件某些部位加工不出来。此外,由于余量不均匀,还影响加工精度,所以对精加工工序的余量大小和均匀性要有规定。

影响工序间余量的因素比较复杂,构成最小余量的主要因素有下述几项:

(1) 上工序的表面粗糙度 Ra 及混合表面缺陷深度 SIM_{cd} 如图 5-14 所示,为了使加工后的表面不留下前工序的痕迹,最小余量至少要包含上工序的表面粗糙度 Ra 及混合表面缺陷深度 SIM_{cd}。

各种加工方法的 Ra 和 SIM_{cd} 见表 5-13。

(2) 上工序的尺寸公差 δ_a 由图 5-13 可知,工序基本余量必须大于上工序的尺寸公差,凡是包括在尺寸公差范围内的几何误差(如圆度和锥度包括在直径公差内,平行度包括在距离公差内),不再单独考虑。

(3) 几何误差 由于毛坯制造、热处理以及工件存放时所引起的几何误差 ρ_a,例如弯曲、位移、偏心、偏斜、不平行、不垂直等。细长轴因内应力而变形,其加

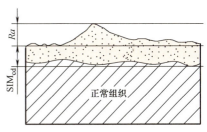

图 5-14 表面粗糙度和混合表面缺陷深度

工余量比用同样方法加工的一般短轴要大些。热处理不但引起零件几何形状的变形,而且会引起尺寸的胀缩。例如大部分齿轮高频淬火后,内孔缩小,内花键甚至发生扭转变形。

表 5-13 各种加工方法的 Ra 和 SIM_{cd} （单位：μm）

加工方法	Ra	SIM_{cd}	加工方法	Ra	SIM_{cd}
粗车内外圆	15~100	40~60	粗刨	15~100	40~50
精车内外圆	5~45	30~40	精刨	5~45	25~40
粗车端面	15~225	40~60	粗插	25~100	50~60
精车端面	5~54	30~40	精插	5~45	35~50
钻削	45~225	40~60	粗铣	15~225	40~60
粗扩孔	25~225	40~60	精铣	5~45	25~40
精扩孔	25~100	30~40	拉削	1.7~3.5	10~20
粗铰	25~100	25~30	切断	45~225	60
精铰	8.5~25	10~20	研磨	0~1.6	3~5
粗镗	25~225	30~50	超级光磨	0~0.8	0.2~0.3
精镗	5~25	25~40	抛光	0.06~1.6	2~5
磨外圆	1.7~15	15~25	闭式模锻	100~225	500
磨内圆	1.7~15	20~30	冷拉	25~100	80~100
磨端面	1.7~15	15~35	高精度辗压	100~225	300
磨平面	1.7~15	20~30			

(4) 本工序的安装误差 ε_b　安装误差包括定位误差、夹紧误差及夹具本身的误差。例如图 5-15 所示用自定心卡盘夹紧工件外圆磨内孔时,由于自定心卡盘本身定心不准确,使工件中心和机床回转中心偏移了距离 e,从而使内孔余量不均匀。为了加工出内孔,就需使磨削余量增大 $2e$ 值。

由于 ρ_a 和 ε_b 都是有一定方向的,因此它们的合成应为向量和。综上所述,可以得出最小余量的计算式。

对于平面加工,单边余量:$Z_b = \delta_a + Ra + \text{SIM}_{cd} + (\vec{\rho}_a + \vec{\varepsilon}_b)$

对于外圆和孔,双边余量:$2Z_b = \delta_a + 2(Ra + \text{SIM}_{cd}) + 2(\vec{\rho}_a + \vec{\varepsilon}_b)$

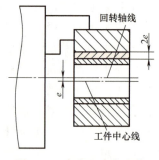

图 5-15　自定心卡盘上的安装误差

上述公式在具体应用时,应考虑具体情况。例如浮动镗孔是自为基准的,不能纠正孔的偏斜和弯曲,因此余量计算式应为

$$2Z_b = \delta_a + 2(Ra + \text{SIM}_{cd})$$

对于研磨、珩磨、超精磨和抛光等光整加工工序,主要任务是去除上工序留下的表面痕迹。它们有的可提高尺寸及形状精度,则其余量计算式为

$$2Z_b = \delta_a + 2Ra$$

有的不能纠正尺寸及形状误差,仅降低表面粗糙度,则其余量计算式为

$$2Z_b = 2Ra$$

5.5.2　工序尺寸和公差的确定

计算工序尺寸和标注公差是制订工艺规程的主要工作之一。工序尺寸是指零件在加工过程中各工序所应保证的尺寸,其公差按各种加工方法的经济精度选定。工序尺寸则要根据已确定的余量及定位基准的转换情况进行计算,可以归纳为三种情况:

1) 当定位基准和测量基准与设计基准不重合时进行尺寸换算所形成的工序尺寸。
2) 从尚需继续加工的表面标注的尺寸。实际上它是指基准不重合以及要保证留给一定的加工余量所进行的尺寸换算。
3) 某一表面需要进行多次加工所形成的工序尺寸。它是指加工该表面的各道工序定位基准相同,并与设计基准重合,只需要考虑各工序的加工余量。

前两种情况的尺寸换算需要应用尺寸链原理,见第六章"工艺尺寸链"。第三种情况比较简单,只需要根据工序间余量和工序尺寸之间的关系确定。其计算顺序是由最后一道工序开始往前推算的。

5.6　工艺过程的技术经济分析

5.6.1　时间定额

时间定额是在一定的技术和生产组织条件下制订出来的完成单件产品或单个工序所规定

的工时。它是安排生产计划、计算产品成本和企业经济核算的重要依据之一，也是新设计或扩建工厂或车间时确定设备和人员数量的重要资料。

时间定额主要由经过实验而累积的统计资料及进行部分计算来确定。合理的时间定额能促进工人生产技能和技术熟练程度的不断提高，发挥他们的积极性和创造性，进而推动生产发展。因此，制订的时间定额要防止过紧和过松两种倾向，应该具有平均先进水平，并随着生产水平的发展而及时修订。

完成零件一个工序的时间称为单件时间。它包括下列组成部分：

（1）基本时间 T_b 它是直接用于改变零件尺寸、形状或表面质量等所耗费的时间。对切削加工来说，就是切除余量所耗费的时间，包括刀具的切入和切出时间在内，也称为机动时间，一般可用计算方法确定。

（2）辅助时间 T_a 指在各个工序中为了保证基本工艺工作所需要做的辅助动作所耗费的时间。所谓辅助动作包括装卸工件。起停机床、改变切削用量、进退刀具、测量工件等。基本时间和辅助时间之和称为工序操作时间。

（3）工作地点服务时间 T_s 指工人在工作班时间内照管工作地点及保证工作状态所耗费的时间。例如在加工过程中调整刀具、修正砂轮、润滑及擦拭机床、清理切屑、刃磨刀具等。该时间可按工序操作时间的 $\alpha\%$（$2\%\sim7\%$）来估算。

（4）休息和自然需要时间 T_r 指在工作班时间内所允许的必要的休息和自然需要时间，也可取操作时间的 $\beta\%$（约 2%）来估算。

因此单件时间 T_i 为
$$T_i = T_b + T_a + T_s + T_r$$

成批生产中还要考虑准备终结时间 T_p。准备终结时间是指成批生产中每当加工一批零件的开始和终了时，需要一定的时间做下列工作：加工开始熟悉工艺文件，领取毛坯，安装刀具、夹具，调整机床，加工结束时需要拆卸和归还工艺装备，发送成品等。准备终结时间对一批零件只消耗一次。零件批量越大，分摊到每个零件上的准备终结时间 T_p/n 就越少。所以，成批生产的单件时间定额为

$$T = T_i + \frac{T_p}{n} = (T_b + T_a)\left(1 + \frac{\alpha + \beta}{100}\right) + \frac{T_p}{n}$$

在大量生产中，每个工作地点完成固定的一个工序，不需要上述准备终结时间，所以其单件时间定额为

$$T = T_i = (T_b + T_a)\left(1 + \frac{\alpha + \beta}{100}\right)$$

5.6.2 工艺成本和工艺方案经济性

任何产品的工艺过程通常应制订出几种不同的方案，并分别达到不同的目标（例如最大生产率或最低成本），而最好的方案应按技术经济分析的结果来确定。工艺方案的技术经济分析大致可分为两种情况：一是对不同工艺方案进行工艺成本的分析和比较；二是按某些相对技术经济指标进行比较。

制造一个零件或产品所必须的一切费用的总和就是零件或产品的生产成本。所谓工艺成

本是指生产成本中与工艺过程有关的成本，与工艺过程无关的成本，如行政总务人员的工资、厂房折旧和维持费用等在工艺方案的经济分析中不予考虑。

工艺成本包括两大部分：

（1）可变费用 V（元/件）　与零件年产量直接有关的费用，它包括：毛坯材料和制造费用，操作工人包括奖励在内的工资，万能机床的折旧费和修理费，万能夹具折旧和维修费，刀具费用以及电力消耗。

（2）不变费用 S（元）　与年产量无直接关系的费用，它包括专用机床和专用夹具的折旧和维修费用，调整工人的工资。专用机床和专用夹具是专为某零件加工所用的，不能用于其他零件。因此当产量不足、负荷不满时，只能闲置不用。由于设备的磨损包括有形磨损和无形磨损，后者是因科学技术不断进步、产品价值不断下降而产生的经济损失，设备的年折旧费用是确定的。因此，专用设备的费用就与年产量无直接关系。

若零件的年产量为 N，则全年工艺成本 C 的计算式为

$$C = VN + S$$

因此，单件工艺成本 C_i 为

$$C_i = V + \frac{S}{N}$$

对不同工艺方案进行经济评比时有下述两种情况：

1）若各工艺方案基本投资相近，或在采用现有设备的条件下，工艺成本即可作为衡量各方案经济性的依据。

2）若各工艺方案的基本投资差额较大，这时若单独比较其工艺成本来评定其经济性是不全面的，还必须同时比较基本投资的回收期限。

工艺方案技术经济分析也常按某些相对指标进行。这些技术经济指标有：每一产品所需的劳动量（工时或台时）；每台机床的年产量（吨/台，件/台）；每一工人的年产量（吨/人，件/人）；每平方米生产面积的年产量（吨/米^2，件/米^2）；材料利用系数、设备负荷率；工艺装备系数，设备构成比（专用设备与万能设备之比）；切削时间系数（切削时间与单件时间之比）；原材料消耗和电力消耗等。当工艺方案按成本分析比较结果相差不大时，也可按上述相对技术经济指标做补充论证。

5.6.3　提高机械加工劳动生产率的技术措施

劳动生产率是指一个工人在单位时间内生产出的合格产品的数量，或用完成单件产品或单个工序所耗费的劳动时间来衡量。劳动生产率与时间定额互为倒数。

提高劳动生产率必须处理好质量、生产率和经济性三者的关系。要在保证质量的前提下提高生产率。在提高生产率的同时又必须注意经济效果，此外还必须注意减轻工人劳动强度，改善劳动条件。这里仅介绍与机械加工有关的一些技术措施。

1. 缩短单件时间定额

缩短单件时间定额中的每一个组成部分都是有效的，但应首先集中精力去缩减占工时定额比重较大的那部分时间。例如某厂在卧式车床上进行某一零件的小批生产时，基本时间占 26%，辅助时间占 50%，这时就应着重在缩减辅助时间上采取措施。当生产批量较大时，如在多轴自动车床上加工，基本时间占 69.5%，辅助时间仅 21%，这样就应采取措施来缩短

基本时间。一般而言，单件小批生产的辅助时间和准备终结时间占较大比例，而大批大量生产中基本时间较大。

(1) 缩减基本时间的工艺措施

1) 提高切削用量。提高切削速度、进给量和切削深度都可以缩短基本时间，减少单件时间，这是广泛采用的有效方法。目前硬质合金车刀的切削速度可达 200m/min，陶瓷刀具为 500m/min。聚晶金刚石和聚晶立方氮化硼切削普通钢材时可达 900m/min，而加工 60HRC 以上的淬火钢、高镍合金时，能在 980℃时仍保持其热硬性，切削速度 90m/min 以上。高速滚齿机的切削速度已达 65~75m/min。对于磨削，在不影响加工精度的条件下，尽量采用强力磨削，提高金属切除率。磨削速度已达 60m/min 以上。

2) 减少切削行程长度。例如用几把车刀同时加工同一个表面，用宽砂轮切入法磨削等，均可大大提高生产率。用切入法加工时要求工艺系统具有足够的刚性和抗振性，横向进给量要减少，以防止振动，同时要增大主电动机功率。

3) 合并工步与合并走刀，采用多刀多工位加工。利用几把刀具或复合刀具对工件的几个表面或同一表面同时或先后进行加工，工步合并，实现工序集中，使机动和辅助时间减少，又因为减少了工位数和工件安装次数，有利于提高加工精度。多刀或复合刀具加工在大批大量生产中广泛采用，如：在钻、镗、铰削中采用一个工位或多工位的多轴组合机床；在铣、刨削中采用多轴龙门铣床及龙门刨床的几个刀架同时加工；在磨削中采用组合砂轮。

多刀多工位加工必须注意粗、精不宜合并。由于刀具相互位置直接影响加工精度，所以安装调整刀具要求高；又由于切削力很大，工艺系统应有较高刚度，机床功率也要相应增加。

4) 多件加工。多件加工包括三种方式：

顺序多件加工，即工件按走刀方向一个接一个安装，从而减少了刀具切入和切出时间，使分摊到每个工件上的基本时间和辅助时间减少，当然工件之间的距离应尽量减小。这种方式多用于滚齿、插齿、刨削、平磨和各种铣削中。

平行多件加工，即一次走刀可同时加工 n 个平行排列的工件，所需的基本时间和加工一个工件的基本时间相同，所以分摊到每个工件上的基本时间就减少到原来的 $1/n$。因而从提高生产率的角度来看，平行加工更为有利，但由于同时切削的表面增多，机床应有足够的刚度和较大的功率。这种方式多用于铣床、龙门刨床和平面磨床的加工。

平行顺序加工，为上述两种方法的综合，它适用于工件较小、批量较大的情况，多用于立轴平磨和铣削。

(2) 缩减辅助时间的工艺措施　若辅助时间在单件时间中占很大比重，则单单提高切削用量不会产生显著效果。缩减辅助时间的措施可以归结为两个方面，即尽量使辅助动作机械化和自动化而直接减少辅助时间以及使辅助时间与基本时间重合。

1) 采用先进夹具。这不仅是保证加工质量的重要手段，还能大大节省工件的装卸找正时间。在大批大量生产中应采用高效率的气动、液压快速夹具；单件小批生产中，应该实行成组工艺，采用成组夹具或通用可调夹具。

2) 采用转位夹具或回转工作台加工，或者在外圆磨床上加工可采用几套心轴。当一个工位上的工件在进行加工时，可在另一工位的夹具中装卸工件，从而使装卸工件的辅助时间与基本时间重合。

3）采用连续加工。例如立式或卧式连续回转工作台铣床、双端面磨床等，由于工件连续进给，使机床空行程大大缩减，装卸工件不需停机，能显著提高生产率。

4）采用各种快速换刀、自动换刀装置。例如钻床、镗床上不需停车即可装卸钻头的快换夹头；车床、铣床上广泛采用不重磨硬质合金刀片、专用对刀样板或对刀样件。机外对刀的快换刀夹及数控机床上采用的自动换刀装置等，大大节省了刀具的装卸、刃磨和对刀的辅助时间。

5）采用主动检验或数字显示自动测量装置。零件在加工过程中需要多次停机测量，尤其在精密零件和重型零件的加工中更是如此。这不仅降低了生产率，不易保证加工精度，同时增加了工人劳动强度。主动检验的自动测量装置能在加工过程中测量工件的实际尺寸，并能由测量结果控制机床的自动循环。

数字显示装置以光栅、感应同步器等为检测元件，可以连续显示出刀具在加工过程中的位移量，使工人能直观地读出工件被加工尺寸的变化，大大节约了停机测量的时间，并减轻了工人的劳动强度。尤其是对于大型零件加工来说，数字显示装置的读数精度高于量具的测量精度，因而相当于提高了机床的精度等级。

（3）缩减准备终结时间的工艺措施　加大零件批量可以减少分摊到每一个零件上的准备终结时间，但在中小批生产中，由于批量小、产品经常更换，使 T_p/n 在单件时间中占了一定的比重。针对这种情况，应尽量使零部件通用化和标准化，增加批量。同时应采用成组加工技术，以便采用大批大量生产的先进设备和工艺，提高生产率。

就减少每批零件投产的准备终结时间来说可采取下列措施：

1）使夹具和刀具调整通用化。即使没有全面实行成组工艺，也可在局部范围内，把结构形状、技术条件和工艺过程类似的零件划归为一类，设计通用的夹具和刀具。使在更换另一种零件时，夹具和刀具可以不需调整或者只需少许调整。

2）采用刀具微调结构和对刀辅助工具，尤其在多刀加工中，可使调整对刀时间大为减少。

3）减少夹具在机床上的安装找正时间。例如利用机床工作台 T 形槽作为夹具的定位面，这时夹具体上应有定位键，安装夹具时，只需将定位键靠向 T 形槽一边。这样不必找正夹具，且可提高定位精度。

4）采用准备终结时间极少的先进加工设备、可以灵活地改变加工对象，如液压仿形刀架、数控机床等。

2. 采用先进工艺方法

采用先进工艺或新工艺常可成倍地、甚至十几倍地提高生产率。例如：

1）特种加工应用在某些加工领域内，如对于特硬、特脆、特韧材料及复杂型面的加工，能极大地提高生产率；用电火花加工锻模、线切割加工冲模等，都减少了大量钳工劳动；用电解加工锻模，可使单件加工时间由 40~50h 减少为 1~2h。

2）在毛坯制造中采用冷挤压、热挤压、粉末冶金、失蜡浇铸、压力铸造、精锻和爆炸成型等新工艺，能大大提高毛坯精度，从根本上减少大部分机械加工劳动量，节约原材料，经济效果十分显著。

3）采用少无切削工艺代替切削加工方法。例如用冷挤压齿轮代替剃齿，表面粗糙度可

达 $Ra0.4\sim0.8\mu m$，生产率提高 4 倍。此外还有滚压、冷轧等。

4）改进加工方法。例如在大批大量生产中采用拉削、滚压代替铣、铰和磨削；成批生产中采用精刨、精磨或金刚镗代替刮研，都可大大提高生产率。

3. 进行高效及自动化加工

大批大量生产中由于零件批量大，生产稳定，可采用多工位组合机床或组合机床自动线。其零件加工的整个工作循环都是自动进行的，操作工人的工作只是装上毛坯和卸下成品，以及监视组合机床或自动线是否正常工作，因此这种生产方式的生产率极高。

在机械加工行业中，属于大批大量生产的产品是少数，以品种论不超过 20%。

那么中小批生产如何实现高效和自动化加工来提高生产率和降低成本呢？对中小批生产的产品统计分析的结果表明：一般产品的主要零件占零件总数的 10%，但它们的制造成本却占总制造成本的 50%；占总数 40% 的中型零件，其制造成本占了总成本的 30%；占总数 50% 的小型零件，制造成本只占 20%。主要零件制造成本较高的原因是它们消耗较多的材料，一般说来机械加工劳动量也较大。

根据这一分析，主要零件可采用加工中心；中型零件可采用数控机床、流水线或非强制节拍的自动线最为经济；而小型零件则视情况不同，可采用各种自动机及简易数控机床。在中小批生产中实行成组加工，既可从根本上改造中小批生产的技术准备工作和生产组织方式，又可采用高效自动化设备，极大提高生产率。

习题与思考题

5-1 装配工艺规程包括哪些主要内容？经过哪些步骤制订？

5-2 何谓毛坯误差复映规律？如何利用误差复映规律来测试机床刚度？如何减少毛坯误差对加工精度的影响？

5-3 为什么要求重要表面加工余量均匀？

5-4 图 5-16 所示毛坯在铸造时内孔 2 与外圆 1 有偏心。如果要求：①与外圆有较高同轴度的孔；②内孔 2 的加工余量均匀。试述如何选择粗基准。

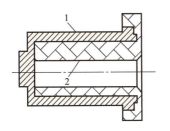
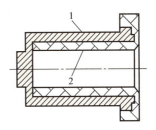

图 5-16 题 5-4 图

5-5 图 5-17 所示零件的 A、B、C 面，$\phi 10H7$ 及 $\phi 30H7$ 孔均已加工。试分析加工 $\phi 12H7$ 孔时，选用哪些表面定位比较合理？为什么？

5-6 图 5-18 所示为一铸铁飞轮零件图，试选择粗基准。

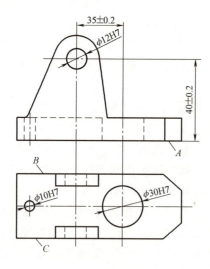

图 5-17 题 5-5 图

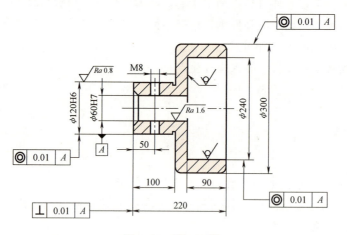

图 5-18 题 5-6 图

5-7 图 5-19 所示箱体零件的工艺路线如下：①粗、精刨底面；②粗、精刨顶面；③粗、精铣两端面；④在卧式镗床上先粗镗、半精镗、精镗 $\phi80H7$ 孔，然后将工作台移动（100±0.03）mm，再粗镗、半精镗、精镗 $\phi60H7$ 孔。该零件为中批生产，试分析上述工艺路线有无原则性错误，并提出改正方案。

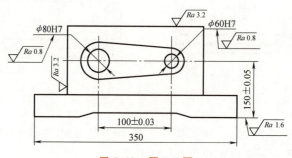

图 5-19 题 5-7 图

第 6 章

工艺尺寸链

6.1 概述

6.1.1 尺寸链的定义和组成

在加工机器零件过程中,可以发现,当改变零件的某一尺寸大小,会引起其他有关尺寸的变化。同样,在装配机器时也可发现,零件与零件之间在部件中的有关尺寸,同样是密切联系、相互依赖的。这种尺寸之间的相互联系或相互依赖性,简称为"尺寸联系"。如图6-1所示,由单个零件上的若干尺寸联系构成零件尺寸链(图 6-1a);由机器或部件中若干个零件的尺寸联系构成装配尺寸链(图 6-1b)。因此,就把一组构成封闭形式的互相联系的尺寸组合,统称为"尺寸链"。在一个尺寸链中,某一个尺寸要受其他尺寸变化的影响。

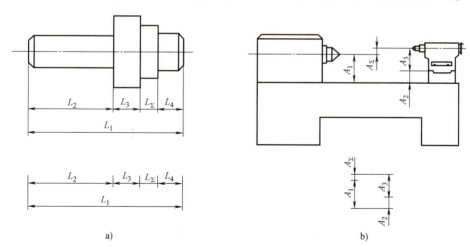

图 6-1 尺寸链

因此,尺寸链的定义包含两个意思:
1) 尺寸链的各尺寸应构成封闭形式(并且是按照一定顺序首尾相接的)。

2) 尺寸链中的任何一个尺寸变化都将直接影响其他尺寸的变化。

例如在图 6-1a 中，封闭形式的各尺寸 L_1、L_2、L_3、L_4 及 L_Σ 构成了尺寸链，其中尺寸 L_1、L_2、L_3、L_4 中任何一个尺寸的变化，都将会影响尺寸 L_Σ 的精度。同样，在图 6-1b 中，A_1、A_2、A_3 变化，都将影响主轴和后顶尖的中心线在垂直平面内的等高度 A_Σ。

尺寸链中还有一些术语。

尺寸链的环：构成尺寸链的每一个尺寸都称为"环"。它们又可分为：

(1) 封闭环　在零件加工或机器装配过程中，最后自然形成（即间接获得或间接保证）的尺寸。因此，一个尺寸链中只有一个封闭环，如图 6-1 中的 L_Σ 或 A_Σ。

必须注意：封闭环既然是尺寸链中最后形成的一个环，所以在加工或装配未完成前，它是不存在的。封闭环的概念非常重要，应用尺寸链分析问题时，若封闭环判断错误，则全部分析计算的结论也必然是错误的。

封闭环是由产品技术规范或零件工艺要求决定的尺寸。在装配尺寸链中，往往即代表装配精度要求的尺寸；零件尺寸链中，常为精度要求最低的尺寸，该尺寸在零件图上不予标注。

(2) 组成环　在一个尺寸链中，除封闭环以外的其他各环，都是"组成环"。它们是在加工或装配过程中，直接得到的尺寸；每个尺小的大小，都会影响封闭环尺寸的公差和极限偏差。如图 6-1 中的 L_1、L_2、L_3、L_4 或 A_1、A_2、A_3。此外，按组成环对封闭环的影响性质，它可再分为两类：

1) 增环。在尺寸链中，当其余组成环不变的情况下，将某一组成环增大，封闭环也随之增大，该组成环即称为"增环"。如图 6-1 中的 L_1 或 A_2、A_3 为增环。增环用符号 $\vec{L}_1$、$\vec{A}_2$、$\vec{A}_3$ 表示。

2) 减环。在尺寸链中，当其余组成环不变的情况下，将某一组成环增大，封闭环却随之减小，该组成环即称为"减环"。如图 6-1 中的 L_2、L_3、L_4 或 A_1 即减环。减环用符号 $\overleftarrow{L}_2$、$\overleftarrow{L}_3$、$\overleftarrow{L}_4$、$\overleftarrow{A}_1$ 表示。

6.1.2 尺寸链的分类

1. 按照在不同生产过程中的应用范围分

(1) 工艺过程尺寸链　零件按一定顺序安排下的各个加工工序（包括检验工序）中，先后获得的各工序尺寸所构成的封闭尺寸组合，称为"工艺过程尺寸链"。

(2) 装配尺寸链　在机器设计或装配过程中，由机器或部件内若干个相关零件构成互相有联系的封闭尺寸组合，称为"装配尺寸链"。

(3) 工艺系统尺寸链　在零件生产过程中某工序的工艺系统内，由工件、刀具、夹具、机床及加工误差等有关尺寸所形成的封闭尺寸组合，称为"工艺系统尺寸链"。

把以上加工工艺、装配工艺所形成的尺寸链和以工艺系统为对象所形成的尺寸链三者统称为"工艺尺寸链"。

2. 按照各构成尺寸所处的空间位置分

(1) 直线尺寸链　全部组成环平行于封闭环的尺寸链，称为直线尺寸链（图 6-1）。

(2) 平面尺寸链　全部组成环位于一个或几个平行平面内，但某些组成环不平行于封闭环的尺寸链，称为平面尺寸链（图 6-2）。

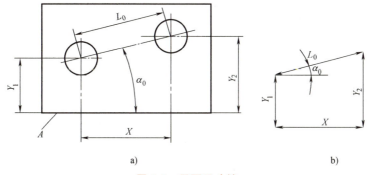

图 6-2 平面尺寸链

（3）空间尺寸链　组成环位于几个不平行平面内的尺寸链，称为空间尺寸链。

当在尺寸链运算中，遇到平面尺寸链或空间尺寸链时，要将它们的尺寸投射到某一共同方位上，变成直线尺寸链再进行计算，故应首先掌握直线尺寸链问题的运用和计算。

3. 按照构成尺寸链各环的几何特征分

（1）长度尺寸链　全部环为长度尺寸的尺寸链。

（2）角度尺寸链　全部环为角度尺寸的尺寸链（图 6-3）。

4. 按照尺寸链的相互联系的形态分

（1）独立尺寸链　所有构成尺寸链的环，在同一尺寸链中。

（2）相关尺寸链　具有公共环的两个以上尺寸链组。即构成尺寸链中的一个或几个环，分布在两个或两个以上的尺寸链中。按其尺寸联系形态，又可分为并联、串联、混联三种（图 6-4）。

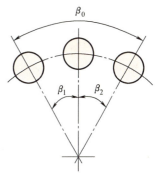

图 6-3 角度尺寸链

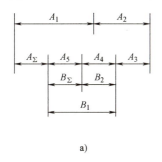
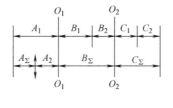
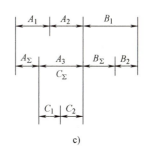

a)　　　　　　　　　　b)　　　　　　　　　　c)

图 6-4 相关尺寸链

1）并联尺寸链。由几个尺寸链通过一个（或几个）公共环相互联系起来的。如图 6-4a 中，A 尺寸链与 B 尺寸链的公共环有两个：$A_5 = B_\Sigma$，$A_4 = B_2$。若公共环中任何一个环的大小有变化，将同时影响两个尺寸链。

2）串联尺寸链。每一后继尺寸链，是以其前面一个尺寸链的基面为开始的，即每两个相邻尺寸链有一个共同基面。如图 6-4b 中，当 A 尺寸链内任何一个环大小有变化时，尺寸

链的基面 O_1O_1 位置随即改变。

3）混联尺寸链。兼有并联和串联两种尺寸链的联系形态。如图 6-4c 中，A、B 两尺寸链为串联；A、C 两尺寸链为并联。

6.1.3 尺寸链的计算方法

尺寸链的计算方法，有如下两种：

（1）极值解法 这种方法也称为极大极小值解法。它是按误差综合后的两个最不利情况，即各增环都为上极限尺寸而各减环都为下极限尺寸的情况，以及各增环都为下极限尺寸而各减环都为上极限尺寸的情况，来计算封闭环极限尺寸的方法。

（2）概率解法 应用概率论原理来进行尺寸链计算的一种方法。

尺寸链的许多具体计算公式，就是按照这两种不同计算方法，分别推导出来的。

解尺寸链时，可分为下列三种计算情况：

1. 已知组成环，求封闭环

根据各组成环公称尺寸及公差（或偏差）来计算封闭环的公称尺寸及公差（或偏差），称为"尺寸链的正计算"。这种计算主要用来审核图样，验证设计的正确性。

2. 已知封闭环，求组成环

根据设计要求的封闭环公称尺寸及公差（或偏差）反过来计算各组成环公称尺寸及公差（或偏差），称为"尺寸链的反计算"。这种计算常用于机器设计或工艺设计。

例如图 6-5 为齿轮坯轴向尺寸加工路线和其相应的工序尺寸链。按图要求，需控制幅板厚度（10±0.15）mm，并知公称尺寸 L_1、L_2、L_3。其加工工序如下：

工序 1　车外圆，车两端面后得 $L_1 = 40$mm。

工序 2　车一端幅板，至深度 L_2。

工序 3　车另一端幅板，至深度 l_3，并保证幅板厚度（10±0.15）mm。

由上述工序安排可知，幅板厚度（10±0.15）mm 是按 L_1、L_2、L_3 尺寸加工后间接得到的。因此，为了保证（10±0.15）mm，势必对 L_1、L_2、L_3 的尺寸偏差限制在一定范围内。即已知封闭环 $L_\Sigma = (10±0.15)$mm，求出各组成环 L_1、L_2、L_3 尺寸的上、下极限偏差。

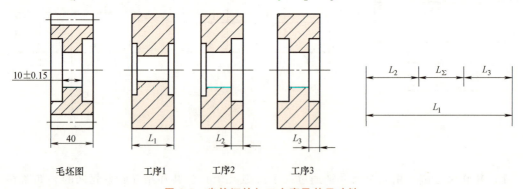

图 6-5　齿轮坯的加工方案及其尺寸链

3. 已知封闭环及部分组成环，求其余组成环

根据封闭环和其他组成环的公称尺寸及公差（或偏差）来计算尺寸链中某一组成环的公称尺寸及公差（或偏差），其实质属于反计算的一种，也称为"尺寸链的中间计算"。这

种计算在工艺设计上应用较多，如基准的换算、工序尺寸的确定等。

总之，尺寸链的基本理论，无论对机器的设计，或零件的制造、检验以及机器的部件（组件）装配、整机装配等，都是很有实用价值的。若能正确地运用尺寸链计算方法，有利于保证产品质量、简化工艺、减少不合理的加工步骤等。尤其在成批、大量生产中，通过尺寸链计算，能更合理地确定工序尺寸、公差和余量，从而减少加工时间，节约原料，降低废品率，确保机器装配精度。

6.2 尺寸链计算的基本公式

机械制造中的尺寸和公差要求，通常是以公称尺寸及上下极限偏差来表达的。在尺寸链计算中，各环的尺寸和公差要求，还可用上极限尺寸和下极限尺寸，或用平均尺寸和公差来表达。这些尺寸、偏差和公差之间关系，如图 6-6 所示。

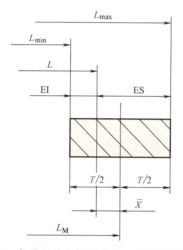

图 6-6　各种尺寸和极限偏差、公差间的关系

为了尺寸链计算时的方便和统一，尺寸链计算所用符号见表 6-1。

表 6-1　尺寸链计算所用符号

环	个数 （总共 N）	代表量所用符号								
		公称 尺寸	上极限 尺寸	下极限 尺寸	上极限 偏差	下极限 偏差	公差	平均 尺寸	平均 偏差	误差量
封闭环	1	L_x	$L_{x\max}$	$L_{x\min}$	ES_x	EI_x	T_x	L_{xM}	$\overline{X}_x$	$\varepsilon(L_x)$
增环	m	$\vec{L}_i$	$\vec{L}_{i\max}$	$\vec{L}_{i\min}$	$\vec{ES}_i$	$\vec{EI}_i$	$\vec{T}_i$	$\vec{L}_{iM}$	$\vec{\overline{X}}_i$	$\vec{\varepsilon}(L_i)$
减环	$n = N - 1 - m$	$\overleftarrow{L}_i$	$\overleftarrow{L}_{i\max}$	$\overleftarrow{L}_{i\min}$	$\overleftarrow{ES}_i$	$\overleftarrow{EI}_i$	$\overleftarrow{T}_i$	$\overleftarrow{L}_{iM}$	$\overleftarrow{\overline{X}}_i$	$\overleftarrow{\varepsilon}(L_i)$

6.2.1 尺寸链各环的基本尺寸计算

图 6-7 所示为多环尺寸链，各环的公称尺寸可写成

$$\vec{L}_4 + \vec{L}_5 + \vec{L}_6 = \overleftarrow{L}_1 + \overleftarrow{L}_2 + \overleftarrow{L}_3 + L_\Sigma$$

也即

$$L_\Sigma = \vec{L}_4 + \vec{L}_5 + \vec{L}_6 - \overleftarrow{L}_1 - \overleftarrow{L}_2 - \overleftarrow{L}_3$$

由前面所述，任何一个独立尺寸链，其封闭环只有一个。因此，若某一多环尺寸链的总数为 N，则组成环数必为 $N-1$；若设其中增环数为 m，减环数为 n，则有 $n=N-1-m$。故多环尺寸链的公称尺寸的一般公式可写成

$$L_\Sigma = \sum_{i=1}^{m} \vec{L_i} - \sum_{j=m+1}^{m+n} \overleftarrow{L_j} \tag{6-1}$$

由此可见，尺寸链封闭环的公称尺寸（L_Σ），等于各增环公称尺寸（$\vec{L_i}$）之和，减去各减环公称尺寸（$\overleftarrow{L_j}$）之和。

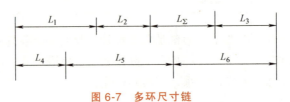

图 6-7 多环尺寸链

6.2.2 极值解法

1. 各环极限尺寸计算

图 6-8 所示为一个三环尺寸链极限尺寸计算关系图。先分析封闭环上极限尺寸（$L_{\Sigma max}$）的条件，即当增环 $\vec{L_1}$ 为上极限尺寸（$\vec{L_{1max}}$）而减环 $\overleftarrow{L_2}$ 为下极限尺寸（$\overleftarrow{L_{2min}}$）时

$$L_{\Sigma max} = \vec{L_{1max}} - \overleftarrow{L_{2min}}$$

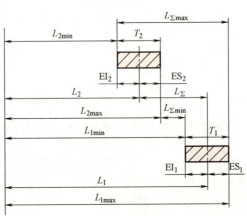

图 6-8 三环尺寸链极限尺寸计算关系图

故当多环尺寸链计算时，则封闭环的极限尺寸可写成一般公式为

$$L_{\Sigma max} = \sum_{i=1}^{m} \vec{L_{imax}} - \sum_{j=m+1}^{m+n} \overleftarrow{L_{jmin}} \tag{6-2}$$

$$L_{\Sigma min} = \sum_{i=1}^{m} \vec{L_{imin}} - \sum_{j=m+1}^{m+n} \overleftarrow{L_{jmax}} \tag{6-3}$$

2. 各环上、下极限偏差计算

若以式（6-2）、式（6-3）分别与式（6-1）相减，即可得出封闭环上、下极限偏差计算

的一般公式

$$\mathrm{ES}_s = L_{\Sigma\max} - L_\Sigma = \sum_{i=1}^{m} \overrightarrow{\mathrm{ES}_i} - \sum_{j=m+1}^{m+n} \overleftarrow{\mathrm{EI}_j} \tag{6-4}$$

$$\mathrm{EI}_x = L_{\Sigma\min} - L_\Sigma = \sum_{i=1}^{m} \overrightarrow{\mathrm{EI}_i} - \sum_{j=m+1}^{m+n} \overleftarrow{\mathrm{ES}_j} \tag{6-5}$$

由于零件图和工艺卡片中的尺寸和公差,一般均以上下极限偏差形式标注,故用式(6-4)和式(6-5)计算,比用式(6-2)和式(6-3)计算较为简便迅速。

3. 各环公差计算

以式(6-2)减式(6-3),即可得出封闭环公差(T_Σ)与各组成环(T_i)之间的关系式

$$\begin{aligned}
T_\Sigma &= L_{\Sigma\max} - L_{\Sigma\min} = \left(\sum_{i=1}^{m}\overrightarrow{L_{i\max}} - \sum_{j=m+1}^{m+n}\overleftarrow{L_{j\min}}\right) - \left(\sum_{i=1}^{m}\overrightarrow{L_{i\min}} - \sum_{j=m+1}^{m+n}\overleftarrow{L_{j\max}}\right) \\
&= \left(\sum_{i=1}^{m}\overrightarrow{L_{i\max}} - \sum_{i=1}^{m}\overrightarrow{L_{i\min}}\right) + \left(\sum_{j=m+1}^{m+n}\overleftarrow{L_{j\max}} - \sum_{j=m+1}^{m+n}\overleftarrow{L_{j\min}}\right) \\
&= \sum_{i=1}^{m}\overrightarrow{T_i} + \sum_{j=m+1}^{m+n}\overleftarrow{T_j}
\end{aligned}$$

即

$$T_\Sigma = \sum_{i=1}^{N-1} T_i \tag{6-6}$$

由此可见:封闭环公差等于所有组成环(包括增环和减环)公差之和。从式(6-6)还可知道,封闭环公差比任何组成环公差都大。因此,在零件设计时,设计人员应该选择最不重要的环作为封闭环。但在解工艺尺寸链和装配尺寸链时,封闭环是加工中最后自然得到的或装配的最终要求,不能任意选择。当封闭环公差确定之后,组成环数越多,则每一环的公差就越小,对加工要求就越高。所以在装配尺寸链中,应当尽量减少尺寸链的环数,这一原则称为"最短尺寸链原则"。在设计工作中应引起必要的注意,使产品在满足工作性能的条件下,应尽量将影响封闭环精度的有关零件数减至最少,这样做不仅能使结构简化,还能提高装配精度。

4. 极值解法的竖式计算

如图6-9中圆柱零件,全长$L_1 = 40_{-0.15}^{0}$ mm已加工好,所镗轴向孔深$L_2 = 10_{-0.10}^{0}$ mm,试求孔底未加工部分的厚度。

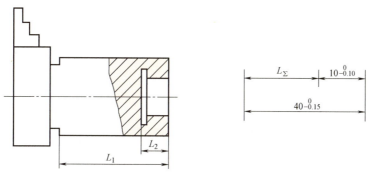

图6-9 极值解法公式应用举例

这就可应用式(6-1)、式(6-4)~式(6-6)得出

$$L_\Sigma = \overrightarrow{L_1} - \overleftarrow{L_2} = (40-10)\text{mm} = 30\text{mm}$$

$$ES_\Sigma = \overrightarrow{ES_{40}} - \overleftarrow{EI_{10}} = [0-(-0.10)]\text{mm} = +0.10\text{mm}$$

$$EI_\Sigma = \overrightarrow{EI_{40}} - \overleftarrow{ES_{10}} = [(-0.15)-0]\text{mm} = -0.15\text{mm}$$

$$T_\Sigma = T_{40} + T_{10} = [0-(-0.15)]\text{mm} + [0-(-0.10)]\text{mm}$$
$$= +0.15\text{mm} + 0.10\text{mm} = 0.25\text{mm}$$

故孔底厚度为 $L_\Sigma = 30^{+0.10}_{-0.15}\text{mm}$。

可以把式（6-1）、式（6-4）和式（6-5）的计算，改写成表6-2的竖式进行，具体方法只要记住两句话："增环、上下极限偏差照抄；减环、上下极限偏差对调变号。"见表中横的一行，增环 $40^{0}_{-0.15}$ mm 均如实抄上；而减环 $\overleftarrow{10}^{0}_{-0.10}$ mm 却写成 $-10^{+0.10}_{0}$ mm（减环公称尺寸冠以负号，上下极限偏差对调外，再原来正号改成负号，负号改成正号）。最后求出竖列数值的代数和，即可得出封闭环 $30^{+0.10}_{-0.15}$ mm。这样使尺寸链计算较简明，尤其在验算封闭环时更为方便。

表 6-2　极值解法的竖式计算　　　　　　　　　　（单位：mm）

环	公称尺寸	上极限偏差	下极限偏差
增环	40	0	-0.15
减环	-10	+0.10	0
封闭环	30	+0.10	-0.15

6.3　工艺过程尺寸链

正确地绘制、分析和计算工艺过程尺寸链，是编制工艺规程的重要手段。否则，常会在机械加工中造成各种困难甚至出现废品，带来不必要的损失。下面介绍一些工艺尺寸链的具体应用。

6.3.1　基准不重合时的尺寸换算

基准不重合时的尺寸换算，包括测量基准与设计基准不重合时的尺寸换算（即考虑到与测量有关的尺才换算）及定位基准与设计基准不重合时的尺寸换算（即工艺尺寸换算）。

1. 测量基准与设计基准不重合时的尺寸换算

这种情况在生产实际中是经常遇到的。例如图6-10a 中，三个圆弧槽 $R5^{0}_{-0.30}$ mm 的设计基准为与 $\phi50$ mm 同心圆上的交点 A。若为单件小批生产，通过试切法获得尺寸时，显然在圆弧槽加工后，尺寸就无法测量。因此，在拟订工艺过程的加工圆弧槽工序时，就要考虑选用圆柱表面为测量基准来换算出尺寸 t（图6-10b）；或选用内孔上素线为测量基准来换算出尺寸 h（图6-10c）。然后，将其尺寸填在工艺卡片或标在工序图中。

当以 $\phi50$ mm 下素线 B 为测量基准时，可画出图6-11a 所示尺寸链。因外径 $\phi50^{0}_{-0.1}$ mm 是由上道工序加工直接保证的，t^{ES}_{EI} 尺寸应在本测量工序中直接获得，均为组成环；而 $R5^{0}_{-0.3}$ mm 是需在测量后自然形成且满足零件图设计要求的封闭环。因此，该尺寸链中，$\phi50^{0}_{-0.1}$

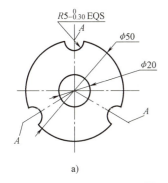
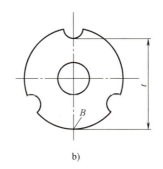
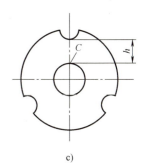

图 6-10 测量基准与设计基准不重合时的尺寸换算

mm 是增环，t_{EI}^{ES} 是减环。

按式（6-1）求公称尺寸，有

$$5\text{mm} = \overrightarrow{50\text{mm}} - \overleftarrow{t}，\text{所以 } t = 45\text{mm}$$

t 的上下极限偏差按式（6-4）、式（6-5）算出，即

$$0 = \overrightarrow{0} - \overleftarrow{EI}$$

所以 EI = 0。

$$-0.3\text{mm} = -\overrightarrow{0.1}\text{mm} - \overleftarrow{EI}$$

所以 EI = +0.2mm。

故 t 的测量尺寸为 $45_{\ 0}^{+0.2}$mm。

最后按式（6-6）验算。

$T_5 = T_{50} + T_{45}$，即 0.3mm = 0.1mm + 0.2mm 计算正确。

同理，当选内孔上素线 C 为测量基准时，可画出图 6-11b 所示尺寸链。这时，以外圆半径 $25_{-0.05}^{\ 0}$mm 为增环，内孔半径 $10_{\ 0}^{+0.0225}$mm 及 h_{EI}^{ES} 为减环，$5_{-0.3}^{\ 0}$mm 仍为封闭环。计算后可得 h 的测量尺寸为 $10_{\ 0}^{+0.2275}$mm。

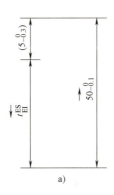
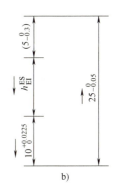

图 6-11 测量尺寸换算时的尺寸链

对上述工艺尺寸链，也可用极值法的竖式解，能迅速得出同样结果，见表 6-3。

表 6-3 圆盘上弧槽测量的极值法竖式计算

a)				b)			
环	公称尺寸	上极限偏差	下极限偏差	环	公称尺寸	上极限偏差	下极限偏差
增环	50	0	-0.1	增环	25	0	-0.05
减环	$t = -45$	0	-0.2	减环	-10	0	-0.0225
封闭环	5	0	-0.3		$h = -10$	0	-0.2275
所以 $t = 45_{\ 0}^{+0.2}$				封闭环	5	0	-0.3
				所以 $h = 10_{\ 0}^{+0.2275}$			

2. 定位基准与设计基准不重合时的尺寸换算

机械加工中,当定位基准与设计基准不重合时,为达到零件的原设计精度,也需进行尺寸换算。

例 6-1 在如图 6-12a 所示箱体中,孔中心线的设计基准为右侧面,其尺寸为 (150±0.1)mm,两侧面间长度为 $350_{-0.06}^{0}$ mm。为了便于加工,以底面和销孔为定位基准(图 6-12b)。孔的中心线设计尺寸则是由上工序尺寸 $350_{-0.06}^{0}$ mm、(50±0.03)mm 和本工序尺寸 L_{EI}^{ES} 间接保证的(图 6-12c)。因此,在工艺尺寸链中,(150±0.1)mm 为封闭环,$350_{-0.06}^{0}$ mm 为增环,(50±0.03)mm 和 L_{EI}^{ES} mm 为减环。然后再按有关公式计算。

公称尺寸 $L = (350-50-150)\text{mm} = 150\text{mm}$

又因为 $T_{150} = T_A + T_{50} + T_{350}$,即

$$0.2\text{mm} = T_A + 0.06\text{mm} + 0.06\text{mm}$$

所以 $T_A = 0.08\text{mm}$,可以写成 $\Delta L = \pm 0.04\text{mm}$。

故 L_{EI}^{ES} 的工艺尺寸为 (150±0.04)mm。

这就比采用右侧面作定位基准而直接获得设计尺寸的偏差 ±0.10mm 缩小了。

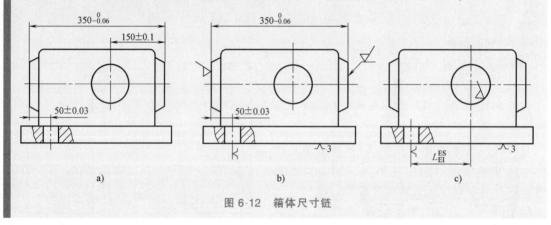

图 6-12 箱体尺寸链

6.3.2 多工序尺寸计算

上面讨论的是机械加工中单工序内的尺寸链问题,解算尚简单。但在实际生产中,特别当工件形状比较复杂,加工精度要求较高,各工序的定位基准多变等情况下,其工艺尺寸链有时不易辨清,尚需做进一步深入分析。下面介绍几种常见的多工序尺寸换算。

1. 从待加工的设计基准标注尺寸时的计算

例 6-2 如图 6-13a 所示的某一带键槽的齿轮孔,按使用性能,要求有一定耐磨性,工艺上需淬火后磨削,则键槽深度的最终尺寸 $43.3_{0}^{+0.2}$ mm 不能直接获得,因其设计基准内孔要继续加工,所以插键槽时的深度只能作为加工中间的工序尺寸,拟订工艺规程时应把它计算出来。

先列出有关的加工顺序:

工序 1　镗内孔至 $\phi 39.6_{\ 0}^{+0.062}$ mm。

工序 2　插键槽至尺寸 L_1（mm）。

工序 3　热处理。

工序 4　磨内孔至 $\phi 40_{\ 0}^{+0.039}$ mm。

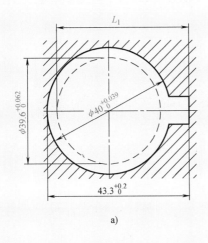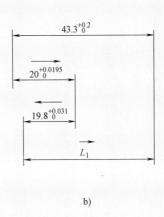

图 6-13　内孔及键槽加工时的工艺尺寸链

现在要求出工艺规程中的工序尺寸 L_1 及其公差（假定热处理后内孔的尺寸涨缩较小，可以忽略不计）。

求解时，先按加工路线作出图 6-13b 所示的四环工艺尺寸链。其中 $43.3_{\ 0}^{+0.2}$ mm 为要保证的封闭环，$\overrightarrow{L_1}$ 和 $\overrightarrow{20_{\ 0}^{+0.0195}}$ mm（即 $\phi 40_{\ 0}^{+0.039}$ mm 的半径）为增环，$\overleftarrow{19.8_{\ 0}^{+0.031}}$ mm（即 $\phi 39.6_{\ 0}^{+0.062}$ mm 的半径）为减环。

按尺寸链公式进行计算，即

$43.3\text{mm} = [(\overrightarrow{20}+\overrightarrow{L_1})-\overleftarrow{19.8}]\text{mm}$，故 $L_1 = 43.1$ mm

$+0.2\text{mm} = [(+0.0195+ES_1)-0]\text{mm}$，所以 $ES_1 = 0.1805$ mm

$+0\text{mm} = [(0+EI_1)-(+0.031)]\text{mm}$，所以 $EI_1 = 0.031$ mm

故 L_1 的尺寸为 $43.1_{+0.031}^{+0.1805}$ mm。

再进行验算　　　　　　　$T_{43.3} = T_{20} + T_{19.8} + T_{L_1}$

故 $0.2\text{mm} = (0.0195+0.031+0.1495)\text{mm}$，证明计算正确。

在机械加工中，有时会遇到一个工序同时要保证两个或两个以上尺寸，这就要用工艺尺寸链来换算出工艺尺寸。因为加工零件的一个表面而要同时满足几个位置精度（即所谓"多尺寸保证"），通常是比较困难的，所以要求工艺人员事先做到在一张工序图中，只标注一个工序尺寸，而其他尺寸则需要通过换算来间接保证，这就是多尺寸保证的工序尺寸计算。

多尺寸保证常发生在主要设计基准表面需要最后加工的时候。因为零件往往有很多尺寸从主要设计基准标注，而它本身的精度和表面粗糙度的要求又高，一般都要精加工，此时其他表面均已加工完毕，这样就出现了多尺寸保证的问题。

例 6-3 如图 6-14 所示轴套零件的加工工艺过程如下：

1) 车大端端面与大外圆。
2) 车小端端面与小外圆。
3) 镗内孔及内端面。
4) 淬火。
5) 磨小端面。

为了最终磨削后能同时保证 $40_{-0.1}^{0}$ mm、$25_{0}^{+0.5}$ mm 两尺寸要求的实现，应如何控制 A 和 B 的尺寸及偏差？

从分析上述工艺可知，A、B 尺寸在前三道工序中已经直接获得，而淬火后磨小端面时既要保证 $40_{-0.1}^{0}$ mm，又要保证 $25_{0}^{+0.5}$ mm；在工序图中要求工人只能直接控制一个精度较高的尺寸 $40_{-0.1}^{0}$ mm，因此可画出图 6-15a 所示尺寸链。$\overrightarrow{A}$、$\overleftarrow{40_{-0.1}^{0}}$ mm 为组成环，磨削余量 $0.5_{-0.2}^{0}$ mm 为封闭环。可算出 A，即

$$0.5\text{mm} = A - 40\text{mm}, \quad \text{所以 } A = 40.5\text{mm}$$
$$0 = \overrightarrow{ES_A} - (-0.1)\text{mm}, \quad \text{所以 } \overrightarrow{ES_A} = -0.1\text{mm}$$
$$-0.2\text{mm} = \overrightarrow{EI_A} - 0, \quad \text{所以 } \overrightarrow{EI_A} = -0.2\text{mm}$$

即

$$A_{EI}^{ES} = 40.5_{-0.2}^{-0.1}\text{mm}$$

因为加工时直接控制于 $40_{-0.1}^{0}$ mm，显然间接获得 $25_{0}^{+0.5}$ mm，故它在 B、$0.5_{-0.2}^{0}$ mm、$25_{0}^{+0.5}$ mm 构成的尺寸链（图 6-15b）中为封闭环。代入基本公式可以算出 B，即

$$25\text{mm} = B - 0.5\text{mm}, \quad \text{所以 } B = 25.5\text{mm}$$
$$+0.5\text{mm} = \overrightarrow{ES_B} - (-0.2)\text{mm}, \quad \text{所以 } \overrightarrow{ES_B} = +0.3\text{mm}$$

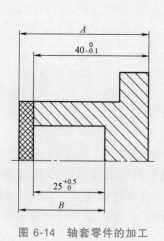

图 6-14 轴套零件的加工

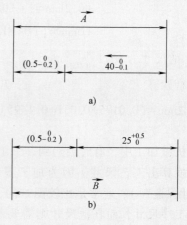

图 6-15 轴套的多尺寸保证计算尺寸链

即
$$0 = \overrightarrow{EI_B} - (0), \quad 所以 \overrightarrow{EI_B} = 0$$
$$B_{EI}^{ES} = 25.5_{\ 0}^{+0.3} \text{mm}$$

2. 零件进行表面工艺时的工序尺寸换算

机器上有些零件如手柄、罩壳等需要进行镀铬、镀铜、镀锌等表面工艺，目的是美观和防锈，表面没有精度要求，所以也没有工序尺寸换算的问题。但有些零件则不同，不仅在表面工艺中要控制镀层厚度，还要控制镀层表面的最终尺寸，这就需要用工艺尺寸链进行换算了。计算方法按工艺顺序而有些不同。

例 6-4 带有镀层的圆环类零件，大量生产中，一般采用的工艺：车—磨—镀层。

如图 6-16a 所示圆环，外径镀铬，要求尺寸 $\phi 28_{-0.045}^{\ 0}$ mm，并希望电镀层厚度 0.025～0.04mm（双边为 0.05～0.08mm 或 $0.08_{-0.03}^{\ 0}$ mm）。机械加工时，控制镀前尺寸 ϕL_{+EI}^{+ES} 和镀层厚度（由电镀液成分及电镀时参数决定），而零件尺寸 $\phi 28_{-0.045}^{\ 0}$ mm 是镀后间接保证的，所以它是封闭环。列出图 6-16b 所示工艺尺寸链，解得

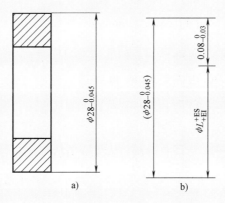

图 6-16 镀层零件工序尺寸换算之一

$$L = (28 - 0.08) \text{mm} = 27.92 \text{mm}$$
$$0 = 0 + ES$$
$$-0.045 \text{mm} = -0.03 \text{mm} + EI$$

所以 $ES = 0, \quad EI = -0.015 \text{mm}$

即镀前尺寸为 $\phi 27.92_{-0.015}^{\ 0}$ mm。

例 6-5 带有镀层的圆环类零件，在单件、小批生产中，常因电镀工艺不易稳定，或由于对镀层的精度、表面质量要求很高（例如直径上公差要控制在 0.01mm 左右）就难以实现，这时往往在镀后再排一道精加工。其工艺路线为：车—磨—镀层—磨。

如图 6-17 所示镀铬零件，外圆精度提高至 $\phi 28_{-0.014}^{0}$ mm，这就不能直接控制镀层厚度，而要以磨削工序来保证此尺寸了。换算镀前尺寸 ϕL_{+EI}^{+ES} 时应注意，磨后的镀层厚度（若仍要求控制在 $0.08_{-0.03}^{0}$ mm）是间接保证的封闭环，列出尺寸链（图 6-17b）解得

$$L = (28 - 0.08)\text{mm} = 27.92\text{mm}$$

$$0 = 0 - EI$$

$$-0.03\text{mm} = -0.014\text{mm} - (+ES)$$

所以 $EI = 0$, $ES = +0.016$mm

即镀前尺寸应为 $\phi 27.92_{0}^{+0.016}$ mm。

由于镀后还有一道磨削工序，因此实际镀后尺寸应是图样尺寸 $\phi 28_{-0.014}^{0}$ mm 加上磨削余量（例如磨削余量为 0.30mm）即为 $\phi 28.3_{-0.014}^{0}$ mm；磨削前的镀层厚度也要考虑尚有磨削余量，直径上为 $0.38_{-0.03}^{0}$ mm。这样，磨削尺寸到 $\phi 28_{-0.014}^{0}$ mm 时，磨后镀层就能保证在 $0.08_{-0.03}^{0}$ mm 了。

此外，为保证零件渗氮、渗碳层深度，也应进行工序尺寸换算。这类尺寸链中亦应以渗氮层或渗碳层深度为封闭环。

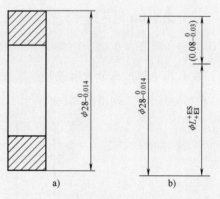

图 6-17 镀层零件工序尺寸换算之二

例 6-6　图 6-18a 所示轴颈衬套，材料为 38CrMoAlA，要求内孔渗氮，磨削后，控制渗氮层深度单边为 $0.3_{0}^{+0.2}$ mm（即双边为 $0.6_{0}^{+0.4}$ mm）。其工艺顺序如下：

工序 1　磨内孔 $\phi 144.76_{0}^{+0.04}$ mm。

工序 2　渗氮。

工序 3　磨内孔到尺寸 $\phi 145_{0}^{+0.04}$ mm。

求磨前渗氮的工序尺寸 t_{+EI}^{+ES}。

画出直径上的工艺尺寸链（图 6-18b），渗氮深度为封闭环。解得

$$t = [(145+0.6) - 144.76]\text{mm} = 0.84\text{mm}$$

$$+0.4\text{mm} = (+0.04\text{mm} + ES) - 0$$

$$0 = (0 + EI) - (+0.04)\text{mm}$$

所以　　　$ES = +0.36$mm

　　　　　$EI = +0.04$mm

因此，磨前渗氮深度应控制在 $t = 0.84_{+0.04}^{+0.36}$ mm（即直径上渗氮层双边尺寸为 0.88~1.20mm）。

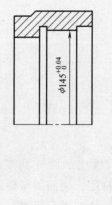

图 6-18 渗氮层工序尺寸换算

第6章 工艺尺寸链

习题与思考题

6-1 装订尺寸链是如何构成的？装配尺寸链封闭环是如何确定的？它与工艺尺寸链的封闭环有何区别？

6-2 说明装配尺寸链中增环、减环、组成环、封闭环、补偿环的含义及特点。

6-3 尺寸链有几种分类方式？分别是什么？

6-4 何谓主要尺寸，何谓次要尺寸？其标注顺序应如何安排？

6-5 如图 6-19 所示，已知：$L_1 = L_3 = 15\text{mm}$，$L_2 = 750_{\ 0}^{+0.4}\text{mm}$，孔中尺寸 $L_0 = 720_{\ 0}^{+0.6}\text{mm}$，求 L_1、L_3 的上下极限偏差。

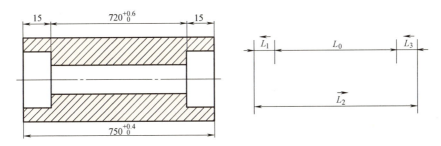

图 6-19 题 6-5 图

6-6 轴碗设计尺寸如图 6-20 所示，设计基准为 B 面，现在以 A 面做工序基准，试用极值法和概率法求工序尺寸 L_1 的尺寸及偏差。

6-7 如图 6-21 所示零件加工时，图样要求保证尺寸（6±0.1）mm，因该尺寸不便直接测量，只好通过度量尺寸 L 来间接保证，试求工序尺寸 L 及其偏差。

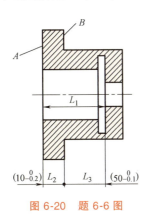

图 6-20 题 6-6 图

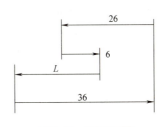

图 6-21 题 6-7 图

第 7 章

精密、超精密及微细加工工艺

7.1 概述

现代制造业持续不断地致力于提高加工精度和加工表面质量,主要目标是提高产品性能、质量和可靠性,改善零件的互换性,提高装配效率。超精密加工技术是精加工的重要手段,在提高机电产品的性能、质量和发展高新技术方面都有着至关重要的作用。因此,该技术是衡量一个国家先进制造技术水平的重要指标之一,是先进制造技术的基础和关键。

超精密加工是指加工精度和表面质量达到极高程度的精密加工工艺,从概念上讲具有相对性,随着加工技术的不断发展,超精密加工的技术指标也是不断变化的。

目前,一般加工、精密加工、超精密加工及纳米加工可以划分如下:

(1) 一般加工 加工精度在 10μm 左右、表面粗糙度 Ra 值在 0.3~0.8μm 的加工技术,如车、铣、刨、磨、镗、铰等。适用于汽车、拖拉机和机床等产品的制造。

(2) 精密加工 加工精度在 0.1~10μm,表面粗糙度 Ra 值在 0.03~0.3μm 的加工技术,如金刚车、金刚镗、研磨、珩磨、超精密加工、砂带磨削、镜面磨削和冷压加工等。适用于精密机床、精密测量仪器等产品中的关键零件的加工,如精密丝杠、精密齿轮、精密蜗轮、精密导轨、精密轴承等。

(3) 超精密加工 加工精度在 0.01~0.1μm,表面粗糙度 Ra 值在 0.03~0.05μm 的加工技术,如金刚石刀具超精密切削、超精密磨料加工、超精密特种加工和复合加工等。适用于精密元件、计量标准元件、大规模和超大规模集成电路的制造。目前,超精密加工的精度已向纳米级工艺发展。

(4) 纳米加工 加工精度高于 10^{-3}μm(纳米,$1nm = 10^{-3}$μm),表面粗糙度 Ra 小于 0.005μm 的加工技术,其加工方法大多已不是传统的机械加工方法,而是诸如原子分子单位加工等方法。

超精密加工技术所涉及的技术领域包含了以下几个方面:

1) 加工技术即加工方法与加工机理,主要有超精密切削、超精密磨料加工、超精密特种加工及复合加工。超精密加工的关键是在最后一道工序能够从被加工表面微量去除表面层，微量去除表面层越薄，则加工精度越高。

2）材料技术即加工工具和被加工材料，如超精密加工刀具磨具材料、刀具磨具制备及刃磨技术。例如，金刚石刀具是超精密切削中的关键，金刚石刀具有两个比较重要问题，一是晶面的选择，这和刀具的使用性能有着重要的关系，二是金刚石刀具的研磨质量即刃口半径 ρ，它关系到切削变形和最小切削厚度，因而影响加工表面质量。工件材料对超精密切削也有重要影响。

3）加工设备及其基础元件，主要加工设备有超精密切削机床、各种研磨机、抛光机以及各种特种精密加工、复合加工设备，对于这些加工设备有高精度、高刚度、高稳定性、高度自动化的要求。加工设备中的主要基础元件及其结构有如下特点：精密轴承，如空气轴承技术，回转精度可达 $0.02\mu m$；微量进给机构，如利用电致伸缩、磁致伸缩、弹性变形、热变形等效应的进给机构；精密直线运动，使用空气或液体静压导轨，提高精度，防止低速爬行；微型计算机控制，实现反馈控制和自适应控制；支承件性能优越，如人造花岗岩作支承材料，抗振性和热稳定性好。

4）测量及误差补偿技术，必须有相应精度级别的测量技术和装置，即超精密加工要求测量精度比加工精度高一个数量级。此外误差预防和补偿技术是提高加工精度的重要策略。从目前发展趋势看，要达到最高精度还需要使用在线检测和误差补偿。例如高精度静压空气轴承的径向圆跳动在 50nm 左右，工作台的直线运动误差也在数十纳米，要进一步实现更高精度就有一定困难，但用误差补偿可以达 10nm 以下。数控超精密机床实际上是反馈补偿原理的体现，用激光测长仪测出工作量台实际位置，通过反馈而控制其运动。

5）工作环境。加工环境条件的极微小变化都可能影响加工精度，使超精密加工达不到预期目的。因此，超精密加工必须在超稳定的加工环境条件下进行，必须具备各种物理效应恒定的工作环境，如恒温室、净化间、防振和隔振地基等。

超精密及纳米加工技术在以下领域有着广阔的应用前景：仪器仪表工业、电子工业、国防工业、计算机制造、各种反射镜的加工、微型机械领域。

当前，超精密及纳米加工技术的发展趋势主要表现在以下一些方面：

1）向高精度方向发展，向加工精度的极限冲刺，由现阶段的亚微米级向纳米级进军，其最终目标是做到"移动原子"，实现原子级精度的加工。

2）向大型化方向发展，研制各种大型超精密加工设备，以满足航天航空、电子通信等领域的需要。

3）向微型化方向发展，以适应微型机械、集成电路的发展。

4）向超精结构、多功能、光机电一体化、加工检测一体化方向发展，并广泛采用各种测量、控制技术实时补偿误差。

5）不断出现许多新工艺和复合加工技术，被加工的材料范围不断扩大。

6）在作业环境建造方面诸如高性能的基础隔振技术、净化技术与环境温控技术将有更大发展。

综观国内外在超精密加工及纳米加工技术方面的发展现状及发展趋势，尽管我国在这一技术方面取得了一定进展，但与国外先进水平差距还很大，急需大力加强这项技术的研究和开发，需重点突破的相关关键技术有：超精密加工方法和机理，超精密加工刀具、磨具及刃磨技术，超精密加工装备技术，超精密测量技术和误差补偿技术以及超精密加工工作环境建造技术等。

7.2 精密、超精密加工工艺

7.2.1 精密、超精密加工

超精密加工主要指金刚石刀具超精密车削，主要用于加工软金属材料，如铜、铝等非铁金属及其合金，以及光学玻璃、大理石和碳素纤维板等非金属材料，主要加工对象是精度要求很高的镜面零件。

目前，国外金刚石刀具刃口半径可达到纳米级水平，日本大阪大学和美国LLL实验室合作研究超精密切削的最小极限，使用极锋锐的刀具和机床条件最佳的情况下，可以实现切削厚度为纳米（nm）级的连续稳定切削。现在我国生产中使用的金刚石刀具，刀刃锋锐度为 $0.2\sim0.5\mu m$，特殊精磨可以达到 $0.1\mu m$。在对加工表面质量有特殊要求时，特别是在要求残留应力和变质层很小时，需要进一步提高刀刃的锋锐度。

7.2.2 精密、超精密磨削和磨料加工

超精密磨削和磨料加工是利用细粒度的磨粒和微粉主要对黑色金属、硬脆材料等进行加工，可分为固结磨料和游离磨料两大类加工方式。

1. 固结磨料类加工

固结磨料加工主要有：超精密砂轮磨削和超硬材料微粉砂轮磨削、超精密砂带磨削、ELID磨削、双端面精密磨削及电泳磨削等。

（1）超精密砂轮磨削技术　超精密磨削即是加工精度在 $0.1\mu m$ 以下、表面粗糙度 $Ra0.025\mu m$ 以下的砂轮磨削方法。此时因磨粒去除切屑极薄，将承受很高的压力，其切削刃表面受到高温和高压作用，因此需要用人造金刚石、立方氮化硼（CBN）等超硬磨料砂轮，如图7-1所示。

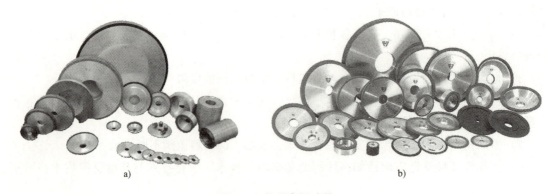

图 7-1　超硬磨料砂轮
a) 人造金刚石砂轮　b) 立方氮化硼砂轮

经研究表明,超精密磨削实现极低的表面粗糙度,主要靠砂轮精细修正得到大量的、等高性很好的微刃,实现了微量切削作用;经过磨削一定时间之后,形成了大量的半钝化刃,起到了摩擦抛光作用;最后又经过光磨作用进一步进行了精细的摩擦抛光,从而获得了高质量表面。

超精密磨削中,在采用粗粒度及细粒度砂轮时,砂轮速度 v_s 为 12~20m/s、工件速度 v_w 为 4~10m/min、工作台纵进给 f_a 为 50~100mm/min、磨削余量为 0.002~0.005mm、砂轮每转修正导程为 0.02~0.03m/r、修正横向进给次数为 2~3 次、无火花磨削次数为 4~6 次。现代超精密磨削已采用超硬磨料砂轮,如采用 CBN 砂轮时,v_s 一般为 60m/s 以上,v_w 为 5m/min 以上,修正进给量为 0.03mm/r,表面粗糙度 Ra 达 0.1~0.5μm。

超硬材料微粉砂轮超精密磨削技术已成为一种更先进的超精密砂轮磨削技术,国内外对其已有一些研究,主要用于加工难加工材料,其精度可达 0.025mm。该技术关键有:微粉砂轮制备技术及修正技术、多磨粒磨削模型的建立和磨削过程分析的计算机仿真技术等。

(2) 超精密砂带磨削技术 随着砂带制作质量的迅速提高,砂带上砂粒的等高性和微刃性较好,并采用带有一定弹性的接触轮材料,使砂带磨削具有磨削、研磨和抛光的多重作用,从而可以达到高精度和低表面粗糙度值。用超精密砂带精密磨削硬盘基体,使用聚酯薄膜砂带,切削速度为 35m/min。利用滚花表面接触辊,其加工表面粗糙度为 $Ra = 0.043μm$,加工时间为 125min;用光滑表面接触辊,得到 $Ra = 0.073μm$,平均加工时间为 20min。典型砂带磨削机构如图 7-2 所示。

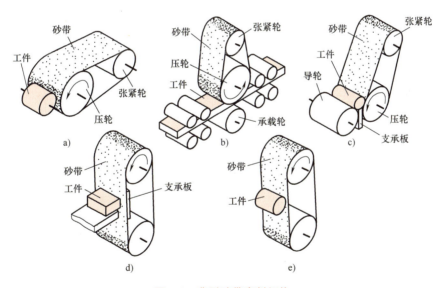

图 7-2 典型砂带磨削机构

(3) ELID(电解在线修整)超精密镜面磨削技术(简称 ELID 磨削) 随着新材料特别是硬脆材料等难加工材料的大量涌现,对这些材料尽管存在多种加工方法,但最实用的加工方法仍是金刚石砂轮进行粗磨、精磨以及研磨和抛光等。为了实现优质高效低耗的超精密加工,20 世纪 80 年代末期,日本东京大学中川威雄教授创造性提出采用铸铁纤维剂作为金刚石砂轮的结合剂,使砂轮寿命成倍提高,紧接着,日本理化学研究所大森整等人完成了电解在线修整砂轮(ELID)的超精密镜面磨削技术的研究,成功地解决了金属结合剂超硬磨料砂轮的在线修锐问题。图 7-3 所示为 ELID 装置简图及原理图。ELID 技术的基本原理是利用在线的电解作用对金属基砂轮进行修整，即在磨削过程中在砂轮和工具电极之间浇注电解液并加以直流脉冲电流，使作为阳极的砂轮金属结合剂产生阳极溶解效应而被逐渐去除，而不受电解影响的磨料颗粒凸出砂轮表面，从而实现对砂轮的修整，并在加工过程中始终保持砂轮的锋锐性。ELID 磨削技术由于采用 ELID（Electrolytic In-Process Dressing）技术，使得用超微细（甚至超微粉）的超硬磨料制造砂轮并用于磨削成为可能，其可代替普通磨削、研磨及抛光并实现硬脆材料的高精度、高效率的超精加工。

目前，ELID 磨削技术在加工过程中仍存在砂轮表面氧化膜或砂轮表面层的未电解物质被压入工件表面而造成表面层釉化及电解磨削液配比改变等问题，有待进一步研究解决。

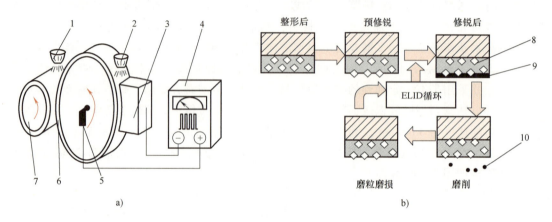

图 7-3 ELID 装置简图及原理图
a）ELID 装置简图　b）ELID 磨削原理
1—冷却液　2—电解液　3—电极　4—电源　5—电刷　6—砂轮
7—工件　8—金刚石磨粒　9—绝缘层　10—绝缘层脱落

（4）双端面精密磨削技术　做平面研磨运动的双端面精磨技术，其双端面精磨的磨削运动和做行星运动的双面研磨一样，工件既做公转又做自转，如图 7-4 所示。磨具的磨料粒度也很细，一般为 3000#~8000#。在磨削过程中，微滑擦、微耕犁、微切削和材料微疲劳断裂同时起作用，磨痕交叉而且均匀。该磨削方式属控制力磨削过程，有和精密研磨相同的加工精度，有比研磨高得多的去除率，另外可获得很高的平面度和两平面的平行度，已取代金刚石车削成为软盘基片等零件的主要超精加工方法。ELID 技术也被用于双端面磨削（如日本 HOM-380E 型双端面磨床），加工精度更高。

图 7-4 双端面精密磨削装置

（5）电泳磨削技术　基于超微磨粒电泳效应的磨削技术即电泳磨削技术也是一种先进的超精密及纳米级磨削技术。其磨削原理是利用超细磨粒的电泳特性，在加工过程中使磨粒在电场力作用下向磨具表面运动，并在磨具表面沉积形成一超细磨粒吸附层，利用磨粒吸附层对工件进行磨削，同时新的磨粒又不断补充，如图 7-5 所示。由于磨粒层表面凹陷处局部电流大，新磨粒更容易在凹陷处沉积，从而使磨粒层表面趋于均匀，保持良好的等高性；同时，磨具每旋转一周，磨粒层表面都有大量新磨粒补充，使微刃始终保持锋利尖锐。通过对电场强度、液体及磨粒特性等影响因素加以控制，就可使磨粒层在加工过程中呈现两种不同的状态：一种是在加工过程中使磨料的脱落量与吸附量保持动态平衡，这样就可以稳定吸附层的厚度，得到一个表面不断自我修整而尺寸不变的超细砂轮；另一种是在加工过程中，使

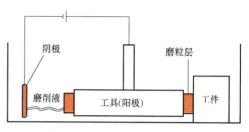

图 7-5 电泳磨削原理图

磨料的吸附量超过脱落量，磨粒层厚度就会不断增加，这样就可以在机床无切深进给条件下实现磨削深度的不断增加，即所谓的自进给电泳磨削。在电泳磨削技术中，磨粒吸附层可以作为磨具用于脆性材料的精密磨削工艺；自进给电泳磨削实现微米级甚至亚微米级深度进给，而不依赖于机床本身的进给精度是可能的。对于该项技术的理论研究和实用化还有许多工作要做。

2. 游离磨料类加工

游离磨料类加工是指在加工时磨粒或微粉成游离状态，如研磨时的研磨剂、抛光时的抛光液，其中的磨粒或微粉在加工时不是固结在一起的。游离磨料类加工方法很多，典型方法是超精密研磨与抛光加工。

（1）超精密研磨技术　研磨是在被加工表面和研具之间置以游离磨料和润滑液，使被加工表面和研具产生相对运动并加压，磨料产生切削、挤压作用，从而去除表面凸处，使被加工表面的精度得以提高（可达 $0.025\mu m$），表面粗糙度值得以降低（达 $Ra0.01\mu m$）。

研磨原理可以归纳为以下几种作用：磨粒的切削作用；磨粒的挤压使工件表面产生塑性变形；磨粒的压力使工件表面加工硬化和断裂；磨粒去除工件表面的氧化膜的化学促进作用。

超精密研磨是一种加工误差达 $0.1\mu m$ 以下，表面粗糙度 Ra 达 $0.02\mu m$ 以下的研磨方法；是一种原子、分子加工单位的加工方法。从原理来看，其主要是磨粒的挤压使被加工表面产生塑性变形，以及当有化学作用时使工件表面生成氧化膜的反复去除。

相比较研磨加工，超精密研磨具有一些特点：在恒温条件下进行，磨料与研磨液混合均匀，超精研磨时所使用磨粒的颗粒非常小，所用研具材料较软、研具刚度精度高、研磨液经过了严格过滤。超精密研磨常作为精密量块、球面空气轴承、半导体硅片、石英晶体、高级平晶和光学镜头等零件的最后加工工序。

（2）磁流体精研技术　磁流体为强磁粉末在液相中分散为胶态尺寸（$<0.015\mu m$）的胶态溶液，由磁感应可产生流动性，其特性是：每一个粒子的磁力矩极大，不会因重力而沉降；磁性曲线无磁滞，磁化强度随磁场增加而增加。若将非磁性材料的磨料混入磁流体，置于磁场中，则磨粒在磁流体浮力作用下压向旋转的工件而进行研磨。其研磨原理如图 7-6 所示。磁流体精研为研磨加工的可控性开拓了一个方向，有可能成为一种新的无接触研磨方法。磁流体精研的方法又有磨粒悬浮式加工、磨料控制式加工及磁流体封闭式加工。

磨粒悬浮式加工是利用悬浮在液体中的磨粒进行可控制的精密研磨加工。研磨装置由研磨加工部分、驱动部分和电磁部分等三部分组成。磨料控制式加工是在研磨具的孔洞内预先放磨粒，通过磁流体的作用，将磨料逐渐输送到研磨盘上面。磁流体封闭式加工是通过橡胶板将磨粒与磁流体分隔放置进行加工。

(3) 磁力研磨技术　磁力研磨是利用磁场作用，使磁极间的磁性磨料形成如刷子一样的研磨刷，被吸附在磁极的工作表面上，在磨料与工件的相对运动下，实现对工件表面的研磨作用。磁力研磨的基本原理如图 7-7 所示。这种加工方法不仅能对圆周表面、平面和棱边等进行研磨，还可对凸凹不平的复杂曲面进行研磨。

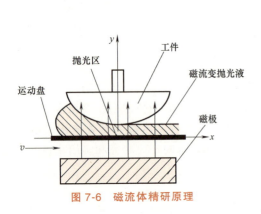

图 7-6　磁流体精研原理

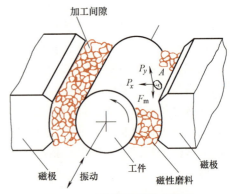

图 7-7　磁力研磨的基本原理

(4) 电解研磨、化学机械研磨、超声研磨等复合研磨方法　电解研磨是电解和研磨的复合加工，研具是一个与工件表面接触的研磨头，它既起研磨作用，又是电解加工用的阴极，工件接阳极。为了提高加工精度，可以成形精度较好的硝酸钠水溶液为主，再加入既能保持其精度又能提高其蚀除速度的添加剂（如含氧酸盐）和 1%氟化钠（NaF）等光亮剂组成电解液。研磨加工时，电解液通过研磨头的出口流经金属工件表面，工件表面在电解作用下发生阳极溶解，在溶解过程中，阳极表面形成一层极薄的氧化物（阳极薄膜），但刚刚在工件表面凸起部分形成的阳极膜被研磨头研磨掉，于是阳极工件表面上又露出新的表面并继续电解，这样，电解作用与研磨头刮除阳极膜作用交替进行，在极短时间内，可获得十分光洁的镜面。

化学机械研磨是在研磨的机械作用下，加上研磨剂中的活性物质的化学反应，从而提高了研磨质量和效率。其研磨原理和典型样机如图 7-8 所示。超声研磨是在研磨中使研具附加超声振动，从而提高了效率，对难加工材料的研磨有较好效果。

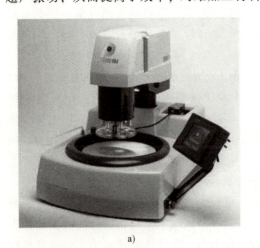

a)

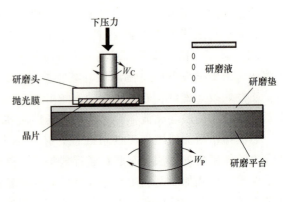

b)

图 7-8　化学机械研磨

a) 典型样机　b) 原理图

(5) 磁流体抛光　磁流体是由强磁性微粉（10~15nm 的 Fe_3O_4）、表面活化剂和运载液体所构成的悬浮液，在重力或磁场作用下呈稳定的胶体分散状态，具有很强的磁性，磁化曲线几乎没有磁滞现象，磁化强度随磁场强度增加而增加。将非磁性材料的磨粒混入磁流体中，置于有磁场梯度的环境内，则非磁性磨粒在磁流体将受磁浮力作用向低磁力方向移动。当磁场梯度为重力方向时，若将电磁铁或永久磁铁置于磁流体的下方，则非磁性磨粒将漂浮在磁流体的上表面上（反之，非磁性磨粒将下沉在磁流体的下表面），将工件置于磁流体的上表面并与磁流体在水平面产生相对运动，则上浮的磨粒将对工件的下表面产生抛光加工，抛光压力由磁场强度控制。在磁流体抛光中，由于磁流体的作用，磨粒的刮削作用多，滚动作用少，加工质量和效率均提高。磁流体抛光可加工平面、自由曲面等，加工材料范围较广。该方法又称为磁悬浮抛光加工。

(6) 超精研抛　超精研抛是一种具有均匀复杂轨迹的精密加工，它同时具有研磨、抛光和超精加工的特点。超精研抛时，研抛头为一圆环状，装于机床的主轴上，由分离传动和采取隔振措施的电动机做高速旋转，工件装于工作台上。工作台由两个做同向同步旋转运动的立式偏心轴带动做纵向直线往复运动，工作台的这两种运动合成为旋摆运动。研抛时，工件浸泡在超精研抛液池中，主轴受主轴箱内的压缩弹簧作用对工件施加研抛压力。典型超精密研磨机如图 7-9 所示。

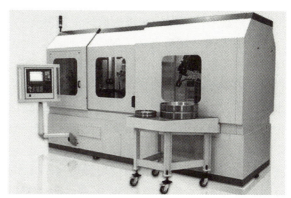

图 7-9　超精密研磨机

超精研抛头采用脱脂木材制成，其组织疏松，研抛性能好。磨料采用细粒度的 Cr_2O_3 在研抛液（水）中成游离状态，加入适量的聚乙烯醇和重铬酸钾以增加 Cr_2O_3 的分散程度。由于研抛头和工作台的运动，造成复杂均密的运动轨迹，这种工艺又有液中研抛的特性，因此可获得极高的加工精度和表面质量。

7.2.3　精密、超精密加工设备

超精密加工所用的加工设备主要有超精密切削磨削机床、各种研磨机和抛光机等。对于超精密加工所用加工设备应有高精度、高刚度、高稳定性和高度自动化的要求。典型超精密加工设备如图 7-10 所示。

超精密切削机床由于其结构、精度、稳定性等均对加工质量有直接影响，因此其应具有如下特点：

(1) 高精度　超精密切削机床应具有高的几何精度、运动精度和分辨率，主要表现在主轴回转精度、进给运动直线度、定位精度、重复精度等。机床大多采用液体静压轴承或空气静压轴承的主轴和导轨，并可以进一步采用误差补偿方法来提高其精度。为了能进行微细切削，机床配有微动工作台，采用电致伸缩、磁致伸缩、弹性元件等微位移机构实现微进给。

超精密切削机床通常采用宽速直流或交流伺服电机—光栅位置检测闭环系统，采用激光

图 7-10 超精密加工设备

a) DIGMA 铣削中心　b) 德国 Spinner 公司的 PD　c) 美国 LLNL 实验室 LODTM

干涉位置检测系统，可以获得极高的定位精度。

(2) 高刚度　超精密加工时，切削深度和进给量很小，切削力很小，但仍应该有足够刚度。例如超精密磁盘加工铝合金基片的端面时，其主轴轴向刚度可达 490N/μm。

(3) 高稳定性　在机床结构上，多采用热导率低、热胀系数小、内阻尼大的天然花岗石来制作床身、工作台等，也可采用人造花岗石制作床身、工作台和轴承等。

为了防止热变形对加工精度的影响，超精密切削机床除必须放在恒温室中使用外，有些机床设计了控制温度的密封罩，用液体淋浴或空气淋浴来消除来自外部及内部的热源影响，如室温变化、运动件的摩擦热、切削热等。液体淋浴靠对流和传导带走热量，可使温度控制在 (20 ± 0.006)℃，比空气淋浴好，但成本较高。目前，温控精度最高可达 (20 ± 0.0005)℃。

在结构上，应采用热稳定性对称结构，避免在精度敏感方向上产生变形，工艺上应进行消除内应力的热处理等，以保证机床有高稳定性。

(4) 抗振性好　在机床结构上应尽量采用短传动链和柔性连接，以减少传动元件和动力元件的影响，电动机等动力元件和机床的回转零件应进行严格的动平衡，以使本身振动量小。为了隔离动力元件等振源的影响，超精密机床可采用分离结构形式，即将电动机、液压泵、真空泵等与机床本体分离，单独成为一个部件，放在机床旁边，再用带传动连接起来，获得了很好的效果。此外，对于大件或基础件，还应选用抗振性强的材料。

(5) 控制性能好　超精密切削机床采用数值控制，在选择数控系统时，不但要考虑所需完成的功能，而且应有良好的控制性能，如插补、进给速度控制、刀具尺寸补偿、主轴转速控制等，要求插补速度快、插补精度高、进给速度稳定。同时，还应有编程简便、操纵使用方便、伴有跟踪显示等特点。此外，除应具有一般机床的静态和动态精度外，还应具有良好的随动精度。

当前超精密切削机床大多采用空气静压轴承和液体静压轴承的主轴系统，同时大多采用空气静压导轨和液体静压导轨。在精度上，目前的水平是：主轴回转精度为 0.02μm，导轨直线度为 2.5μm/1000mm，定位精度为 1.3μm/1000mm，进给分辨率为 0.005μm，加工表面粗糙度为 Ra0.003μm。

对于超精密磨削磨床，其在机床、环境等方面有以下要求：高精密和超精密砂轮架轴承；低振幅的机床砂轮架；高灵敏度和高重复定位精度的砂轮架；低速运动平稳的工作台；有良好过滤的切削液，以防止工件表面划伤；超稳定加工环境条件；防振系统；超净化间。

7.3 微细加工工艺

微型机械的微细加工工艺主要有半导体加工技术、LIGA 技术、集成电路（IC）技术、特种精密加工、微细切削磨削加工、快速原型制造技术和键合技术等。

1. 半导体加工技术

半导体加工技术即半导体的表面和立体的微细加工，指在以硅为主要材料的基片上，进行沉积、光刻与腐蚀的工艺过程。半导体加工技术使 MEMS 的制作具有低成本、大批量生产的潜力。

1）光刻加工技术。光刻加工是用照相复印的方法将光刻掩模上的图形印制在涂有光致抗蚀剂（光刻胶）的薄膜或基材表面，然后进行选择性腐蚀，刻蚀出规定的图形。光刻加工的基本原理如图 7-11a 所示。所用的基材有各种金属、半导体和介质材料。光致抗蚀剂是一类经光照后能发生交联、分解或聚合等光化学反应的高分子溶液。光刻工艺的基本过程通常包括涂胶、曝光、显影、坚膜、腐蚀、去胶等步骤。在制造大规模、超大规模集成电路等场合，需采用 CAD 技术，把集成电路设计和制版结合起来，即进行自动制版。典型设备（光刻机）如图 7-11b 所示。

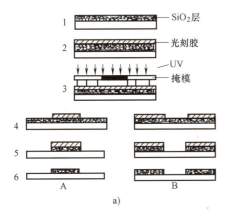

图 7-11 光刻加工

a）原理图 b）光刻机
1—氧化及表面处理 2—涂胶、预烘 3—曝光
4—显影、后烘 5—腐蚀 6—去胶

光刻加工中，涂胶一般是在涂胶机上用旋转法涂敷，其他方法有刷涂、浸渍和喷涂等。曝光方式有接触式曝光、投影曝光、X 射线曝光、电子束和离子束曝光等。显影时，要求适应不同的光致抗蚀剂而使用不同的显影液。工件显影后需在一定温度下焙烘，使胶膜中残存的溶剂或水分彻底除去并改善胶膜与衬底的黏附性能，即"坚膜"工序。腐蚀就是选用合适的腐蚀方法，将没有被胶膜覆盖的衬底部分腐蚀掉，而将有胶膜覆盖的区域保留下来，刻蚀生成精细的图形，腐蚀有湿腐蚀和干腐蚀之分。湿腐蚀是选用一定成分的酸、碱溶液作为腐蚀液，方法和设备简单，并已积累了丰富经验，常用于图形要求不太精细场合。而干腐蚀

按其作用机理一般分为等离子体腐蚀、离子束和溅射腐蚀、反应离子束腐蚀三类。腐蚀结束后，光致抗蚀剂就完成了其作用，此时要把这层无用的胶膜去掉，去胶主要有溶剂去胶、氧化去胶和等离子去胶等方法。

2）体微机械加工技术。体微机械加工就是一种对硅衬底的某些部位用腐蚀技术有选择地除去一部分以形成微机械结构的工艺，常用的主要有湿法腐蚀和干法腐蚀两种。

① 湿法腐蚀是应用化学腐蚀的方法对硅片进行加工的技术，一般用各向同性化学腐蚀、异性化学腐蚀和电化学腐蚀。各向同性腐蚀是利用某些腐蚀液在硅的各个晶向上以相等腐蚀速率进行刻蚀，常用的腐蚀液有 $HF-HNO_3$ 系溶液。各向异性腐蚀则是利用某些腐蚀液对硅材料的晶向有明显的依赖性，利用这一特性来加工的棱体几何形体分明，常用的腐蚀液有 KOH、EPW 和联氨等。各向异性腐蚀时，硅的（100）面和（110）面腐蚀速率相差很大，其横向尺寸较易控制，而腐蚀深度则难以控制，这主要是由于所采用的控制腐蚀时间的方法误差较大所造成的。湿法腐蚀流程图如图 7-12 所示。电化学腐蚀法是分别利用掺杂物质与硅的相对于溶液电位不同产生对腐蚀速率的影响，用来控制加工速率，使硅片达到规定尺寸时自动终止，保证对加工精度的精确控制。

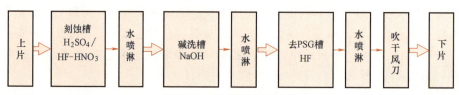

图 7-12　湿法腐蚀流程图

② 干法腐蚀是另一种体微机械加工技术。它是利用粒子轰击对材料的某些部位进行选择性腐蚀的方法，即采用等离子体腐蚀、离子束和溅射腐蚀、反应离子束腐蚀等工艺来腐蚀多晶硅膜、氧化硅膜、氮化硅膜以形成微机械结构，如图 7-13 所示。等离子体是利用气体辉光放电中等离子体所引起的化学反应来达到腐蚀的一种技术，此时要选择合适的放电气体，

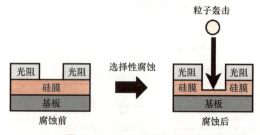

图 7-13　干法腐蚀原理图

使要除去的材料在辉光放电中形成挥发性生成物。离子束腐蚀与溅射腐蚀合称为离子腐蚀，它们都是利用具有一定功能的惰性气体（如氩气等）的离子轰击基底表面而造成刻蚀的，基本上是一种物理过程。反应离子腐蚀是将离子轰击的物理效应和活性粒子的化学效应两者结合起来，因而兼有前面两种腐蚀方法的优点，其不仅有高的腐蚀速度，还有良好的方向性和选择性，能刻蚀精细图形。

随着干法腐蚀技术的发展，已形成以干法为主，干、湿法结合的刻蚀工艺。

2. 表面微机械加工技术

表面微机械加工技术是在硅表面根据需要可生长多层薄膜，如二氧化硅（SiO_2）、多晶硅、氮化硅、磷硅玻璃膜层（PSG）；采用选择性腐蚀技术，去除部分不需要的膜层，在硅平面上形成所需的形状，甚至是可动部件，去除的部分一般称为"牺牲层"，整个加工过程都在硅片表面层上进行。

该技术优点是：在制造过程中所使用的材料和工艺与常规集成电路生产有很强的兼容性，这就保证了从事经常性生产和研究所需的费用，而不必另外投资；再者，只要在制膜时略加改动，就可以用同样的方法制造出大量不同结构。其最大优势在于把机械结构与电子电路集成一起的能力，从而使微产品具有更好的性能和更高稳定性。

3. LIGA 技术和准 LIGA 技术

LIGA 技术是 20 世纪 80 年代初在德国卡尔斯鲁耳原子能研究中心为提出铀-235 研制微型喷嘴结构的过程中产生的。该技术是一种由半导体光刻工艺派生出来的采用光刻方法一次生成三维空间微机械构件的方法。

LIGA 技术的加工原理如图 7-14 所示，是由深层 X 射线光刻、电铸成形及注塑成型三个工艺组成。在用 LIGA 技术进行光刻过程中，一张预先制作的模板上的图形被映射到一层光刻掩模上，掩模中被光照部分的性质发生变化，在随后的冲洗过程被溶解，剩余的掩模即是待生成的微结构的负体，在接下来的电镀成形过程中，从电解液中析出的金属填充到光刻出的空间而形成金属微结构。为了能在数百微米厚的掩模上进行分辨率为亚微米的光刻，LIGA 技术采用了特殊的光源模同步电子加速器产生的 X 射线辐射，这种 X 射线辐射能量高、强度大、波长短且高度平行，是进行分辨率深度光刻的一种理想光源。

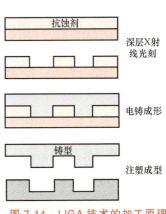

图 7-14 LIGA 技术的加工原理

LIGA 技术的主要工艺过程由 X 射线光刻掩模板的制作、X 射线深光刻、光刻胶显影、电铸成形、塑模制作、塑膜脱模成形等组成。具体加工过程为：先用聚乙-甲基丙烯酸甲酯等作为光致抗蚀剂涂在基板上，再在基板上盖上已刻好图形的金属掩模，再用 X 射线使光刻胶层曝光、显影，将未曝光部分溶解，制成抗蚀层的结构图像，再在抗蚀层结构图形的间隙处镀上镍、铜或金等金属至所需厚度，制成金属模，再以此模为母模注射塑料型芯，再将型芯电铸成金属构件。

LIGA 技术具有平面内几何图形的任意性、高深宽比、高精度小表面粗糙度、原材料的多元性等突出优点。LIGA 技术使用的 X 射线波长在 0.2~1nm 之间，蚀刻深度达数百微米，刻线宽度小于十分之几微米，是一种高深宽比的三维加工技术，适用于多种金属、非金属材料制成大缩比的微型构件。LIGA 技术在微机械加工领域中完全打破了硅平面工艺的框架，已成为最有前途的三维构件的工艺手段之一。

LIGA 技术不足之处在于 LIGA 工艺所需的 X 射线同步辐射源比较昂贵稀少，致使其应用受到限制。由于 X 射线光刻是非常昂贵的一道工序，在大批量生产中应尽量避免使用，只用其制作元件的母体。例如要制作合成材料元件，可在上述的电镀成形过程中制出金属模具，然后进行微型元件的成批注塑成形，若要制作金属元件，则可用注塑成的合成材料作为掩模，然后再次应用电镀成形生产最终的元件。

基于 LIGA 技术使用的光源不易得到，低成本 LIGA 工艺和准 LIGA 加工工艺得到了发展。准 LIGA 技术就是指采用商用光刻胶或光敏聚酰亚胺连同近紫外光源，以实现大纵横比的电镀模具制作，由于该技术可使用常规设备和工艺，即使这些模具在厚度和高纵横比方面不能与 LIGA 技术相媲美，准 LIGA 技术也会为人们所接受。

4. 集成电路（IC）技术

集成电路技术是一种发展十分迅速且较成熟的制作大规模电路的加工技术。在微型机械加工中使用较为普遍，是一种平面加工技术，但是该技术的刻蚀深度只有数百纳米，且只限于制作硅材料的零部件。

5. 微细电火花加工

微细电火花加工是利用微型 EDM 电极对工件进行电火花加工，可以对金属、聚晶金刚石、单晶硅等导体半导体材料做垂直工件表面的孔、槽、异型面的加工。日本东京大学增泽隆久教授将微细电火花加工应用在微细孔的加工上，但因零件极微小，与传统的电加工有极大的差异，加工时机床的线路放电能量从 10^{-6}J 缩小到 10^{-7}J，这样可实现亚微米级的精加工和微米级加工精度的微细加工。微细电火花加工，用圆柱电极，采用点—点及连续加工方式可加工宽度 $10\mu m$、长度 $150\mu m$、深度 $50\mu m$ 的细长通槽。图 7-15 所示为微细电火花加工机床。

图 7-15 微细电火花加工机床

习题与思考题

7-1 精密和超精密加工包含哪些领域？目前精密和超精密加工的精度范围分别为多少？

7-2 简述测量及误差补偿技术在超精密加工技术的作用和意义。

7-3 简述超精密及纳米加工技术的发展趋势。

7-4 精密和超精密加工的工艺主要包括哪些？

7-5 简述对超精密切削刀具刀刃锋锐度和表面粗糙度的理解，分析其对超精密切削过程影响。

7-6 超精密加工中为什么需要采用微量进给装置？常用的微量进给装置有哪些类型？

7-7 精密主轴部件通常采用什么轴承？各自的优缺点是什么？

7-8 简述体微机械加工技术的种类以及各自的原理和应用。

7-9 微细加工和一般加工在加工概念上有何不同？

7-10 简述半导体加工技术的原理、特点和用途。

第 8 章

特种加工工艺

8.1 概述

与传统的切削加工相比,特种加工具有下列特点:
1) 工具材料的硬度可以大大低于工件材料的硬度。
2) 可直接利用电能、电化学能、声能或光能等能量对材料进行加工。
3) 加工过程中的机械力不明显。
4) 各种加工方法可以有选择地复合成新的工艺方法,使生产率成倍地增长,加工精度也相应提高。
5) 几乎每产生一种新的能源,就有可能导致一种新的特种加工方法产生。

由于特种加工方法具有上述特点,因此可以用于解决下列工艺问题:
1) 解决各种难切削材料的加工问题,如耐热钢、不锈钢、钛合金、淬火钢、硬质合金、陶瓷、宝石、金刚石以及锗和硅等各种高强度、高硬度、高韧性、高脆性以及高纯度的金属和非金属的加工。
2) 解决各种复杂零件表面的加工问题,如各种热锻模、冲裁模和冷拔模的模腔和型孔、整体涡轮、喷气涡轮机叶片、炮管内腔线以及喷油器和喷丝头的微小异形孔的加工问题。
3) 解决各种精密的、有特殊要求的零件加工问题,如国防工业中表面质量和精度要求都很高的陀螺仪、伺服阀以及低刚度的细长轴、薄壁筒和弹性元件等的加工。

特种加工在现代制造、科学研究和国防事业中获得日益广泛的应用,而生产和科学研究中提出来的新问题又促进了特种加工工艺方法的迅速发展。特种加工一般按能量形式和作用原理进行划分:
1) 电能与热能作用方式有:电火花成形与穿孔加工(EDM)、电火花线切割加工(WEDM)、电子束加工(EBM)和等离子加工(PAM)。
2) 电能与化学能作用方式有:电解加工(ECM)、电铸(EF)和刷镀加工。
3) 电化学能与机械能作用方式有:电解磨削(ECG)、电解珩磨(ECH)。

4）声能与机械能作用方式有：超声波加工（USM）。

5）光能与热能作用方式有：激光加工（LBM）。

6）电能与机械能作用方式有：离子束加工（IBM）。

7）液流能与机械能作用方式有：挤压珩磨（AFH）和水射流切割（WJC）。

特种加工自问世以来，由于其突出的工艺特点和日益广泛的应用，逐步深化了人们对制造工艺技术的认识，同时也引起了制造工艺技术的一系列变革。

（1）改变了对材料可加工性的认识　对切削加工而言，淬火钢、硬质合金、陶瓷、立方氮化硼和金刚石一直被认为是难切削材料。而现在已较广泛使用的由陶瓷、立方氮化硼和人造聚晶金刚石制成的刀具、工具和拉丝模等，都可以采用电火花、电解、超声波和激光等多种方法进行加工。对于淬火钢和硬质合金，采用电火花成形加工和电火花线切割加工已不再是难事。这样，材料的可加工性就不再仅以材料的强度、硬度、韧性和脆性进行衡量，而与所选择的加工方法有关。

（2）要重新衡量设计结构工艺性的优劣问题　在传统的结构设计中，常认为方孔、小孔、弯孔和窄缝的结构工艺性很差。而对特种加工来说，利用电火花穿孔和电火花线切割加工孔时，方孔和圆孔在加工难度上是没有差别的。有了高速电火花小孔加工专用机床后，各种导电材料的小孔加工变得更为容易；喷丝头上的各种异形孔由以往的不能加工变为可以加工；过去因一时疏忽在淬火前没有钻的定位销孔，没有铣的槽，淬火后因难于切削加工只能报废，现在可用电加工方法予以补救；过去攻螺纹因无法取出孔内折断的丝锥，而使工件报废的现象已不复存在。有了特种加工，设计和工艺人员在设计零件结构，安排工艺过程时有了更大的灵活性和选择余地。

（3）对零件的结构设计带来重大变革　喷气发动机的叶轮由于形状复杂，过去只能在做好一个个的叶片后组装而成。有了电解加工，设计人员就可以设计整体涡轮了。又如山形硅钢片冲模，结构复杂，不易制造，往往采用拼镶结构。有了电火花线切割，就可以设计成整体结构。

（4）可以进一步优化零件的加工工艺过程　按传统切削加工，除磨削外，其他切削加工一般需要安排在淬火工序之前。按照常规，这是工艺人员必须遵循的工艺准则之一。有了特种加工，为了避免淬火工序中引起已加工部分的变形甚至开裂，工艺人员可以先安排淬火再加工孔槽。采用电火花成形加工、电火花线切割加工或电解加工的零件常先安排淬火，这已成为比较典型的工艺过程。

总之，各种特种加工方法不仅给设计师提供了更广阔的结构设计的新天地，而且给工艺师提供了解决各种工艺难题的新手段，有力地促进着我国的科技发展和技术进步。随着我国国民经济和科学技术飞速发展的需要，特种加工技术将取得更加辉煌的成就。

8.2　电火花加工

8.2.1　电火花加工的原理与特点

电火花加工是在如图 8-1 所示的加工系统中进行的。加工时，脉冲电源的一极接工具电极，另一极接工件电极。两极均浸入具有一定绝缘度的液体介质（常用煤油或矿物油）中。

工具电极由自动进给调节装置控制，以保证工具与工件在正常加工时维持一很小的放电间隙（0.01~0.05mm）。当脉冲电压加到两极之间，便将当时条件下极间最近点的液体介质击穿，形成放电通道。由于通道的截面积很小，放电时间极短，致使能量高度集中（10^6~10^7 W/mm^2），放电区域产生的瞬时高温足以使材料熔化甚至蒸发，以致形成一个小凹坑。第一次脉冲放电结束之后，经过很短的间隔时间，第二个脉冲又在另一极间最近点击穿放电。如此周而复始高频率地循环下去，工具电极不断地向工件进

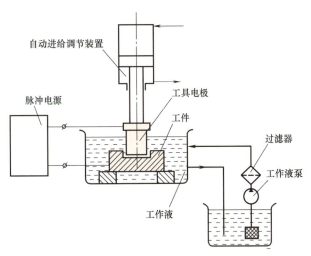

图 8-1　电火花加工原理图

给，它的形状最终就复制在工件上，形成所需要的加工表面。与此同时，总能量的一小部分也释放到工具电极上，从而造成工具损耗。

从上面的叙述中可以看出，进行电火花加工必须具备下列三个条件：

1）必须采用脉冲电源，以形成瞬时的脉冲式放电。每次脉冲放电延续一段时间（10^{-7}~10^{-3}s）后，需停歇一段时间。这样才能使能量集中于微小区域，而不致扩散到邻近的材料中去。如果形成连续放电，就会形成像电焊一样的电弧，使工件表面烧伤而不能保证零件的尺寸和表面质量。

2）必须采用自动进给调节装置，以保持工具电极与工件间微小的放电间隙。间隙过大，极间电压难以击穿极间的液体介质，不能产生火花放电；间隙过小，容易产生短路，也不能产生火花放电。电参数对放电间隙的影响很大，精加工时单边间隙仅有 0.01mm，而粗加工则可达 0.05mm，甚至更大。

3）火花放电必须在具有一定绝缘强度（10^3~10^7Ω·cm）的液体介质中进行。常用的绝缘液体介质有煤油、皂化液和去离子水等。液体介质又称工作液，它除了有利于产生脉冲式的火花放电外，还有利于排除放电过程中产生的电蚀产物和冷却电极及工件表面。

电火花加工具有如下特点：

1）可以加工高强度、高硬度、高韧性、高脆性及高纯度的导电材料。例如不锈钢、钛合金、工业纯铁、淬火钢、硬质合金、导电陶瓷、立方氮化硼和人造聚晶金刚石等。

2）加工时无明显的机械力，故适用于低刚度工件和微细结构的加工。由于可以简单地将工具电极的形状复制在工件上、再加上数控技术的运用，因此特别适用于复杂的型孔和型腔加工。甚至可以使用简单的工具电极加工出复杂形状的零件。

3）脉冲参数可根据需要进行调节，因而可以在同一台机床上进行粗加工、半精加工和精加工。

4）在一般情况下生产率低于切削加工。为了提高生产率，常采用切削加工进行粗加工，再进行电火花加工。目前电火花高速小孔加工的生产率已明显高于钻头钻孔。

5）放电过程有部分能量消耗在工具电极上，从而导致电极损耗，影响成形精度。

鉴于电火花加工具有以上特点，因此一方面广泛应用于机械制造、航空航天、仪器仪表和电子设备等行业，另一方面正加强研究，以扩大其应用范围，并不断改善其不足之处。

8.2.2 电火花加工的精度与应用范围

电火花加工的尺寸精度随加工方法而异。目前电火花成形加工的平均尺寸精度为0.05mm，最高精度可达0.005mm；电火花线切割的平均加工精度为0.01mm，最高精度可达0.005mm。

如果排除机床的制造误差，工件和工具电极的定位和安装误差，影响加工精度的主要因素还有放电间隙的大小和一致性、工具电极的损耗以及加工过程中的二次放电等因素。

（1）放电间隙的大小和一致性　电火花加工时，如果放电间隙能保持不变，就可以获得较高的加工精度。然而，由于加工过程的复杂性，放电间隙的大小实际是变化的。此外，间隙的大小对加工精度也产生影响。尤其在加工具有复杂型腔时，棱角部位的电场强度分布不匀，间隙越大，影响也越大。为了减少加工误差，往往采用较小的放电参数，以提高仿形精度。

（2）工具电极的损耗　工具电极的损耗既影响尺寸精度，又影响形状精度。因此，当尺寸精度和表面质量要求高时，往往粗精加工分开进行。精加工时除了采用较小的放电参数外，还采用更换新电极或采用平动方法来提高加工精度。

（3）二次放电　二次放电是指已加工表面由于电蚀产物等的未及时排除而产生的非正常放电。由于二次放电，在工件的加工深度方向会产生斜度，并容易使待加工的棱角棱边产生圆角。采用高频率窄脉宽精加工，此时的放电间隙小，可以使精冲模获得小于0.01mm的圆角半径。

由于电火花加工在国防、民用和科学研究中的应用日益广泛，因此电加工机床的种类和应用形式也正朝着多样性方向发展。按工艺过程中工具与工件相对运动的特点和用途不同，电火花加工可大体分为：电火花成形加工、电火花线切割加工、电火花磨削、电火花展成加工、非金属电火花加工和电火花表面强化等。

1. 电火花成形加工

电火花成形加工是通过工具电极相对于工件做进给运动，将工件电极的形状和尺寸复制在工件上，从而加工出所需要的零件。它包括电火花型腔加工和电火花穿孔加工两种。

电火花型腔加工主要用于加工各类热锻模、压铸模、挤压模、塑料模和胶木模的型腔。这类型腔多为不通孔，内形复杂，各处深浅不同，加工较为困难。为了便于排除加工产物和冷却，以提高加工的稳定性，有时在工具电极中间开有冲油孔。

电火花穿孔加工主要用于型孔（圆孔、方孔、多边形孔、异型孔）、曲线孔（弯孔、螺旋孔）、小孔和微孔的加工。近年来，在电火花穿孔加工中发展了高速小孔加工，解决了小孔加工中电极截面小，易变形，孔的深径比大，排屑困难等问题，取得了良好的社会经济效益。

2. 电火花线切割加工

电火花线切割加工是利用移动的细金属丝作为工具电极，按预定的轨迹进行脉冲放电切割。按线电极移动的速度大小分为高速走丝电火花线切割和低速走丝电火花线切割。我国曾普遍采用高速走丝线切割，近年正在发展低速走丝线切割。高速走丝时，线电极是直径为0.02~0.3mm的高强度钼丝。钼丝往复运动的速度为8~10m/s。低速走丝时，多采用钢丝，线电极以小于 0.2m/s 的速度做单方向低速移动。

与电火花成形加工不同的是，线电极在切割时，只有当电极丝和工件之间保持一定的轻微接触压力时，才形成火花放电。由此可以推断，在电极丝和工件间必然存在某种电化学作用产生的绝缘薄膜介质。当电极丝相对工件移动摩擦和被顶弯所造成的压力使绝缘薄膜减薄到可以被击穿的程度，才发生火花放电。放电产生的爆炸力使铜丝或铜丝局部振动而暂时脱离接触，但宏观上仍属轻压放电。

目前电火花线切割广泛用于加工各种冲裁模（冲孔和落料用）、样板以及各种形状复杂的型孔、型面和窄缝等。

8.3 电解加工

8.3.1 电解加工的原理与特点

电解加工是利用金属在电解液中产生阳极溶解的电化学原理对工件进行成形加工的一种工艺方法。电解加工原理如图 8-2 所示。加工时，工件接直流电源正极，工具接负极，两极间保持 0.1~1mm 的间隙，具有一定压力（0.5~2.5MPa）的电解液从两极间隙中高速（5~60m/s）流过。加工过程中，工具阴极的凸出部分与工件阳极的电极间隙最小，此处的电流密度最大，单位时间内消耗的电量最多。根据法拉第定律，金属阳极的溶解量与通过的电量成正比。因此，工件上与工具阴极凸起部位的对应处比其他部位溶解更快。随着工具阴极不断缓慢地向工件进给，工件则不断地按工具端部的型面溶解，电解产物则不断被高速流动的电解液带走，最终工具的形状就"复制"在工件上。

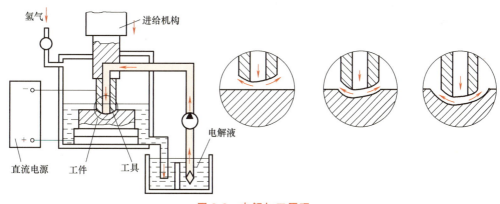

图 8-2 电解加工原理

电解加工具有如下特点：

1) 不受材料本身强度、硬度和韧性限制。可以加工淬火钢、硬质合金、不锈钢和耐热合金等高强度、高硬度和高韧性的导电材料。

2) 加工中不存在机械切削力，工件不会产生残余应力和变形，也没有飞边毛刺。

3) 可以达到 0.1mm 的平均加工精度和 0.01mm 的最高加工精度；平均表面粗糙度值可达 0.8μm，最小表面粗糙度值可达 0.1μm。

4) 加工过程中工具阴极理论上不会损耗，可长期使用。

5）生产率较高，为电火花加工的 5～10 倍，某些情况下甚至高于切削加工。

6）能以简单的进给运动一次加工出形状复杂的型腔与型面。

7）电解加工的附属设备多，造价高，占地面积大，加工稳定性尚不够高。与此同时，电解液易腐蚀机床和污染环境，也必须引起重视。

8.3.2 电解加工的应用范围

1. 电解锻模型腔

由于电火花加工的精度容易控制，多数锻模的型腔采用电火花加工。但电火花加工的生产率较低，因此对精度要求不太高的矿山机械、汽车拖拉机所需锻模，正逐步采用电解加工。

2. 电解整体叶轮

叶片是喷气发动机、汽轮机中的关键零件，它的形状复杂，精度要求高，生产批量大。采用电解加工，不受材料硬度和韧性的限制，在一次行程中可加工出复杂的叶片型面，比机械加工有明显的优越性。

采用机械加工方法制造叶轮时，叶片毛坯是精密铸造的，经过机械加工和抛光，再分别镶入叶轮轮缘的榫槽中，最后焊接形成整体叶轮。这种方法加工量大，周期长，质量难以保证。电解加工整体叶轮时，只要先将整体叶轮的毛坯加工好，则可用套料法加工。每加工完一个叶片，退出阴极，分度后再依次加工下一个叶片。这样不但可大大缩短加工周期，而且可保证叶轮的整体强度和质量。

3. 电解去毛刺

机械加工中常采用钳工方法去毛刺，这不但工作量大，而且有的毛刺因过硬或空间狭小而难以去除。而采用电解加工，则可以提高工效，节省费用。

利用电解加工，不仅可以完成上述重要的工艺过程，还可以应用于深孔的扩孔加工、型孔加工以及抛光等工艺过程中。

8.4 超声波加工

人耳能感受到的声波频率在 16～16000Hz 范围内。当声波频率超过 16000Hz 时，就是超声波。前两节所介绍的电火花加工和电解加工，一般只能加工导电材料，而利用超声波振动，则不但能加工像淬火钢、硬质合金等硬脆的导电材料，而且更适合加工像玻璃、陶瓷、宝石和金刚石等硬脆非金属材料。

8.4.1 超声波加工的原理与特点

超声波加工是利用工具端面的超声频振动，或借助于磨料悬浮液加工硬脆材料的一种工艺方法。其加工原理如图 8-3 所示。超声波发生器产生的超声频电振荡，通过换能器转变为超声频的机械振动。变幅杆将振幅放大到 0.01～0.15mm，再传给工具，并驱动工具端面做超声振动。在加工过程中，由于工具与工件间不断注入磨料悬浮液，当工具端面以超声频冲击磨料时，磨料再冲击工件，迫使加工区域内的工件材料不断被粉碎成很细的微粒脱落下来。此外，当工具端面以很大的加速度离开工件表面时，加工间隙中的工作液内可能由于负压和局部真空形成许多微空腔。当工具端面再以很大的加速度接近工件表面时,空腔闭合,从而形成可以强化加工过程的液压冲击波,这种现象称为"超声空化"。因此,超声波加工过程是磨粒在工具端面的超声振动下,以机械锤击和研抛为主,以超声空化为辅的综合作用过程。

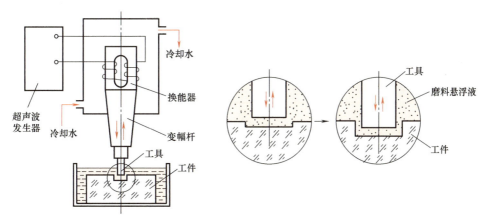

图 8-3 超声波加工原理

超声波加工的特点有:

1) 超声波加工适宜加工各种硬脆材料,尤其是利用电火花和电解难以加工的不导电材料和半导体材料,如玻璃、陶瓷、玛瑙、宝石、金刚石以及锗和硅等。对于韧性好的材料由于它对冲击有缓冲作用而难以加工,因此可用作工具材料,如 45 钢常被造作工具材料。

2) 由于超声波加工中的宏观机械力小,因此能获得良好的加工精度和表面粗糙度。尺寸精度可达 0.01~0.02mm;表面粗糙度值可达 0.1~0.8μm。

3) 采用的工具材料较软,易制成复杂形状,工具和工件无须做复杂的相对运动,因此普通的超声波加工设备结构较简单。但若需要加工复杂精密的三维结构,可以预见,仍需设计与制造三坐标数控超声波加工机床。

8.4.2 超声波加工的应用范围

超声波加工的生产率一般低于电火花加工和电解加工,但加工精度和表面质量都优于前者。更重要的是,它能加工前者所难以加工的半导体和非导体材料。

1. 型孔和型腔加工

目前超声波加工主要用于加工硬脆材料的圆孔、异形孔和各种型腔,以及进行套料、雕刻和研抛等。

2. 切割加工

锗、硅等半导体材料又硬又脆,用机械切割非常困难,采用超声波切割则十分有效。

3. 超声波清洗

由于超声波在液体中会产生交变冲击波和超声空化现象,这两种作用的强度达到一定值时,产生的微冲击就可以使被清洗物表面的污渍遭到破坏并脱落下来。加上超声作用无处不入,即使是小孔和窄缝中的污物也容易被清洗干净。目前,超声波清洗不但用于机械零件或电子元器件的清洗，也用于医疗器皿（如生理盐水瓶、葡萄糖水瓶）的清洗。

4. 超声波焊接

焊接一般离不开热。超声波焊接就是利用超声频的振动作用，去除工件表层的氧化膜，使工件露出新的本体表面。此时焊件表层的分子在高速振动撞击下，摩擦生热并亲和焊接在一起。它不仅可以焊接表面易生成氧化物的铝制品及尼龙、塑料等高分子制品，还可以使陶瓷等非金属材料在超声振动作用下挂上锡或银，从而改善这些材料的焊接性。

超声波的应用范围十分广泛，利用其定向发射、反射等特性，可以用于测距和无损检测，还可以利用超声振动制作医疗用的超声手术刀。

8.5 激光加工

激光加工是利用光能经过透镜聚焦后达到很高的能量密度，依靠光热效应来加工各种材料。由于它利用高能光束进行加工，加工速度快，变形小，可以加工各种金属和非金属材料，在生产实践中不断显示出它的优越性，因而广泛用于打孔、切割、焊接、表面热处理及信息存储等领域。

8.5.1 激光加工的原理与特点

激光是一种经受激辐射产生的加强光。它的光强度高，方向性、相干性和单色性好，通过光学系统可将激光束聚焦成直径为几微米到几十微米的极小光斑，从而获得极高的能量密度（$10^8 \sim 10^{10} \mathrm{W/cm^2}$）。当激光照射到工件表面，光能被工件吸收并迅速转化为热能，光斑区域的温度可达 $10^5 ℃$ 以上，使材料熔化甚至气化。随着激光能量的不断吸收，材料凹坑内的金属蒸气迅速膨胀，压力突然增大，熔融物爆炸式地高速喷射出来，在工件内部形成方向性很强的冲击波。因此，激光加工是工件在光热效应下产生的高温熔融相冲击波的综合作用过程。

图 8-4 所示为固体激光器中激光的产生和工作原理图。当激光的工作物质钇铝石榴石受到光泵（激励脉冲氙灯）的激发后，吸收具有特定波长的光，在一定条件下可导致工作物

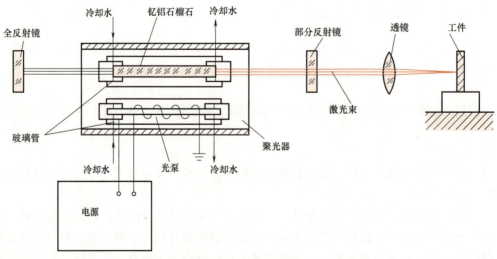

图 8-4　固体激光器中激光的产生和工作原理图

质中的亚稳态粒子数大于低能级粒子数,这种现象称为粒子数反转。一旦有少量激发粒子产生受激辐射跃迁,就会造成光放大,再通过谐振腔内的全反射镜和部分反射镜的反馈作用产生振荡,此时由谐振腔的一端输出激光。再通过透镜聚焦形成高能光束,照射在工件表面上,即可进行加工。固体激光器中常用的工作物质除了钇铝石榴石外,还有红宝石和钕玻璃等材料。

激光加工的特点:

1)激光加工属于高能束流加工,其功率密度可高达 $10^8 \sim 10^{10}\,\mathrm{W/cm^2}$,几乎可以加工任何金属与非金属材料。

2)激光加工无明显机械力,也不存在工具损耗问题。加工速度快,热影响区小,易实现加工过程自动化。

3)激光可通过玻璃等透明材料进行加工,如对真空管内部进行焊接等。

4)激光可以通过聚焦,形成微米级的光斑,输出功率的大小又可以调节,因此可用于精密微细加工。

5)可以达到0.01mm的平均加工精度和0.001mm的最高加工精度;表面粗糙度值可达 $0.1 \sim 0.4\,\mu m$。

8.5.2　激光加工的应用范围

激光加工的主要参数为激光的功率密度、激光的波长和输出的脉宽、激光照射在工件上的时间以及工件对能量的吸收等。激光对材料的表面热处理、焊接、切割和打孔等都与上述参数有关。

1. 激光表面热处理

当激光的功率密度为 $10^3 \sim 10^5\,\mathrm{W/cm^2}$,便可实现对铸铁、中碳钢,甚至低碳钢等材料进行激光表面淬火。激光淬火层的深度一般为0.7~1.1mm。淬火层的硬度比常规淬火约高20%,产生的变形小,能解决低碳钢的表面淬火强化问题。

2. 激光焊接

当激光的功率密度为 $10^5 \sim 10^7\,\mathrm{W/cm^2}$,照射时间约为1/100s,即可进行激光焊接。激光焊接一般无须焊料和焊剂,只需将工件的加工区域"热熔"在一起就可以。激光焊接过程迅速,热影响区小,焊缝质量高,既可以焊接同种材料,又可以焊接异种材料,还可以透过玻璃进行焊接。

3. 激光切割

激光切割所需的功率密度为 $10^5 \sim 10^7\,\mathrm{W/cm^2}$。它既可以切割金属材料,又可以切割非金属材料。它还能透过玻璃切割真空管内的灯丝,这是任何机械加工所难以达到的。

固体激光器(YAG)输出的脉冲式激光成功地用于半导体硅片的切割,化学纤维喷丝头异型孔的加工等。大功率的 CO_2 气体激光器输出的连续激光不但广泛用于切割钢板、钛板、石英和陶瓷,而且用于切割塑料、木材、纸张和布匹等。

4. 激光打孔

激光打孔的功率密度一般为 $10^7 \sim 10^8\,\mathrm{W/cm^2}$。它主要应用于在特殊零件或特殊材料上加工孔。例如火箭发动机和柴油机的喷油器、化学纤维的喷丝板、钟表上的宝石轴承和聚晶金刚石拉丝模等零件上的微细孔加工。激光打孔的效率很高,如直径为0.12~0.18mm、深为

0.6~1.2mm 的宝石轴承孔，若工件自动传送，每分钟可加工数十件。在聚晶金刚石拉丝模坯料的中央加工直径为 0.04mm 的小孔，仅需十几秒钟。

习题与思考题

8-1 简述电火花加工中极性效应、正极性加工和负极性加工概念以及产生极性效应原因。

8-2 电火花线切割采用何种极性加工？为什么？

8-3 简述电火花加工中的"二次放电"。

8-4 简述电解加工中对电解液的基本要求以及常用的电解液（至少两种）。

8-5 采用 NaCl 电解液加工零件，要求 10min 在 100mm 厚的低碳钢板上加工一个 50mm 的通孔。已知中空电极内径为 40mm，电流效率为 1，被电解物质的体积电化学当量为 $2.22mm^3/(A \cdot min)$。

求：

1）加工电流为多少？

2）如果加工电流为 5000A，加工一个孔的时间为多少？

8-6 超声波加工的机理是什么？有什么特点？

8-7 从激光束的特性分析，为什么激光束可以用来进行激光与物质的相互作用？

8-8 从激光加工工艺上考虑，如何打一个高质量的孔？激光打孔中，一般采用什么离焦量，为什么？

第 9 章

其他先进制造工艺

9.1 超高速加工技术

9.1.1 超高速加工技术的内涵、范围及技术地位

提高切削、磨削加工效率一直是切削、磨削领域所十分关注并为之不懈奋斗的重要目标。超高速切削和磨削加工就是近年来发展起来的一种集高效、优质和低耗于一身的先进制造工艺技术。

超高速加工技术是指采用超硬材料刀具磨具和能可靠地实现高速运动的高精度、高自动化、高柔性的制造设备，以极大地提高切削速度来达到提高材料切除率、加工精度和加工质量的现代制造加工技术。它是提高切削和磨削效果以及提高加工质量、加工精度和降低加工成本的重要手段。其显著标志是使被加工塑性金属材料在切除过程中的剪切滑移速度达到或超过某一阈值，开始趋向最佳切除条件，使得被加工材料切除所消耗的能量、切削力、工件表面温度、刀具磨具磨损、加工表面质量等明显优于传统切削速度下的指标，而加工效率则大大高于传统切削速度下的加工效率。

超高速加工的切削速度范围因不同的工件材料、不同切削方式而异，目前尚无确切的定义。一般认为，超高速加工各种材料的切削速度范围为：铝合金已达到 2000~7500m/min，铸铁为 900~5000m/min，钢为 600~3000m/min，超耐热镍合金达 500m/min，钛合金达 150~1000m/min，纤维增强塑料为 2000~9000m/min。各种制造加工工序的切削速度范围为：车削为 700~7000m/min，铣削为 300~6000m/min，钻削为 200~1100m/min，磨削为 150m/s 以上。

超高速加工技术可实现超高速加工的材料将覆盖大多数工程材料，可加工各种表面形状的零件，可由毛坯一次加工成成品，并实现精密甚至超精密加工。超高速磨削可实现小的磨粒切深，使陶瓷等硬脆材料不再以脆性断裂形式，而是以塑性变形形式产生切屑，使磨削表面质量提高，对镍合金、钛合金等难加工材料加工也会在高应变率响应的作用下而改善其切削加工性能，从而得到高的加工质量。

超高速切削目前主要用于以下几个领域：

1）大批生产领域如汽车工业，如美国福特（Ford）汽车公司与 Ingersoll 公司合作研制的 HVM800 卧式加工中心及镗气缸用的单轴镗缸机床已实际用于福特公司的生产线。典型超高速卧式加工中心如图 9-1 所示。

2）工件本身刚度不足的加工领域，如航空航天工业产品或其他某些产品，如 Ingersoll 公司采用超高速切削工艺所铣削的工件最薄壁厚度仅为 1mm。

图 9-1　超高速卧式加工中心

3）加工复杂曲面领域，如模具工具制造。

4）难加工材料领域，如 Ingersoll 公司的"高速模块"所用切削速度为：加工航空航天铝合金为 2438m/min，汽车铝合金为 1829m/min，铸铁为 1219m/min，这均比常规切削速度高出几倍到几十倍。

5）超精密微细切削加工领域，日本的 FANUC 公司和电气通信大学合作研制了一种超精密铣床，其主轴转速达 55000r/min，可用切削方法实现自由曲面的微细加工，其生产率和相对精度均为目前光刻技术领域中的微细加工所不及。

9.1.2　超高速主轴单元制造技术

超高速加工技术的一个最根本最核心的特点和技术就是实现超高速的切削速度或砂轮线速度，因此超高速主轴单元是超高速加工机床最关键部件。超高速主轴单元包括主轴动力源、主轴、轴承和机架四个主要部分，这四个部分构成一个动力学性能及稳定性良好的系统。其性能决定了超高速加工的超高速化、高精度、应用范围广等特点。

超高速主轴单元制造技术所涉及关键技术有：超高速主轴材料、结构、轴承的研究与开发，超高速主轴系统动态特性及热态特性研究，柔性主轴及其轴承的弹性支承技术的研究，超高速主轴系统的润滑与冷却技术研究，以及超高速主轴系统的多目标优化设计、虚拟设计技术研究等。

从目前发展现状来看，主轴单元成为独立的单元而成为功能部件以方便地配置到多种工艺、加工中心及超高速磨床上，而且越来越多地采用电主轴加工类型。典型的高速电主轴如图 9-2 所示。主轴支承、轴承选择及轴承设计制造是超高速主轴单元技术中的关键。超高速大功率主轴单元的基本方案是采用集成内装式电主轴，主轴支承考虑功能和经济性的要求，采用陶瓷混合球轴承或油基动静压轴承是较好的可选方案，对于超高速的磁悬浮轴承是各制

图 9-2　高速电主轴

造商和研究机构更为重视的研究和应用领域。小功率的超高速主轴单元可以采用高精度的滚动轴承、液体动静压轴承或气浮动静压轴承。低速主轴轴承设计时主要设计参数是工作载

荷，而高速主轴轴承的主要设计参数则是转速，描述转速的特征值用 $K = nd_m$（n 为每分钟转速，d_m 为轴承平均直径）表示。

国外高速主轴单元的发展较快，中等规格的加工中心的主轴转速已普遍达到10000r/min甚至更高。例如：美国福特汽车公司推出的 HVM800 卧式加工中心主轴单元采用液体动静压轴承最高转速为 15000r/min；日本东北大学庄司研究室开发的 CNC 超高速平面磨床，使用陶瓷球轴承，主轴转速为 3000r/min；日本东芝机械公司在 ASV40 加工中心上，采用了改进的气浮轴承，在大功率下实现 30000r/min 主轴转速；德国卡帕（KAPP）公司采用的磁悬浮轴承砂轮主轴，转速达到 60000r/min；德国的吉拇恩（GMN）公司的磁浮轴承主轴单元的转速达 100000r/min 以上。

超高速主轴单元制造技术的发展前沿主要涉及以下几个方面：柔性主轴的设计技术，使得主轴可在系统的二阶或三阶固有频率以上稳定地工作；柔性主轴支承技术，减小主轴系统向机架传递的动载荷和控制主轴系统的稳定性；主轴轴承的开发研究；主轴系统动态优化设计和计算机虚拟设计技术；新的主轴系统润滑与冷却技术的研究。

根据我国实际情况，应发展转速在每分钟万转以上且可调、中等功率以上的由电动机直接驱动的主轴单元系统，重点发展车削、铣削和磨削及加工中心的超高速主轴系统单元，这种单元能自身形成一个动态稳定性能良好的系统，可以方便地组合到多种加工工艺过程中。

9.1.3 超高速加工用刀具、磨具

超高速加工用刀具、磨具主要指超高速铣削用刀具和超高速磨削用砂轮。超高速加工用刀具磨具单元技术所涉及的关键技术主要有：超高速加工用刀具材料及制备技术，超高速加工用刀具结构及刀具几何参数的研究，超高速磨削砂轮的超硬磨料、结合剂、基体的开发研究，超高速磨削用超硬磨具制备技术，超硬磨料超高速砂轮应用技术，以及硬脆材料及难加工材料的超硬磨料磨具的超高速磨削实用化技术等。超高速加工用刀具、磨具如图9-3所示。

众所周知，在影响金属切削发展的诸因素中，刀具材料及刀具（磨具）制造技术起着决定的作用，并推动超高速加工实用化。超硬刀具和磨具是超高速加工技术最主要的刀具材料，主要有聚晶金刚石（PCD）和聚晶立方氮化硼（PCBN）。

图 9-3 超高速加工用刀具、磨具

a）超高速铣削用刀具　b）超高速磨削用砂轮

目前，超高速加工用刀具切削刃（如超高速铣刀的切削刃）一般选用以下刀具材料：超细晶粒硬质合金、聚晶金刚石（PCD）、立方氮化硼（CBN）、氮化硅（Si_3N_4）、陶瓷材料、混合陶瓷和碳（氮）化钛基硬质合金以及采用气相沉积法的超硬材料涂层刀具等。

超高速磨削用砂轮的磨具材料主要有立方氮化硼（CBN）和聚晶金刚石（PCD），结合剂主要有陶瓷结合剂和金属结合剂。20 世纪 90 年代，陶瓷或树脂结合剂 Al_2O_3、SiC 或 CBN 磨料砂轮线速度可达 125m/s，极硬的 CBN 或金刚石砂轮的使用速度可达 150m/s，而单层电镀砂轮的线速度可达 250m/s 左右。为了充分发挥单层超硬磨料砂轮的优势，国外在 20 世纪 80 年代中后期开始以高温钎焊替代电镀开发了一种具有更新换代意义的新型砂轮——单层高温钎焊超硬磨料砂轮。高温钎焊砂轮研发的着眼点在于期望藉钎焊所可能提供的界面上的化学冶金结合，从根本上改善磨料、结合剂（钎焊合金材料）、基体三者间的结合强度。钎焊砂轮由于结合强度高使其砂轮寿命高，极高的结合强度也意味着砂轮工作线速度可达到 500m/s 以上；又由于砂轮锋利、容屑空间大、不易堵塞，因此在与电镀砂轮相同的加工条件下，磨削力、功率消耗、磨削温度会更低，甚至可接近实现冷态切削。超高速磨削用砂轮的修整主要采用电镀杯形金刚石修整器，同时对个别磨粒高点进行微米级修整。单层砂轮基体材料及形状必须依据机床性能、使用要求、加工对象等进行综合优化设计。

9.2 快速原型制造技术

9.2.1 快速原型制造技术内涵、范围及技术地位

快速原型/零件制造（Rapid Prototyping/Part Manufacturing，简称 RPM）技术是综合利用 CAD 技术、数控技术、材料科学、机械工程、电子技术及激光技术以实现从零件设计到三维实体原型制造一体化的系统技术。

RPM 技术采用（软件）离散/（材料）堆积的原理而制造零件通过离散获得堆积的顺序、路径、限制和方式，通过堆积材料"叠加"起来形成三维实体。离散/堆积的工作过程由 CAD 模型开始，先将 CAD 模型离散化，沿某一方向（常取 Z 向）切成许多层面，即分层（属信息处理过程），然后在分层信息控制下顺序加工各片层并层层结合，堆积出三维零件，该零件作为 CAD 模型的物理体现与之对应，此为物理堆积过程。RPM 技术中，物理堆积过程具体是通过采用粘结、熔结、聚合作用或化学反应等手段，逐层可选择地固化树脂、切割薄片、烧结粉末、材料熔覆或材料喷洒等方式来实现的，从而快速堆积制作出所要求形状的零件（或模型）。快速原型制造技术原理如图 9-4 所示。各种 RPM 技术的过程流都包括 CAD 模型建立、前处理（如生成 STL 文件格式，将模型分层切片）、

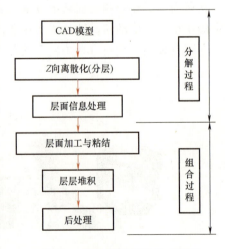

图 9-4 快速原型制造技术原理

快速原型过程（原型制作）和后处理（如去除支架、清理表面、固化处理）四个步骤。

RPM 技术的内涵即其成型机理和工艺控制与传统成形（如去除成形和受迫成形）方式有很大差别，主要表现在：RPM 不是使用一般意义上的模具或刀具，而是利用光、热、电等物理手段（其中激光是经常应用的）实现材料的转移与堆积；原型是通过堆积不断增大，其力学性能不但取决于成型材料本身，而且与成型中所施加的能量大小及施加方式有密切关系；在成型工艺控制方面，需要对多个坐标进行精确的动态控制。能量在成型物理过程中是一个极为关键因素，在以往的去除成形（切削、磨削加工）和受迫成形（铸造、锻压）中，能量是被动地供给的，一般无须对加工能量进行精确的预测与控制，而在离散/堆积类型的 RPM 中，单元体（分层体）制造中能量是主动地供给的，需要准确地预测与控制，对成型中的能量形式、强度、分布、供给方式以及变化等进行有效的控制，从而经由单元体的制造而完成成型。快速成型的典型装置如图 9-5 所示。

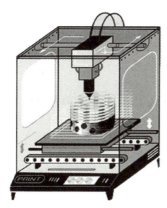
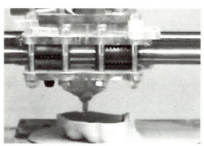

图 9-5　快速成型的典型装置

随着 RPM 技术的发展和人们对该项技术认识的深入，其内涵也在逐步扩大。早期的快速成型技术仅指离散/堆积成型的实体自由成型制造（Solid Freedom Fabrication，SFF）成型过程就是材料的添加过程，SFF 技术已成为 SL、LOM、SLS、FDM、DSCP 等 30 多种技术的总称。SFF 所有的技术方法都有一个共同的几何物理基础，即分层制造原理——RP 的成型学原理。任何一种 SFF 技术都包含了相同的基础的数据处理工作，制造也不受零件形状复杂程度的限制。虽然 SFF 技术千变万化，任何一种工艺方法总要将每一个具体的物理层面建造起来，都需要完成：XY 扫描及精确运动控制；无方向精确运动控制；每层的轮廓扫描和面内填充扫描；各种物理量的测控；扫描速度与轨迹与某种功率的匹配（如激光功率、材料输送功率）。

目前快速成型技术包括一切由直接驱动的成型过程，主要技术特征即是成型的快捷性，对于材料的转移形成可以是自由添加、去除、添加和去除相结合等形式。在快速成型的发展过程中，其经历了一个混乱期，如自由成型制造、材料添加制造、分层实体制造等，目前在对这一过程充分认识的基础上，可依据其成型特征称为"分层制造"（Layered Manufacturing）更为恰当。

9.2.2　直接制造金属零件的 RPM 新工艺

随着对 RPM 技术研究深入，新材料、新工艺的研发以及制作件精度的进一步提高，使

RPM 向直接金属零件的快速制造方向发展成为现实。

（1）气相沉积（Vapor Deposition，VD）成形　这是一种由康涅狄格大学的 Kevin Jakubeas 提出的基于活性气体分解沉淀的成形技术，使用高能量激光的热能或光能分解一种活性气体，这种活性气体在激光的作用下发生分解，沉积出一个材料的薄层进行逐层制造，通过改变活性气体的成分和温度以及激光束的能量，可以沉积出不同材料的零件，包括成形陶瓷和金属零件。气相沉积成形原理如图 9-6 所示。

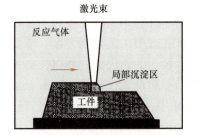

图 9-6　气相沉积成形原理

（2）三维焊接成形（Three Dimensional Welding Shaping，TDWS）　此方法是英国 Nottinghan 大学的 Phil Dickens and J. D. Spencer 等人提出的一种基于三维焊接成形的方法，它利用焊接机器人制造金属零件，改变过去制造零件时由于固液态金属的表面张力和流动性、层与层之间连接不牢固会出现裂纹，从而影响物理、力学性能的缺陷，而提出用凸凹结合的方法进行连接，以提高层之间粘接强度。这是一种机械连接方法，可提高金属零件的强度。

（3）形状沉积制造工艺（Shape Deposition Manufacturing，SDM）　美国 Stanford 大学的 FritzB. Prinz 教授领导的 RP 实验室研究的 SDM 工艺，如图 9-7 所示，是将离散/堆积法和材料去除法结合在一起来快速成型金属原型件，其成形过程是根据成形零件的分层信息先喷射堆积一层材料，零件和支撑件都是逐层同步生成，且新增加的材料都是液态金属，在每一层形成后都要在计算机控制下对其进行形状切削加工和应力消除处理，如此重复

图 9-7　形状沉积制造一般流程
a）材料沉积　b）数控加工　c）应力消除

直到生成整个零件，最后通过酸蚀等手段将支撑体去除。由于制造过程中引入了数控加工处理，使得在分层时可以比较灵活，每一层的厚度可以不同，且某些层面可以较厚，该技术精确度和生产率都比较高。但由于其使用的设备较多，因此价格昂贵。目前正在研究将该系统集成在用户已经购买的数控机床上，以降低成本。

（4）多相组织的沉积制造方法（Shape Deposition Manufacturing of Het-erogeneous Structures，SDMHS）　SDMHS 是美国 Carnegie 大学的 L. E. Weiss 和 Stanford 大学 R. Merz 提出的用多个喷头熔积不同材料来制造微机械的方法，其方法原理是：利用等离子放电来加热金属丝材料，熔化的材料熔积到工件逐渐成形。制作一个多种材料的工件时需要多个喷头，各喷头可分别喷出不同材料，在 CAD 设计中，设计出一个完整器件，由不同材料组成，分层后的材料信息将在每个层面中体现出来，在每一层面上，依据各部分所需要的材料要求，分别喷上所需材料，这样逐层制造就可成形出一个多种材料和部件的三维实体器件。这种技术是一种材料与结构一体化的方法，是发展微机械制造的有效途径。

（5）激光工程净成形（Laser Engineering Net Shaping，LENS）技术　此技术由美国的 Sandia National Lab 提出，如图 9-8 所示，其方法是使用聚焦的 Nd.YAG 激光在金属基体上熔化一个局部区域，同时喷嘴将金属粉末喷射到熔融焊池里，基体置于工作台上，工作台由固定的喷嘴下的 X-Y 轴控制，在移动工作台时，系统能够挤出一层新金属，一层沉积后，系统抬升喷嘴一个分层厚度，新金属就可沉积，如此层层叠加制作金属原型零件。金属粉末是从一个固定于机器顶部的料仓内送到喷嘴的，成形仓内充满了氩气（Argon）以阻止熔融金属氧化。

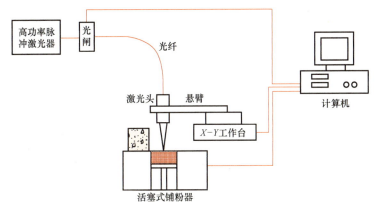

图 9-8　LENS 技术原理图

LENS 技术的进展就目前最大的商业应用是成形金属注射模，LENS 将使在注射模内部制作冷凝（却）管道成为可能，这种通道符合模腔形状，也能让模腔内预置（埋）传感器监控成形温度和使用时的压强，LENS 系统也可用于模具修复。

总之，基于 RPM 技术的快速制造金属零件是 RPM 技术发展的目标，必将有更大的应用前景。

9.3　虚拟成形与加工技术

9.3.1　概述

虚拟制造技术是以计算机支持的仿真技术为前提，对设计、加工、成形、装配、维护等，经过统一建模形成虚拟的环境、虚拟的过程、虚拟的产品。通过仿真，及时地发现产品设计和工艺过程可能出现的错误和缺陷，以便进行产品性能和工艺的优化，从而保证产品质量。

虚拟成形技术是针对金属材料热成形过程的技术难点（高温、动态、瞬时、难以控制质量），从材料成形理论分析入手，通过数值模拟和物理模拟方法，使得基础理论直接定量地指导金属材料热成形过程，并对材料成形过程进行动态仿真，预测不同条件下成形后材料的组织、性能及质量，进而实现热成形件的质量与性能的优化设计，最大限度地发挥材料的性能潜力，为关键的重大装备一次制造成功提供技术支持。

虚拟加工技术是针对产品设计的合理性、可加工性，加工方法、机床和工艺参数的选用，以及加工过程中可能出现的加工缺陷等，这些问题需要经过仿真、分析与处理。

机械产品的配合性和可装配性是设计人员常易出现错误的地方，以往要到产品最后装配时才能发现，导致零件的报废和工期的延误，造成巨大的经济损失和信誉损失。采用虚拟装配技术可以在设计阶段就进行验证，确保设计的正确性，避免损失。

9.3.2 板料冲压过程的计算机仿真技术

板料冲压成形过程的计算机仿真（或模拟）可以从制造角度解决产品设计、冲压工艺设计与成形模具设计的优化问题。这项技术又称为板料成形的计算机辅助工程分析（CAE）。在这里，CAD 技术的采用为研发、推广采用 CAE 技术创造了条件。CAD 技术的推广进入制造领域，已使采用仿真技术在投资以前就可以预期模具性能。

其核心内容与关键技术包括：

1. 模型建立

薄板冲压成形过程及计算机仿真的模型建立指两个方面的工作。首先是分析板料的实际受力和变形过程，从而建立一个可以用有限元方法来求解的力学模型。由于一个实际冲压过程十分复杂，在仿真计算时必须予以适当的规范和简化。在薄板冲压成形的计算中，最常用的一个假设是薄板厚度方向的应力与其他应力分量比很小，因此可以不计。这样，薄板在变形中最多只有五个独立的应力分量。另外，如果是轴对称成形，并且不考虑起皱，应力分量还将减少。最简单的情况是二维的纯弯曲成形，这时可考虑两个正应力，甚至一个正应力。什么情况下用什么样的力学模型是一个十分重要的问题。如果一个板冲压成形过程的力学模型与实际冲压过程的力学性能不符，那么这个力学模型为基础的计算结果自然很难符合实际情况。力学模型除涉及应力状态外，还涉及应变状态、动态效应、边界条件等。

力学模型确立后，就要考虑如何建立有限元分析模型。建立有限元分析模型中最重要的一步是选择有限单元的类型并划分有限元网格。有限单元类型选择的依据主要是对板料变形描述的准确性。通常选择壳体类单元描述板料的变形，单元的节点数一般为 3 或 4，每节点的自由度数为 5。随着计算机速度的提高和内存容量的增大，冲压成形有限元模型也不断完善，为精确地描述局部变形也不排除采用非壳体类单元。有限元网格的划分一方面要考虑对各物体几何形状的准确描述，另一方面要考虑变形梯度的准确描述。如果模具和压板采用解析面描述，则只需将板料划分有限元网格，这时主要是考虑变形梯度的准确描述。由于在仿真计算前，板料的变形梯度分布是未知的，其网格的划分只能凭直觉和经验。当材料在成形中流动很不规则时，初时的网格可能不符合要求，这就要重新划分网格以提高计算精度。网格重新划分和自适应网格技术对提高仿真计算的精度和速度是十分重要的。

2. 板壳理论及板壳单元

对薄板成形过程的计算机仿真来说，板壳变形理论及板壳单元是很重要的，它不仅影响板料变形的计算精度，也直接影响计算量的大小。常用的板壳变形理论有两个重要的假设：①板壳厚度方向的应力为零；②在板料变形前垂直于板壳中性面的材料纤维在板料变形过程中保持直线形状，但不一定垂直于变形后的板壳中性面。这两个假设在大多数情况下基本反应薄板的变形特性，但在有些情况下仍不能满足实际需要。如果板料在变形中的弯曲半径相对于板料厚度较小时，板料厚度方向的应力可能变得重要，并且垂直于板壳中性面的材料纤维不一定保持直线。这时就要求修改壳体变形假设以更加准确地描述板料的实际变形过程。

在相同的板壳理论前提下，可形成不同的壳体单元，这主要是通过采用不同数量的节点和节点上不同数量的自由度来实现的。目前在显式算法使用最广的单元是三节点或四节点的双线性单元，每个节点的自由度为五个，即三个平移自由度和两个转动自由度。尽管高阶单元目前使用并不普遍，但许多研究人员还是在采用，一旦与之配套的算法问题全部获得满意的解决，高阶单元也可能很快得到广泛应用。

3. 本构关系

在薄板冲压成形过程中，板料是唯一的变形体，因此它的应力应变关系是影响仿真结果可靠性的最重要的一个因素。由于弹塑性变形是一个十分普遍和重要的物理现象，人们已对它进行了大量的理论和试验研究。对不同特性的金属有不同的弹塑性本构模型可供选用，并且通过大量的试验工作为常用的弹塑性本构关系确定了不同金属的特性参数，如弹性模量、屈服强度和硬化模量等。建立弹塑性本构关系模型主要解决两个问题：①在什么样的复合应力状态下材料开始屈服；②材料屈服后如何进行塑性流动。要回答第一个问题便要建立屈服准则，而要回答第二个问题则要建立流动准则，很显然，无论是屈服准则还是流动准则，与实际不符都会使计算结果偏离实际，从而导致仿真失效。

在涉及有限元计算时，与弹塑性本构关系有关的一个重要问题是在屈服状态下如何准确地求出一个给定应变增量后对应的应力状态。从理论上讲，只要屈服准则和流动准则给定，这个问题总能解决。但实际应用中涉及一个计算工作量的问题，这将影响仿真技术的实用性。

4. 接触摩擦理论与算法

如前所述，薄板的冲压成形完全靠作用于板料的接触力和摩擦力来完成。因此，接触力和摩擦力的计算精度直接影响板料变形的计算精度。接触力和摩擦力的计算首先要求计算出给定时刻的实际接触面，这就是所谓的接触搜寻问题。接触搜寻就是要在给定时刻找出所有处于接触状态的有限元节点，以便计算这些点上的接触力和摩擦力，这本质上是一个几何计算的过程，但却有十分重要的力学意义。

接触力的计算有两种基本方法：①罚函数法；②拉格朗日乘子法。罚函数法为一种近似方法，它允许相互接触的边界产生穿透，并通过罚因子将接触力大小与边界穿透量大小联系起来。这种方法比较简单也适合于显式算法，但它影响显式算法中的临界时间步长。罚因子的好坏还影响计算结果的可靠性。拉格朗日乘子法不允许接触边界的相互穿透，是一种精确的接触力算法，但它与显式不相容，要求特殊的数值处理。

摩擦力的计算首先要求选定一个适合于两接触界面摩擦特性的摩擦定律。目前用得最广泛的还是传统的库仑摩擦定律，但该定律有纯黏附状态的假设，使显式算法产生困难。要克服这个困难，要么是用罚函数法，要么用防御点法计算纯黏附状态下的摩擦力。近些年来一些学者在充分实验观察的基础上提出了所谓的非线性摩擦定律，从而去掉了传统摩擦定律中纯黏附状态的假设，为显式算法提供了方便。但非线性摩擦定律所用到的表面刚性系数需精心选定，并且目前还没有足够的实验数据可作参考。

5. 模具描述

前面谈到模具和压板均可按刚体处理，并且上、下模具的运动都可看作是给定的。因此，从计算角度讲模具和压板没有必要用有限元来近似计算。但由于几方面的原因，用有限元方法来描述和处理模具和压板还是有广泛应用。

9.3.3 机械加工的虚拟技术

机械加工系统是离散与连续混合型的非线性时变大动力学系统,其运作过程十分复杂,除了在十分简化的情况下,一般难以用解析方法进行分析。

激烈的市场竞争使制造企业对快速响应市场需求和一次制造成功等的要求日益迫切。完成制造需要投入资源,而资源总是不足而昂贵的。为了提高企业效益减低风险,制造系统与过程的表述、建模、仿真及虚拟加工的重要性日益增加,其目的在于通过虚拟运作进行事先风险评价、实时运筹调度和全局优化。

尽管对虚拟加工的理解不尽相同,其概念在不断发展,但其核心是类似的,即用信息技术对整个制造活动,进行三个层次上的建模与仿真。在工艺过程层次上,强调精确可靠的数据支持和建模、仿真真实的加工过程,以提供一种在设计阶段(制造前)对工艺过程进行快速、不昂贵的评价方法;在制造系统层次上,强调对生产系统的性能进行有效而近乎实时的评价;在整个生产系统层次上,通过对产品整个周期的建模进行企业的虚拟运作事先风险评估、实时的运筹调度和全局优化。

加工工艺路线是影响加工质量的主要因素,在没有虚拟技术以前,加工工艺是否合理完全由编程者的个人经验决定,如果在编程任务加重的情况下,编程人员往往没有时间复查,从而忽略一些细节地方(如抬刀安全高度不够、刀具下刀点不正确、没有定义过切检查面等),轻者造成工件返工、质量下降,重者甚至造成工件报废、机床损伤。虚拟机械加工技术如图9-9所示,在虚拟仿真的环境下,此问题就可以轻松得到解决。其原理是在计算机中虚构出数控机床的加工环境,放上一个预先做好的毛坯,让刀具进行动态模拟仿真,其情形就像真实加工一样,但仿真时间可自由控制,一般十来分钟可模拟整个加工过程。在模拟仿真时,允许编程人员暂停刀具,检查切削截面形状、切削点的坐标值、刀具参数等。模拟结束后,编程人员就可以马上根据刀具运行的情况和毛坯铣削后的形状来调整加工工艺路线。这种虚拟仿真技术的出现既减轻了编程者的负担,又能确保加工的顺利完成。

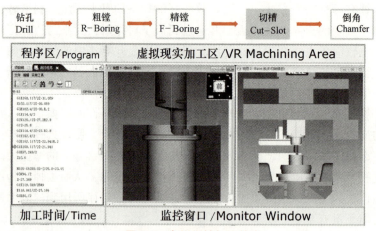

图 9-9 虚拟机械加工技术

9.3.4 机械产品的虚拟装配技术

机械产品的配合性和可装配性是设计人员常易出现错误的地方,以往要到产品最后装配时才能发现，导致零件的报废和工期的延误，造成巨大的经济损失和信誉损失。采用虚拟装配技术可以在设计阶段就进行验证，确保设计的正确性，避免损失。

虚拟装配（图9-10）是在计算机上建立起如同真实样机的直观可视化的数字模型，即虚拟样机，然后在虚拟环境下对零件装配情况进行干涉检查，可以方便地发现设计上的错误，从而将其消除，提高了设计效率，并降低修正错误的费用。虚拟装配采用的是"引用"或称为"借用"的方法，它不是将所有组件全部真实送入装配模型，而只是记忆零部件在模型中的位置，当需要时才装入组件，从而大大节省硬盘及内存空间。"引用"的主要优点是：将组件送入装配模型后，装配模型记录的是组件的最新版本（而不是过时版本），当零部件修改后，装配模型会自动地更新，节省了大量的工作。"引用"的另一优点是：为"并行工程"的开展提供了技术基础，装配模型所引用的各零部件可以储存于各用户的计算机、中文文件服务器或可通过网络的任务地方，使得团队协同作业（Team Work）成为可能。

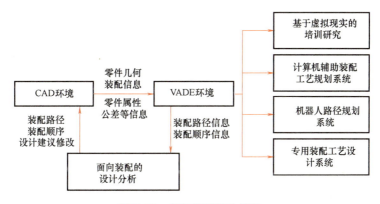

图9-10 虚拟装配基本流程

虚拟装配有两种装配模式：自顶向下式和自下向上式。根据不同类型的产品特点，可分别选用不同的虚拟装配建模方法：

（1）自顶向下式 适用于产品结构复杂、外形由复杂的自由曲面构成，内部零部件的尺寸及外形很大程度上依赖于外形的产品，它首先确定产品的装配结构由哪些零部件组成，然后将产品中的"控制部件"分发到各个零部件中，再对零部件进行详细设计。

（2）自下向上式 是从每个零部件的详细设计开始，最后进行零部件装配的设计过程。零部件装配时可采用贴合、对齐和定向三种方式约束相互配合的零件，并始终保持这种约束关系。即使某个零件做了修改，这种约束关系也依然存在。这种装配模式适用于传动机构复杂、结构紧凑、形式变化多、零件之间容易发生干涉、对动作可靠性和准确性要求高的产品。

虚拟装配可解决产品装配后的零件间静态干涉的问题，也可以把装配图以爆炸视图的形式表示，方便装配工人进行装配。但对于具有运动机构的产品，还不能确保运动机构的设计是否合理、是否满足性能要求、各相关零件的动作是否协调、运动过程是否有干涉等。此时，采用虚拟运动仿真技术可有效解决上述问题。

虚拟运动仿真可以使"虚拟样机"在屏幕上按设计的功能进行运动，设计人员通过观察其连续的动态显示，可以方便地检查出机构的动干涉情况，同时还可以做出指定构件或指定点的位移、速度、加速度图形。因此，可以提高对可能出现的问题做出准确的预测和改进。

习题与思考题

9-1 简述超高速加工技术的内涵。
9-2 超高速主轴包括哪几个单元？
9-3 简述快速原型制造技术内涵。
9-4 简述虚拟制造技术。
9-5 简要回答板料冲压过程的计算机仿真技术包括哪些核心内容与关键技术。
9-6 接触力的计算有哪两种基本方法？
9-7 简述机械产品虚拟装配的两种装配模式。

第10章 先进制造生产模式

先进制造生产模式是应用推广先进制造技术的组织方式，它以获取生产有效性和适应环境变化对质量、成本、服务及速度的新要求为首要目标。以制造资源集成为基本原则，将企业经营所涉及的各种资源、过程与组织进行一体化的并行处理，使企业获得精细、敏捷、优质与高效的特征。

在搜索先进制造生产模式的种种尝试中，西方工业发达国家走在了前列，其中在理论上初具体系、在实践中亦取得成效的主要包括敏捷制造、精益生产、并行工程、智能制造和绿色制造。

10.1 敏捷制造

10.1.1 敏捷制造的内涵及概念

美国机械工程师协会（ASME）主办的《机械工程》杂志1994年期刊中，对敏捷制造（Agile Manufacturing，AM）做了如下定义："敏捷制造就是指制造系统在满足低成本和高质量的同时，对变幻莫测的市场需求的快速反应"。因此，敏捷制造的企业，其敏捷能力应当反映在以下六个方面：

（1）对市场的快速反应能力　判断和预见市场变化并对其快速做出反应的能力。

（2）竞争力　企业获得一定生产力、效率和有效参与竞争所需的技能。

（3）柔性　以同样的设备与人员生产不同产品或实现不同目标的能力。

（4）快速　以最短的时间执行任务（如产品开发、制造、供货等）的能力。

（5）企业策略上的敏捷性　企业针对竞争规则及手段的变化、新的竞争对手的出现、国家政策法规的变化、社会形态的变化等做出快速反应的能力。

（6）企业日常运作的敏捷性　企业对影响其日常运行的各种变化，如用户对产品规格、配置及售后服务要求的变化、用户订货量和供货时间的变化、原料供货出现问题及设备出现故障等做出快速反应的能力。

AM的基本思想是通过把动态灵活的虚拟组织结构、先进的柔性生产技术和高素质的人员进行全方位的集成，从而使企业能够从容应付快速变化和不可预测的市场需求。它是一种提高企业竞争能力的全新制造组织模式。

AM主要概念：

（1）全新企业概念　将制造系统空间扩展到全国乃至全世界，通过企业网络建立信息交流高速公路，建立"虚拟企业"，以竞争能力和信誉为依据选择合作伙伴，组成动态公司。它不同于传统观念上的有围墙的有形空间构成的实体空间。虚拟企业从策略上讲不强调企业全能，也不强调一个产品从头到尾都是自己开发、制造。

（2）全新的组织管理概念　简化过程，不断改进过程；提倡以"人"为中心，用分散决策代替集中决策，用协商机制代替递阶控制机制；提高经营管理目标，精益求精、尽善尽美地满足用户的特殊需要；敏捷企业强调技术和管理的结合，在先进柔性制造技术的基础上，通过企业内部的多功能项目组与企业外部的多功能项目组——虚拟公司把全球范围内的各种资源，集成在一起，实现技术、管理和人的集成。敏捷企业的基层组织是多学科群体，是以任务为中心的动态组合。敏捷企业强调权力分散，把职权下放到项目组。提倡"基于统观全局的管理"模式，要求各个项目组都能了解全局的远景，胸怀企业全局，明确工作目标、任务和时间要求，而完成任务的中间过程则完全可以自主。

（3）全新的产品概念　敏捷制造的产品进入市场后，可以根据用户的需要进行改变，得到新的功能和性能，即使用柔性的、模块化的产品设计方法。依靠极大丰富的通信资源和软件资源，进行性能和制造过程仿真。敏捷制造的产品保证用户在整个产品生命周期内满意，企业的这种质量跟踪将持续的产品报废为止，甚至包括产品的更新换代。

（4）全新的生产概念　产品成本与批量无关，从产品看是单件生产，而从具体的实际和制造部门看，却是大批量生产。高度柔性的、模块化的、可伸缩的制造系统的规模是有限的，但在同一系统内可生产出产品的品种却是无限的。

10.1.2　敏捷制造AM的基本特点

1. AM是自主制造系统

AM具有自主性，每个工件和加工过程、设备的利用以及人员的投入都有本单元自己掌握和决定，这种系统简单、易行、有效。如图10-1所示敏捷制造系统结构，以产品为对象的AM，每个系统只负责一个或若干个同类产品的生产，易于组织小批或者单件生产，不同产品的生产可以重叠进行。当项目组的产品较复杂时，可以将之分为若干单元，使每一单元对相对独立的分产品的生产负有责任。分单元之间分工明确，协调完成一个项目组的产品。

2. AM是虚拟制造系统

AM系统是一种以适应不同产品为目标而构造的虚拟制造系统，其特色在于能够随环境的变化迅速地动态重构，对市场的变化做出快速的反应，实现生产的柔性自动化。实现该目标的主要途径是组建虚拟企业。其主要特点是：

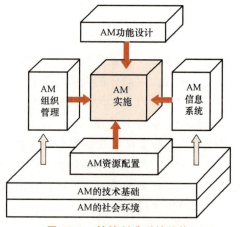

图10-1　敏捷制造系统结构

（1）功能的虚拟化 企业虽具有完备的企业职能，但没有执行这些功能的机构。

（2）组织的虚拟化 企业组织是动态的，倾向于分布化，讲究轻薄和柔性，呈扁平网状结构。

（3）地域的虚拟化 企业中产品开发、加工、装配、营销分布在不同地点，通过计算机网络加以联结。

3. AM 是可重构的制造系统

AM 系统设计不是预先按规定的需求范围建立某过程，而是使制造系统从组织结构上具有可重构性、可重用性和可扩充性三方面的能力，它有预计完成变化活动的能力，通过对制造系统的硬件重构和扩充，适应新的生产过程，要求软件可重用，能对新制造活动进行指挥、调度与控制。

10.1.3 实施 AM 的技术

为了推进敏捷制造的实施，1994 年由美国能源部制定了一个"实施敏捷制造技术"（Technologies Enabling Agile Manufacturing，TEAM）的五年计划（1994—1999），该项目涉及联邦政府机构、著名公司、研究机构和大学等 100 多个单位。1995 年，该项目的策略规划和技术规划公开发表，它将实施敏捷制造的技术分为产品设计和企业并行工程、虚拟制造、制造计划与控制、智能闭环加工和企业集成五大类。

1. 产品设计和企业并行工程

产品设计和企业并行工程的使命就是按照客户需求进行产品设计、分析和优化，并在整个企业内实施并行工程。通过产品设计和企业并行工程，产品设计者在概念优化阶段就可同时考虑产品整个生命周期的所有重要因素，诸如质量、成本、性能，以及产品的可制造性、可装配性、可靠性、可维护性。

2. 虚拟制造

虚拟制造就是"在计算机上模拟制造的全过程"。具体地说，虚拟制造将提供一个功能强大的模型和仿真工具集，并且在制造过程分析和企业模型中使用这些工具。过程分析模型和仿真包括产品设计及性能仿真、工艺设计及加工仿真、装配设计及装配仿真等；而企业模型则考虑影响企业作业的各种因素。虚拟制造的仿真结果可以用于制订制造计划、优化制造过程、支持企业高层进行生产决策或重新组织虚拟企业。由于产品设计和制造是在数字化虚拟环境下进行的，这就克服了传统试制样品投资大的缺点，避免失误，保证投入生产一次成功。

3. 制造计划与控制

制造计划与控制的任务就是描述一个集成的宏观（企业的高层计划）和微观（详细的信息生产系统，包括制造路径、详细的数据以及支持各种制造操作的信息等）计划环境。

该系统将使用基于特征的技术、与 CAD 数据库的有效连接方法、具有知识处理能力的决策支持系统等。

4. 智能闭环加工

智能闭环加工就是应用先进的控制和计算机系统以改进车间的控制过程。当各种重要的参数在加工过程中能够得到监视和控制时，产品质量就能够得到保证。智能的闭环加工将采用投资少、效益高、以微型计算机为基础的具有开放式结构的控制器，以达到改进车间生产的目的。

5. 企业集成

企业集成就是开发和推广各种集成方法，在适应市场多变的环境下运行虚拟的、分布式的敏捷企业。TEAM 计划将建立一个信息基础框架——制造资源信息网络，使得地理上分散的各种设计、制造工作小组能够依靠这个制造资源信息网络进行有效的合作，并能够依据市场变化而重组。

10.2 精益生产

精益生产（Lean Production，LP）的核心内容是准时制生产方式（Just Intime，JIT），这种方式通过看板管理，成功地制止了过量生产，实现了"在必要的时刻生产必要数量的必要产品"，从而彻底消除产品制造过程中的浪费，以及由之衍生出来的种种间接浪费，实现生产过程的合理性、高效性和灵活性。JIT 方式是一个完整的技术综合体，包括经营理念、生产组织、物流控制、质量管理、成本控制、库存管理、现场管理等在内的较为完整的生产管理技术与方法体系。

精益生产是在 JIT 生产方式、成组技术 GT 以及全面质量管理 TQC 的基础上逐步完善的，构成了一幅以 LP 为屋顶，以 JIT、GT、TQC 为三根支柱，以 CE 和小组化工作方式为基础的建筑画面。它强调以社会需求为驱动，以人为中心，以简化为手段，以技术为支撑，以"尽善尽美"为目标。主张消除一切不产生附加价值的活动和资源，从系统观点出发将企业中所有的功能合理地加以组合，以利用最少的资源、最低的成本向顾客提供高质量的产品服务，使企业获得最大利润和最佳应变能力。精益生产方式的体系架构如图 10-2 所示，其特征具体可归纳为以下几方面：

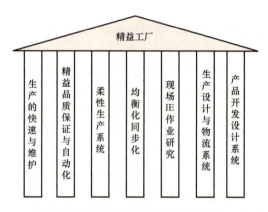

图 10-2　精益生产方式的体系架构

1) 简化生产制造过程，合理利用时间，实行拉动式的准时生产，杜绝一切超前、超量生产。采用快换工装模具新技术，把单一品种生产线改造成多品种混流生产线，把小批次大批量轮番生产改变为多批次小批量生产，最大限度地降低在制品储备，提高适应市场需求的能力。

2) 简化企业的组织机构，采用"分布自适应生产"，提倡面向对象的组织形式（Object Oriented Organization，OOO），强调权力下放给项目小组，发挥项目组的作用。采用项目组协作方式而不是等级关系，项目组不仅完成生产任务而且参与企业管理，从事各种改进活动。

3) 精简岗位与人员，每一生产岗位必须是增值的，否则就撤除。在一定岗位的员工都是一专多能，互相替补，而不是严格的专业分工。

4) 简化产品开发和生产准备工作，采取"主查"制和并行工程的方法。克服了大量生产方式中由于分工过细所造成的信息传递慢、协调难、开发周期长的缺点。

5）减少产品层次。

6）综合了单件生产和大量生产的优点，避免了前者成本高和后者僵化的弱点，提倡用多面手和通用性大、自动化程度高的机器来生产品种多变的大量产品。

7）建立良好的协作关系，克服单纯纵向一体化的做法。把70%左右的产品零部件的设计和生产委托给协作厂，主机厂只完成约占产品30%的设计和制造。

8）JIT的供货方式。保证最小的库存和最少的在制品数。为实现这种供货关系，应与供货商建立起良好的合作关系，相互信任，相互支持，利益共享。

9）"零缺陷"的工作目标。精益生产追求的目标不是尽可能好一些，而是"零缺陷"，即最低成本、最好质量、无废品、零库存与产品的多样性。

10.3 并行工程

10.3.1 并行工程的内涵与特点

传统产品开发的组织形式是一种线性阶段模式。产品开发过程是顺序过程：概念设计→详细设计→过程设计→加工制造→试验验证→设计修改→工艺设计……正式投产→营销。这种方法在设计的早期不能全面地考虑其下游的可制造性、可装配性和质量可靠性等多种因素，致使制造出来的产品质量不能达到最优，造成产品开发周期长，成本高，难以满足激烈的市场竞争的需要。

1998年美国国家防御分析研究所完整地提出了并行工程（Concurrent Engineering，CE）的概念，即并行工程是集成地、并行地设计产品及其相关过程（包括制造过程和支持过程）的系统方法。这种方法要求产品开发人员在一开始就考虑产品整个生命周期中从概念形成到产品报废的所有因素，包括质量、成本、进度计划和用户要求等。

由此可见，并行工程是一种现代产品开发中新发展的系统化方法，它以信息集成为基础，通过组织多学科的产品开发小组，利用各种计算机辅助手段，实现产品开发过程的集成，达到缩短产品开发周期，提高产品质量，降低成本，提高企业竞争能力的目标。

并行工程的特性：

（1）并行特性 把时间上有先后的作业活动转变为同时考虑和尽可能同时处理和并行处理的活动。

（2）整体特性 将制造系统看成是一个有机整体，各个功能单元都存在着不可分割的内在联系，特别是有丰富的双向信息联系，强调全局性地考虑问题，把产品开发的各种活动作为一个集成的过程进行管理和控制，以达到整体最优的目的。

（3）协同特性 特别强调人们的群体协同作用，包括与产品全生命周期（设计、工艺、制造、质量、销售、服务等）的有关部门人员组成的小组或小组群协同工作，充分利用各种技术和方法的集成。这种途径生产出来的产品不但有良好的性能，而且产品研制的周期也将显著缩短。

（4）约束特性 在设计变量（如几何参数、性能指标、产品中各零部件）之间的关系上，考虑产品设计的几何、工艺及工程实施上的各种相互关系的约束和联系。

10.3.2 并行工程的体系结构及关键技术

1. 并行工程的体系结构（图 10-3）

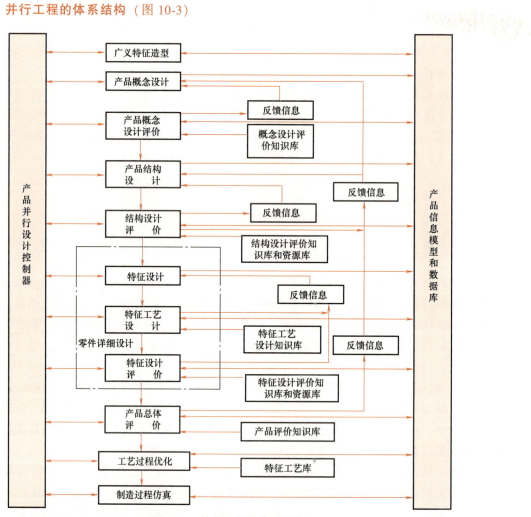

图 10-3 并行工程的体系结构

在产品并行设计过程中，按四个阶段进行设计和评价：

(1) 产品概念设计 对产品设计要求进行分组描述和表述，如设计实体的模式，以性质、属性等之间的关系描述，并对方案优选、产品批量、类型、可制造性和可装配性评价，选出最佳方案，指导产品概念设计。

(2) 结构设计及其评价 将产品概念设计获得的最佳方案结构化，确定产品的总体结构形式以及零件部件的主要形状、数量和相互间的位置关系；选择材料，确定产品的主要结构尺寸，以获得产品的多种结构方案，并对各种制造约束条件、加工条件、装夹方案、工装设计和零件标准化等，对各种方案进行评价和决策。选择最佳结构设计方案或提供反馈信息，指导产品的概念设计和结构设计。

(3) 详细设计及其评价 根据结构设计方案对零部件进行详细设计。零件由许多个特征组合而成，在进行特征设计的同时进行工艺设计（生成其加工方法、切削用量、刀具选用和装夹方式等），并对其可制造性进行评价，即时反馈修改信息，指导特征设计，实现了特征/工艺并行设计。

（4）产品总体性能评价 该阶段由于产品信息较完善，对产品的功能、性能、可制造性和成本等采用价值工程方法对产品进行总体评价，并提出反馈信息，指导产品的概念设计、总体设计和详细设计。

在完成上述四个阶段的设计和评价后，还必须进行工艺过程优化，在完成产品设计、工艺设计和工装设计的基础上，对零件的实际加工过程进行仿真。

基于广义特征建立的产品信息模式，为产品并行设计过程中各项活动的信息交换与共享提供了切实的保证。而产品并行设计控制器是一协调板，它对设计结构进行发布和接收设计的反馈信息，对设计过程中的上下游活动进行协调与控制。实现多学科工程技术人员以及专家系统的协同工作，控制方式有电子邮件、文件传输、远程登录、远程布告牌和系统菜单操作等。并行设计是在各种资源约束下进行反复迭代（设计与修改），获得产品最优解和满意解的过程。

2. 并行工程的关键技术

（1）产品开发过程的重构 并行工程的产品开发过程是跨学科群组在计算机软硬件工具和网络通信环境的支持下，通过规划合理的信息流动关系及协调组织资源和逻辑制约关系，实现动态可变的开发任务流程。

为了使产品开发过程实现并行、协调，并能面向全面质量管理做出决策分析，就必须从产品特征、开发活动的安排、开发队伍的组织结构、开发资源的配置、开发计划以及全面的调度策略等各个侧面来考虑它们对产品开发过程的影响。并行设计多视图活动模型的第三个视图是开发组织，该组织的人可以担任第二个视图中的角色。

因此，一个并行设计单元的定义是：由某一个人担任某一角色，针对某一个设计对象，在某一个规定的时间约束范围内，利用指定的资源开展并行设计活动，完成某个设计任务。产品数据管理平台系统将从三个视图建立并行设计的支持环境，保证并行设计工作协调有序进行。

（2）集成产品信息模型 并行设计强调产品设计过程上下游协调与控制以及多专家系统协同工作，因此设计过程的产品信息交换成为关键问题，它是并行设计的基础。集成产品信息模型是为产品生命周期的各个环节提供产品的全部消息。基于 STEP 标准，对产品进行定义和描述；基于广义特征，建立产品生命周期内的集成产品信息模型。

广义特征包括产品开发过程中全部特征信息，如用户要求、产品功能、设计、制造、材料、装配、费用和评价等特征信息。基于面向对象技术，采用 Express 语言描述和表达产品信息模型，并把 Express 语言中各实体映射到 C++中的类，生成 STEP 中性文件，为 CAD、CAPP、可制造性评价和制造集成与并行提供充分的信息。因此，该模型是实现产品设计、工艺设计、产品制造、产品装配和检测等开发活动共享信息和并行进行的基础和关键。

（3）并行设计过程协调与控制 并行设计的本质是许多大循环过程中包含小循环的层次结构，它是一个反复迭代优化产品的过程。产品设计过程的管理、协调与控制是实现并行设计的关键。产品数据管理（Product Data Management，PDM）能对并行设计起到技术支撑平台的作用。它集成和管理产品所有相关数据及其相关过程。在并行设计中，产品数据是在不断地交互中产生的，PDM 能在数据的创建、更改及审核的同时跟踪监视数据的存取，确保产品数据的完整性、一致性及正确性，保证每一个参与设计的人员都能即时得到正确的数据，从而使产品设计返回率达到最低。

10.4 智能制造

10.4.1 智能制造的定义及特征

智能制造系统（Intelligent Manufacturing System，IMS）是适应以下几方面的情况需要而兴起的：第一是制造信息的爆炸性的增长，以及处理信息的工作量的猛增，这要求制造系统表现出更大的智能；第二是专业人才的缺乏和专门知识的短缺，严重制约了制造工业的发展，在发展中国家是如此，在发达国家，由于制造企业向第三世界转移，同样也造成本国技术力量的空虚；第三是动荡不定的市场和激烈的竞争要求制造企业在生产活动中表现出更高的机敏性和智能；第四，CIMS 的实施和制造业的全球化的发展遇到两个重大的障碍，即目前已形成的"自动化孤岛"的联接和全局优化问题，以及各国、各地区的标准、数据和人—机接口的统一的问题，而这些问题的解决也有赖于智能制造的发展。

1. 定义

智能制造包括智能制造技术（IMI）和智能制造系统（IMS）。智能制造系统是一种由智能机器和人类专家共同组成的人机一体化智能系统，它在制造过程中能以一种高度柔性与集成的方式，借助计算机模拟人类专家的智能活动进行分析、推理、判断、构思和决策等，从而取代或延伸制造环境中人的部分脑力劳动。同时，收集、存储、完善、共享、继承和发展人类专家的智能。

2. 特征

与传统的制造系统相比智能制造系统具有以下特征（图 10-4）：

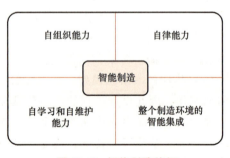

图 10-4 智能制造特征

（1）自组织能力 自组织能力是指 IMS 中的各种智能设备，能够按照工作任务的要求，自行集结成一种最合适的结构，并按照最优的方式运行。完成任务以后，该结构随即自行解散，以备在下一个任务中集结成新的结构。自组织能力是 IMS 的一个重要标志。

（2）自律能力 IMS 能根据周围环境和自身作业状况的信息进行监测和处理，并根据处理结果自行调整控制策略，以采用最佳行动方案。这种自律能力使整个制造系统具备抗干扰、自适应和容错等能力。

（3）自学习和自维护能力 IMS 能以原有专家知识为基础，在实践中，不断进行学习，完善系统知识库，并删除库中有误的知识，使知识库趋向最优。同时，还能对系统故障进行自我诊断、排除和修复。

（4）整个制造环境的智能集成 IMS 在强调各生产环节智能化的同时，更注重整个环境的智能集成。这是 IMS 与面向制造过程中的特定环节、特定问题的"智能化孤岛"的根本区别。IMS 涵盖了产品的市场、开发、制造、服务与管理整个过程，把它们集成为一个整体，系统地加以研究，实现整体的智能化。

IMS 的研究是从人工智能在制造中的应用开始的，但又不同于它。人工智能在制造领域的应用是面向制造过程中特定对象的，研究的结果导致了"自动化孤岛"的出现，人工智能在其中是起辅助和支持的作用。而 IMS 是以部分取代制造中人的脑力劳动为研究目标的，并且要求系统能在一定范围内独立地适应周围环境，开展工作。

同时，IMS 不同于计算机集成制造系统（CIMS），CIMS 强调的是企业内部物料流的集成和信息流的集成，而 IMS 强调的则是最大范围的整个制造过程的自组织能力，IMS 难度更大。但两者又是密切相关的，CIMS 中的众多研究内容是 IMS 发展的基础，而 IMS 又将对 CIMS 提出更高的要求。集成是智能的基础，而智能又推动集成达到更高水平，即智能集成。因此，有人预言，21 世纪的制造工业将以双 I（Intelligent 和 Integration）为标志。

10.4.2　IMS 的支撑技术及研究热点

1. IMS 研究的支撑技术（图 10-5）

（1）人工智能技术　IMS 的目标是用计算机模拟制造业人类专家的智能活动，取代或延伸人的部分脑力劳动，而这些正是人工智能技术研究的内容。因此，IMS 离不开人工智能技术（专家系统、人工神经网络、模糊逻辑）。IMS 智能水平的提高依赖着人工智能技术的发展。同时，人工智能技术是解决制造业人才短缺的一种有效方法，在现阶段 IMS 中的智能主要是人（各领域专家）的智能。但随着人们对生命科学研究的深入，人工智能技术一定会有新的突破，最终在 IMS 中取代人脑进行智能活动，将 IMS 推向更高阶段。

图 10-5　智能制造支撑技术

（2）并行工程　针对制造业而言，并行工程作为一种重要的技术方法学，应用于 IMS 中，将最大限度地减少产品设计的盲目性和设计的重复性。

（3）虚拟制造技术　用虚拟制造技术在产品设计阶段就模拟出该产品的整个生命周期，从而更有效、更经济、更灵活地组织生产，达到产品开发周期最短、产品成本最低、产品质量最优、生产率最高的目的。虚拟制造技术应用于 IMS 为并行工程的实施提供了必要的保证。

（4）信息网络技术　信息网络技术是制造过程的系统和各个环节"智能集成"化的支撑。信息网络是制造信息及知识流动的通道。因此，此项技术在 IMS 研究和实施中占有重要地位。

（5）自律能力构筑　即搜集与理解环境信息和自身的信息并进行分析判断和规划自身行为的能力。强有力的知识库和基于知识的模型是自律能力的基础。

（6）人机一体化　IMS 不单纯是"人工智能"系统，而是人机一体化智能系统，是一种混合智能。想以人工智能全面取代制造过程中人类专家的智能，独立承担起分析、判断、决策等任务，是不现实的。人机一体化一方面突出人在制造系统中的核心地位，同时在智能机器的配合下，更好地发挥出人的潜能，使人机之间表现出一种平等共事、相互"理解"、相互协作的关系，使两者在不同的层次上各显其能，相辅相成。

（7）自组织与超柔性　智能制造系统中的各组成单元能够依据工作任务的需要，自行组成一种最佳结构，使其柔性不仅表现在运行方式上，还表现在结构形式上，所以称这种柔性为超柔性，如同一群人类专家组成的群体，具有生物特征。

2. 智能制造当前的研究热点

1) 制造知识的结构及其表达，大型制造领域知识库，适用于制造领域的形式语言、语义学。

2) 计算智能（Computing Intelligence）在设计与制造领域中的应用，计算智能是一门新兴的与符号化人工智能相对应的人工智能技术，主要包括人工神经网络、模糊逻辑、遗传算法等方法。

3) 制造信息模型（产品模型、资源模型、过程模型）。

4) 特征分析、特征空间的数学结构。

5) 智能设计、并行设计。

6) 制造工程中的计量信息学。

7) 具有自律能力的制造设备。

8) 通信协议和信息网络技术。

9) 推理、论证、预测及高级决策支持系统，面向加工车间的分布式决策支持系统。

10) 车间加工过程的智能监视、诊断、补偿和控制。

11) 灵境技术和虚拟制造。

12) 生产过程的智能调度、规划、仿真与优化等。

10.5 绿色制造

10.5.1 绿色制造定义及内涵

世纪的交替伴随着新一轮的产品更新换代和生产方式的革命。低耗节能、无损健康的绿色产品将滚滚而来。绿色汽车、绿色电脑、绿色冰箱、绿色彩电等一系列绿色产品正逐步进入千家万户。用不了几年，绿色产品将是人们首选的产品。与 ISO 9000 系列国际质量标准一样重要的 ISO 14000 国际环保标准已经发布，制造过程的绿色化将是摆在每个企业家面前的任务。

绿色产品就是在其生命过程（设计、制造、使用和销毁过程）中，符合特定的环境保护和人类健康的要求，对生态环境无害或危害极少，资源利用率最高，能源消耗最低的产品。绿色制造与可持续间的关系如图 10-6 所示。未来市场竞争的深化，焦点不仅是产品的质量、寿命、功能和价格，人们同时更加关心产品对环境带来的不良影响。

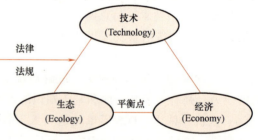

图 10-6 绿色制造与可持续间的关系

绿色产品的特征是：小型化（少用材料）；多功能（一物多用）；使用安全和方便（对健康无害）；可回收利用（减少废弃物和污染）。

产品的"绿色度"是衡量产品满足上述特征的程度，目前还不能定量地加以描述。但是，绿色度将是未来产品设计主要考虑的因素，它包括：

（1）制造过程的绿色度　原材料选用与管理，以及制造过程和工艺都要有利环境保护和工人健康，废弃物和污染排放少，节约资源，减少能耗。

（2）使用过程的绿色度　产品在使用过程中能耗低，维护方便，不对使用者造成不便和危害，不产生新的环境污染。

（3）回收处理的绿色度　产品在使用寿命完结或废弃淘汰时，要易于拆卸和回收重用，或安全废弃，易于降解或销毁。

绿色制造（Green Manufacturing，GM）是综合考虑环境影响和资源利用效率的现代制造模式，其目标是使产品从设计、制造、包装、运输、使用到报废处理的整个生命周期中，废弃资源和有害排放物最小，即对环境的负面影响最小，对健康无害，资源利用效率最高。

绿色制造的内涵包括绿色资源、绿色生产过程和绿色产品三项主要内容和两个层次的全过程控制。

绿色制造的两个过程：产品制造过程和产品的生产周期过程。也就是说，在从产品的规划、设计、生产、销售、使用到报废淘汰的回收利用、处理处置的整个生命周期，产品的生产均要做到节能降耗、无或少环境污染。

绿色制造内容包括三部分：用绿色材料、绿色能源，经过绿色的生产流程（绿色设计、绿色工艺、绿色生产、绿色包装、绿色管理等）生产出绿色产品。绿色生产流程如图10-7所示。

绿色制造追求两个目标：通过资源综合利用、短缺资源的代用、可再生资源的利用、二次能源的利用及节能降耗措施延缓资源能源的枯竭，实现持续利用；减少废料和污染物的生成和排放，提高工业产品在生产过程和消费过程中与环境的相容程度，降低整个生产活动给人类和环境带来的风险，最终实现经济效益和环境效益的最优化。

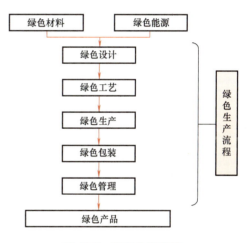

图 10-7　绿色生产流程

实现绿色制造的途径有三条：一是改变观念，树立良好的环境保护意识，并体现在具体行动上，可通过加强立法、宣传教育来实现；二是针对具体产品的环境问题，采取技术措施，即采用绿色设计、绿色制造工艺、产品绿色程度的评价机制等，解决所出现的问题；三是加强管理，利用市场机制和法律手段，促进绿色技术、绿色产品的发展和延伸。

绿色制造是一个动态概念，绝对的绿色是不存在的，它是一个不断发展永不间断的持续过程。

10.5.2　绿色制造的实现途径

企业实施绿色制造的关键是技术设计和企业管理。

（1）技术设计　为了实现绿色制造，必须进行物料转化和产品生命周期两个层次的全过程控制。产品生命周期是包括市场分析、产品设计、工艺规划、加工制造、装配调试、包装运输、产品销售、用户服务和报废回收的整个过程。产品生命周期的每个环节都直接或间接影响到资源的消耗和环境污染。实施绿色制造就是要对每个环节重新审视和规划。

（2）企业管理　企业对产品生命周期全过程的管理包括材料管理、工艺管理、设备管理、生产管理和环境管理等。

由于环境问题的多学科性与复杂性，企业必须改变管理思想，以系统的观点来看待和处理环境问题和组织问题，并引入产品生命周期分析、废弃物审计、环境报告和审计等方法，促使企业从更长时间周期和更广视野来看待企业发展。

1）观念的转变。改变观念，树立良好的环境保护意识，把过去的"资源浪费型"的消费方式改变为"资源循环型"的消费方式，改变企业的经营观念和消费者的消费观念。

2）企业职能的转变。产品研发部门需要在技术发展与新产品开发中考虑新产品、新工艺可能产生的废弃物及其对环境的影响，从而调整技术战略，开发清洁技术。产品设计部门需要更新设计思想，采用与环境相容的绿色产品设计方法。财务部门需要更新核算方法，采用包括环境成本、环境风险和环境效益在内的全成本核算法。生产部门需要及时进行物料平衡、库存控制和废弃物分离，并加强对各生产工序的废物审计，以便及时发现污染源并采取解决措施。营销部门需要更新营销策略并尽快建立回收废弃产品的渠道，让用户接受绿色产品并协助解决环境污染问题。

3）组织机构的转变。在企业设立环保部门，环保部门的职能不仅仅局限于废弃物的治理和污染纠纷的解决，还将参与企业战略制订、技术创新决策等，以确保在产品的源头上就采取措施削减废弃物，因此企业的权力分配格局将发生变化。

4）教育与培训。由于现有教育体制中缺乏有关环境保护的内容，为促进绿色制造顺利实施，管理部门需制订培训方案以提高企业员工的环境意识和环保知识水平。

5）企业边界扩展。由于环境问题的复杂性，仅靠企业自身的研发能力和资金实力往往难以满足产品和工艺创新的需要。为此，企业之间、企业与政府之间、企业与其他相关组织之间的合作和合作创新将比以往任何时候都显得重要和频繁。由于形式多样的合作研究与创新，企业的边界将变得更为模糊，研发组织将变得更为柔性。

习题与思考题

10-1　简述先进制造生产模式的内涵。

10-2　在实践中亦取得成效的先进制造生产模式主要包括哪些？

10-3　简述 AM 的基本思想、AM 主要概念及基本特点。

10-4　试总结为什么虚拟制造是敏捷制造的核心？

10-5　由美国能源部制定了一个"实施敏捷制造技术"项目中，将敏捷制造的技术分为哪几类？

10-6　简述并行工程（CE）的特性。

10-7　智能制造涉及哪些方法？试分析它们的特点和应用范围。

10-8　IMS 研究的支撑技术有哪些？

10-9　简述绿色制造的定义。

10-10　绿色度将是未来产品设计主要考虑的因素，它包括哪些内容？

参 考 文 献

[1] 王先逵. 机械加工工艺手册 [M]. 3版. 北京：机械工业出版社，2008.
[2] 冯之敬. 机械制造工程原理 [M]. 2版. 北京：清华大学出版社，2008.
[3] 赵长发. 机械制造工艺学 [M]. 哈尔滨：哈尔滨工程大学出版社，2008.
[4] 陈明. 机械制造工艺学 [M]. 北京：机械工业出版社，2012.
[5] 傅水根. 机械制造工艺基础 [M]. 3版. 北京：清华大学出版社，2010.
[6] 祁家骥. 机械制造工艺基础 [M]. 哈尔滨：哈尔滨工程大学出版社，2008.
[7] 周世权，田文峰. 机械制造工艺基础 [M]. 3版. 武汉：华中科技大学出版社，2016.
[8] 韩秋实，王红军. 机械制造技术基础 [M]. 3版. 北京：机械工业出版社，2010.
[9] 李凯岭，宋强. 机械制造技术基础 [M]. 济南：山东科学技术出版社，2008.
[10] 陈宏钧. 典型零件机械加工生产实例 [M]. 3版. 北京：机械工业出版社，2016.